BIM技术应用对工程造价咨询企业转型升级的支撑和影响研究报告

中国建设工程造价管理协会 ◎ 主编

中国建材工业出版社

图书在版编目（CIP）数据

BIM 技术应用对工程造价咨询企业转型升级的支撑和
影响研究报告/中国建设工程造价管理协会主编．--北
京：中国建材工业出版社，2021.1（2021.2 重印）
　　ISBN 978-7-5160-3048-6

Ⅰ.①B…　Ⅱ.①中…　Ⅲ.①建筑设计—计算机辅助
设计—应用—影响—工程造价—咨询业—研究报告—中国
Ⅳ.①TU723．3

中国版本图书馆 CIP 数据核字（2020）第 192044 号

BIM 技术应用对工程造价咨询企业转型升级的支撑和影响研究报告
BIM Jishu Yingyong dui Gongcheng Zaojia Zixun Qiye Zhuanxing Shengji de Zhicheng he
Yingxiang Yanjiu Baogao
中国建设工程造价管理协会　主编

出版发行：中国建材工业出版社
地　　　址：北京市海淀区三里河路 1 号
邮　　编：100044
经　　销：全国各地新华书店
印　　刷：北京天恒嘉业印刷有限公司
开　　本：787mm×1092mm　1/16
印　　张：21.75
字　　数：520 千字
版　　次：2021 年 1 月第 1 版
印　　次：2021 年 2 月第 2 次
定　　价：**168.00 元**

编审单位、人员名单

主 编 单 位：中国建设工程造价管理协会

主要承担单位：云南省建设工程造价协会
　　　　　　　华昆工程管理咨询有限公司
　　　　　　　四川良友建设咨询有限公司

参与研究单位：捷宏润安工程顾问有限公司
　　　　　　　深圳市航建工程造价咨询有限公司
　　　　　　　四川开元工程项目管理咨询有限公司
　　　　　　　四川同兴达建设咨询有限公司
　　　　　　　北京中昌工程咨询有限公司
　　　　　　　山东元亨工程咨询有限公司
　　　　　　　昆明官审工程造价咨询事务所有限公司
　　　　　　　友源工程管理咨询（云南）有限公司
　　　　　　　云南信永中和工程管理咨询有限公司
　　　　　　　云南省建设投资控股集团有限公司
　　　　　　　云南省设计院集团公司
　　　　　　　广联达科技股份有限公司
　　　　　　　深圳市斯维尔科技股份有限公司

参与审查单位：四川省造价工程师协会
　　　　　　　广东省工程造价协会
　　　　　　　上海申元工程投资咨询有限公司
　　　　　　　信永中和（北京）国际工程管理咨询有限公司
　　　　　　　北京中交京纬公路造价技术有限公司
　　　　　　　北京永拓工程造价咨询有限责任公司
　　　　　　　北京希地环球建设工程顾问有限公司湖北分公司
　　　　　　　云南云审建设工程造价咨询有限公司
　　　　　　　云南城投众和建设集团有限公司

昆明理工大学建筑工程学院

主要研究人员：张　晓　　陈　敏　　杨　敏　　朱宝瑞　　陈　玥　　刘兴昊
　　　　　　　何济源　　周江峰　　宋鹤明　　马　懿　　黄　旭　　汪松森
　　　　　　　吴虹鸥　　陈曼文　　潘　敏　　曾云华　　苏惠卿　　李国森
　　　　　　　赵正军　　李连越　　单绍胜　　杨　诚　　谢思聪　　黄晓杰
　　　　　　　彭　明　　蒋瑾瑜

主要审查人员：张兴旺　　李洪林　　谢洪学　　刘　嘉　　许锡雁　　陶学明
　　　　　　　李淑敏　　刘代全　　张　弘　　恽其鎏　　周　琴　　李　伟
　　　　　　　赵志曼

前　言

　　BIM 技术作为建筑业的一场技术变革，经过 10 余年的发展，其价值已得到广泛认可，并在我国工程建设全行业迅速推进，从建筑工程扩展到包括铁路、道路、桥梁、隧道、地铁、水电、机场等基础设施领域，给建筑市场的各参与主体带来了新的机遇与挑战。

　　BIM 的发展经历了从简单的数字化表达到数据互用再到支持工程项目全生命期信息共享的业务流程的组织和控制的历程，BIM 技术从提高某一环节、某一工种工效的一种技术工具，逐渐过渡到新技术条件下的新的管理手段和管理模式。BIM 已从简单的工具级应用上升到了基于 BIM 新业态的管理和创新。作为建筑市场中的重要参与方，造价咨询企业与时俱进、主动转变、制定适宜的 BIM 实施策略显得尤为重要。

　　2018 年 9 月 15 日中国建设工程造价管理协会（以下简称"中价协"）专家委员会新技术委员会第二次工作会议审议通过了云南省建设工程造价协会提交的《建筑信息模型（BIM）咨询服务模式及其对工程造价咨询企业转型升级的支撑研究》课题立项申请。课题主旨是通过系统研究 BIM 技术要点和发展趋势，较大范围内调查行业内 BIM 应用状况以及全过程工程咨询融入状况，开展 BIM 技术与工程造价服务融合、依托 BIM 技术的全过程工程咨询（全过程造价咨询）实现路径等分析，为工程造价咨询企业探索和掌握新技术、实现服务创新，整体保持行业专业地位，提供广泛的理论和实践经验支撑。

　　2018 年 12 月，云南省建设工程造价协会代表 3 家主要承担单位（云南省建设工程造价协会、华昆工程管理咨询有限公司、四川良友建设咨询有限公司）及 13 家参与研究单位与中价协签署了《科研项目编制协议书》。课题承担单位高度重视，严密组织，专门成立课题领导小组和课题项目组，分设云南编写组和成都编写组。课题经费筹措与开展、课题实施计划、任务分工、方案制定、大纲编制、考察调研、案例征集、问卷调查、文本编写、文本组卷等具体科研工作有序展开。

　　2019 年 2 月 28 日，中价协新技术委员会部分专家组成大纲评审组，评审组认为 BIM 新技术将推动和催生咨询企业的供给侧改革，课题围绕行业需求，引领造价咨询企业发展，选题具有理论意义和应用价值，一致同意原则通过课题大纲评审，建议课题名称修改为"BIM 技术应用对工程造价咨询企业转型升级的支撑和影响研究"。

　　课题项目组于 2019 年 4 月中旬专门开展了 BIM 技术应用行业调研活动，赴成都考察了四川良友建设咨询有限公司、四川晨越建管，赴北京考察了北京中昌工程咨询有限公司、北京天职咨询及广联达科技股份有限公司，举行了 5 场行业 BIM 应用座谈会。为全面、客观地反映国内工程造价咨询行业 BIM 技术应用现状、面临的问题和愿景，从

2019 年 11 月开始，至 2019 年 12 月截止，项目组对全国工程造价咨询企业 BIM 应用情况进行了调查，共计收到有效问卷 218 份。

2019 年 11 月 8 日，中价协新技术委员会部分专家和行业专家组成课题中期评审组，一致认为中期成果聚焦行业痛点和需求，紧贴大纲要求，建议补充行业应用情况调查。

2020 年 1 月 9 日，中价协《BIM 技术应用对工程造价咨询企业转型升级的支撑和影响研究》科研课题（送审稿）在广东省深圳市顺利通过结题评审。评审组专家在审查课题报告文本、听取课题组汇报、吸收参会领导和委员意见的基础上，一致形成如下意见：课题组围绕大纲评审确定的课题大纲开展研究工作，研究方向具有前瞻性，研究范围和研究内容完整，研究深度适当；完成的研究报告针对中期评审专家意见做了适当的补充修正。课题报告全面、真实地介绍了国内外工程建设行业 BIM 应用情况，重点对当前国内工程造价业务 BIM 应用进行了切实的技术分析，就工程造价咨询行业企业基于 BIM 技术转型升级路径的研究深入到位。课题成果具有较好的理论意义和应用价值，达到国内先进水平。

自课题立项以来，华昆工程管理咨询有限公司、四川良友建设咨询有限公司、捷宏润安工程顾问有限公司、深圳市航建工程造价咨询有限公司、深圳市斯维尔科技股份有限公司等 9 家研究单位就 BIM 管理咨询、BIM 应用实施咨询以实际建设项目案例的形式进行了分享，课题研究组邀请新技术委员会刘嘉、黄旭、吴虹鸥、汪松森等 10 名专家对案例进行了点评。

16 家研究单位无怨无悔、全力合作，课题项目组广泛开展行业调查、研究严谨科学规范。从课题立项、科研协议签署、大纲评审、行业调查、中期评审，到结项送审稿评审，乃至本书编撰出版，中价协领导、秘书处会员服务部及中价协专业委员会新技术委员会全程参与指导，极大地推动了工作进程。

近年来，中价协加大科研课题投入，选题范围扩大，涉及亟待解决、困扰行业或前瞻性等内容，组织开展了多项重要课题研究，研究成果为行业主管部门、行业协会、工程造价管理机构制定行业发展政策、行业立法，以及工程造价咨询企业的战略制定等发挥了重要的基础作用。

本书根据中价协科研课题成果整理形成，旨为推广 BIM 技术的应用提供指引，进一步推动造价咨询企业转型升级。

由于编者水平有限，在编撰过程中难免有误，敬请读者不吝赐教。最后，我们衷心感谢课题 3 家主要承担单位、13 家参与研究单位、10 家参与审查单位及 26 位主要研究人员、13 位主要审查人员为课题的顺利结项验收和本书出版所做的贡献！

目　录

第一章　工程造价咨询行业环境及发展机遇

工程造价咨询是基本建设领域不可或缺的一环，事关建设品质和投资的平衡管控。国内工程造价咨询行业随着工程建设市场化改革的进展而逐步兴起并发展兴盛。在当前建设投资主体多元化、建设投融资模式多样化、建设项目管理专精化、工程咨询集成化、建造技术工业化和数字化蓬勃发展的背景下，工程造价咨询行业必须因势而变，通过创新巩固自身的行业地位，持续发挥专业作用。

第一节　当前工程造价咨询行业环境

一、国内建设工程咨询行业简述

工程建设行业古已有之，而工程咨询作为其中一个专门行业，是近代工业革命开始后，随着社会分工快速细化，在西方国家首先形成并发展的。中华人民共和国除工程勘察设计（包括可行性研究咨询）之外的建设工程咨询各项业务，则是从 20 世纪 80 年代中期首先在使用国际银行和外国政府贷款的基础设施建设项目中起步；其后国内基本建设领域投资主体逐步多元化，建设工程发承包市场机制建立，国家为单一业主、国有施工企业按国家计划承接施工任务的格局被打破，业主和承包商利益对立局面的出现，形成了对独立第三方提供专业咨询服务的需求；2000 年前后，随着招标投标制度、监理制度的确立，造价咨询、招标代理等机构从国家机关脱钩改制等举措的推行，建设工程咨询（国民经济分类标准名称是"工程技术与设计服务"）才真正开始形成相对独立的行业，并按照市场化规律蓬勃发展起来。

但由于计划经济体制的惯性影响，长期以来我国的建设工程咨询延续割裂的、短链的业务模式，设计、监理、造价咨询、招标代理分立（且必须分立），各个咨询板块为同一项目提供的技术服务各自为政，"井水不犯河水"。随着国内建设投资主体越来越重视项目建设效率，越来越希望获得更集成、更专业的工程咨询服务，业内企业开始策划和实践全过程工程咨询服务模式，也得到了部分业主的响应和认同，引起了政府部门的重视。2017 年《国务院办公厅关于促进建筑业持续健康发展的意见》明确"培育全过程工程咨询"的要求后，发展改革委、住房城乡建设部于 2019 年联合发布《关于推进全过程工程咨询服务发展的指导意见》。相信在不长的时期内，符合工程建设行业内在规律、专业融合贯通的全过程咨询服务将逐步成为建设工程咨询的主流模式。在由当前的分专业服务到今后全过程服务的发展进程中，业内机构必然面临如何找准定位、形成相应能力进行服务转型升级的问题。可以说，业内所有的机构均须自我革命，才能做到在新形势下迎接挑战，把握机遇。

二、工程造价咨询行业现状

在过去相当长的计划经济体制时期，政府既是建设工程的投资者，又是建设和管理者，工程造价的确定和控制（工程概预算管理）以政府制定的定额和标准为主要的甚至是完全的依据，工程概预算管理基本上只是国有经济建设的工程成本管理。

建设工程发承包市场化以后，"定额核算"为主的工程概预算管理逐步转变为"市场决定工程造价"的发承包交易计价机制，工程造价咨询行业应运而生。伴随着国内固定资产投资规模的高速增长，工程造价咨询已经成为我国工程建设领域不可或缺的专业咨询板块，为提高工程投资效益、维护市场秩序、保障工程质量安全做出了重要贡献。同时，庞大的固定资产投资规模，也促使工程造价咨询行业快速发展，其持续增长壮大的势头令人瞩目。

据住房城乡建设部发布的《2018 年工程造价咨询统计公报》，2018 年，全国共有8139 家工程造价咨询企业（参加了统计），比上年增长 4.3%；年末从业人员 537015 人，比上年增长 5.8%；营业收入 1721.45 亿元，比上年增长 17.2%，其中，工程造价咨询业务收入 772.49 亿元，比上年增长 16.8%；实现利润总额 204.94 亿元，上缴所得税合计 43.02 亿元。

三、影响工程造价咨询行业进一步发展的因素

在看到工程造价咨询行业发展 30 年来取得成就的同时，我们还应当展望行业进一步发展，清醒地认识行业存在的问题和发展制约因素。结合《中国工程造价咨询行业发展报告（2018 版）》的分析，课题组认为当前制约工程造价咨询行业进一步高质量发展的主要因素包括：

（一）政策机制体制层面

市场计价机制改革有待深化，政府主导的计价依据体系不完善，计价规则不统一，定额、计价信息等覆盖不全面；计价监督机制不健全，对工程计价活动及参与计价活动的工程建设各方主体、从业人员的监督检查力度有待加强；市场开放度不足，取消市场准入限制（资质许可）仍在试点论证，行业壁垒和地区封锁仍然存在，影响了良性市场竞争机制的形成。

（二）行业主体行为层面

当前的行业准入限制是对既有资质企业的一种保护，既有造价资质企业如何适应可能到来的资质许可取消后完全开放的自由竞争市场准备不够充分的局面，设计、项目管理、监理、招标代理等企业中的佼佼者，将有部分进入造价咨询行业抢占市场空间，对其形成巨大的竞争压力；行业自律体系不够健全，行业自律组织官方色彩仍然浓重，聚合行业企业，树立行业正面形象的能力有待加强；工程造价咨询服务信用体系有待完善，全面完整的行业企业信用信息数据库建立和共享进程缓慢，信用评价指标体系尚待进一步优化。

（三）专业技术进步和企业专业能力建设层面

工程造价数据库建设不完善，数字产品生产和依托数字技术的服务能力严重欠缺，由于长期使用政府发布的计价依据，行业企业积累业务成果数据、整理利用业务成果数据、生产造价数字产品、提供造价数字技术服务的能力建设未被重视，目前部分企业的独立和合作尝试尚未取得重大突破；BIM等现代信息技术应用不足，大部分行业企业和从业人员不掌握BIM技术，符合国内计价规则的工程造价BIM软件仍处于初期试水阶段，BIM协同平台的造价管理（5D）功能极不完善；全过程工程咨询能力欠缺，首先全过程造价咨询普遍并未真正做到建设项目全过程投资管控，而是局限于施工阶段全过程，再是绝大部分造价咨询企业专业面狭窄（造价咨询业务专营政策是一个重要成因），难以将服务向设计、监理、项目管理等多专业方向延展和集成，由于人才储备、历史业绩的制约，短时间内难能形成突破。

第二节　工程造价咨询行业发展机遇

一、当前的行业发展机遇综述

（一）庞大的基建投资规模是行业发展保障

在城镇化率远低于发达国家且新型城镇化被列为国家战略的大背景下，我国将在较长的一段时期内维持庞大的基建投资规模，并保持持续增长。2019年前三季度，全国建筑业总产值完成30.68万亿元，较上年同期增长7.4％。基建投资是工程造价咨询行业的业务源泉，基于此分析，可以预见的较长时期内，行业业务来源保障充分。

（二）市场开放政策将倒逼行业进行业务转型升级

造价咨询资质许可的弱化是对行业企业的压力，长远看却终将形成依托市场力量促进行业健康发展的局势。失去资质"保护伞"的造价咨询企业，必然需要通过坚守职业操守、升级专业能力、提升服务质量、拓展业务空间等手段面对竞争，而缺乏应对手段和惰于创新的劣质企业必将被加速淘汰。

（三）全过程工程咨询的推行将极大延展行业发展空间

如果将造价资质许可松动视为"引狼入室"，则全过程工程咨询的推行又是"放虎归山"。全过程工程咨询允许工程造价咨询企业融入其他牵头方主导的集成咨询，同样也允许采用"工程造价咨询＋"模式牵头主导集成咨询，这无疑是在准入层面极大拓展了行业业务空间。相信在不久的将来，将有若干有谋划、愿拼搏的造价咨询企业成为全过程工程咨询的佼佼者。

（四）新技术的涌现和落地为行业技术创新提供支撑

工程造价咨询服务很大程度上是基于数据的服务，随着互联网技术、大数据技术、云技术、BIM技术等信息技术向建筑业乃至向工程造价行业的渗透，诸多软件产品、信息内容产品、数字技术产品被研发并形成行业应用，建造技术和建设项目管理技术、建设投资管控技术将被进行信息化改造，全新的技术手段将使造价业务回归数据分析和应用本质，一些造价咨询创新产品、创新服务将在不久的将来出现。

二、国家的战略指引

（一）数字城市和 BIM 技术应用

党的十九大报告明确将"数字中国""智慧社会"列为加快建设创新型国家的内容。

《中共中央 国务院关于深化投融资体制改革的意见》（中发〔2016〕18 号）提出"在社会事业、基础设施等领域，推广应用建筑信息模型技术。"

《国务院关于深入推进新型城镇化建设的若干意见》（国发〔2016〕8 号）将加快建设智慧城市列为全面提升城市功能的任务内容。

《国务院办公厅关于促进建筑业持续健康发展的意见》（国办发〔2017〕19 号）提出"加快推进建筑信息模型（BIM）技术在规划、勘察、设计、施工和运营维护全过程的集成应用，实现工程建设项目全生命周期数据共享和信息化管理，为项目方案优化和科学决策提供依据，促进建筑业提质增效。"

住房城乡建设部《2016—2020 年建筑业信息化发展纲要》（建质函〔2016〕183 号）将"全面提高建筑业信息化水平，着力增强 BIM、大数据、智能化、移动通讯、云计算、物联网等信息技术集成应用能力，建筑业数字化、网络化、智能化取得突破性进展"列为"十三五"规划目标。

国务院办公厅转发住房城乡建设部《关于完善质量保障体系提升建筑工程品质的指导意见》（国办函〔2019〕92 号）提出"推进建筑信息模型（BIM）、大数据、移动互联网、云计算、物联网、人工智能等技术在设计、施工、运营维护全过程的集成应用，推广工程建设数字化成果交付与应用，提升建筑业信息化水平。"

住房城乡建设部、交通运输部等国家部委以及各省（直辖市、自治区）人民政府及其组成部门就 BIM 技术推广、全过程工程咨询等出台了若干具体政策、技术标准和应用指南。

（二）全过程工程咨询

《国务院办公厅关于促进建筑业持续健康发展的意见》提出"鼓励投资咨询、勘察、设计、监理、招标代理、造价等企业采取联合经营、并购重组等方式发展全过程工程咨询，培育一批具有国际水平的全过程工程咨询企业。"

国务院办公厅转发住房城乡建设部《关于完善质量保障体系提升建筑工程品质的指导意见》（国办函〔2019〕92 号），要求"改革工程建设组织模式……积极发展全过程工程咨询和专业化服务……"

《国家发展改革委、住房城乡建设部关于推进全过程工程咨询服务发展的指导意见》（发改投资规〔2019〕515 号）提出"要遵循项目周期规律和建设程序的客观要求，在项目决策和建设实施两个阶段，着力破除制度性障碍，重点培育发展投资决策综合性咨询和工程建设全过程咨询，为固定资产投资及工程建设活动提供高质量智力技术服务，全面提升投资效益、工程建设质量和运营效率，推动高质量发展。"

《住房城乡建设部关于加强和改善工程造价监管的意见》（建标〔2017〕209号）提出"充分发挥工程造价在工程建设全过程管理中的引导作用，积极培育具有全过程工程咨询能力的工程造价咨询企业，鼓励工程造价咨询企业融合投资咨询、勘察、设计、监理、招标代理等业务开展联合经营，开展全过程工程咨询……"

第二章 BIM 技术简介及工程造价咨询行业 BIM 应用现状

BIM 技术问世至今已近 20 年。与其他行业的信息化发展速度和水平相比,其发展相对缓慢、应用并不充分。国内工程造价行业乃至整个工程建设行业对 BIM 的认知尚未普及,应用覆盖面仍不够广;2019 年,中国建设工程造价管理协会专家委员会组织了对以工程造价咨询行业企业为主的工程建设领域 BIM 应用现状调查。本章简要介绍 BIM 技术的概念和发展,依据调查结果解析工程造价咨询行业 BIM 应用现状。

第一节 BIM 技术简介

一、BIM 技术概念

BIM 被广泛接纳为工程建设行业(AEC Industry)全球统一术语,大概可归功于 CAD(计算机辅助设计)软件企业欧特克公司。2002 年欧特克收购并发布 Revit 软件,同年发布 Building Information Modeling 战略白皮书,阐明该公司对 BIM 的概念定义和对 BIM 技术用途(前景)的理解。2019 年 9 月,欧特克官网对 BIM 的最新定义是:"BIM(建筑信息模型)是一种基于三维模型的智能流程,能让方案设计、工程设计和施工(AEC)专业人员深入了解项目并使用相关实用工具,从而更加高效地规划、设计、建造和管理建筑及基础设施。"[1]

中国国家标准《建筑信息模型应用统一标准》(GB/T 51212—2016)对建筑信息模型(BIM)的定义是:"在建设工程及设施全生命期内,对其物理和功能特性进行数字化表达,并依此设计、施工、运营的过程和结果的总称。"

国际标准化组织(ISO)发布的《房屋建筑和土木工程信息的组织和数字化,包括建筑信息模型(BIM)——采用 BIM 方法的信息管理——第一部分:概念和原则》[2],欧洲标准化委员会、英国标准学会等同采用,标准号为 BS EN ISO 19650-1(2018)。该标准对 BIM 的定义是:"采用共享数字表达的方法,改善建筑设施的设计、施工和运营过程,

---

[1] Building Information Modeling(BIM)is a process that begins with the creation of an intelligent 3D model and enables document management,coordination and simulation during the entire lifecycle of a project(plan,design,build,operation and maintenance).

[2] *Organization and digitization of information about buildings and civil engineering works,including building information modeling(BIM)—Information management using building information modeling—Part 1:Concepts and principles.* 文中的中文译名系课题组翻译。

以对决策形成可靠支撑"①。

美国国家 BIM 标准委员会（NBIMS）在《美国国家 BIM 标准：第 3 版》② 中对 BIM 是从 Building Information Modeling，Model or Management［BIM3（cubed）］三个方面进行描述的，其中对 Building Information Modeling 的定义是："BIM 术语表达互相独立而又相互关联的三个功能。其中 Building Information Modeling 是一个在建筑设施全寿命周期的设计、施工和运营活动中生成和利用建筑数据的业务流程。BIM 允许所有利益相关者之间通过技术平台的互操作同时访问相同的信息。"③

从这些定义中我们可以注意到，BIM 概念的关键词是：设计、施工（全过程）和运营（全寿命周期），建筑设施物理和功能特性，数字化。还需要注意一点，国家标准对 BIM 中 "modeling" 一词的翻译（也是国内通行的译法）表达不够准确，实际上模型只是 BIM 过程或成果的一部分，"modeling" 除了英文原意 "建模" 之外，还有模型应用的引申含义，理解这一点，对于全面了解 BIM 极为重要。

二、BIM 技术对数字城市、建筑业信息化的支撑

数字城市是人类社会发展到信息化时代的新产物，它是为了满足城市可持续发展需求而集成互联网、云计算、大数据、物联网和人工智能等信息技术应用的新理念，代表了当今世界城市发展的新趋势。

推行数字城市建设，可以充分利用城市内部和外界资源、优化资源配置，科学规划、建设、管理与发展具有中国特色的现代化城市，促进我国城镇化健康发展，破解大城市病问题，推动我国城市转型升级和推进生态文明建设。

信息是数字城市的核心，房屋建筑和基础设施信息是数字城市的基础信息，只有首先取得这类信息，数字城市才能顺利落地。而要取得房屋建筑和基础设施信息，需要推进建筑业信息化，因此可以说，建筑业信息化是数字城市全面建立的前提条件。

从目前的技术发展和应用情况来看，BIM 技术是建筑业信息化的核心技术。小到建筑物一个构件的基本信息记录，大到整片区域的所有与建筑物、构筑物、设备、市政桥梁隧道的

---

① Use of a shared digital representation of a built asset to facilitate design，construction and operation processes to form a reliable basis for decisions. 文中的译文系课题组翻译。

② *National BIM Standard-United States® Version* 3.

③ BIM is a term which represents three separate but linked functions：Building Information Modeling：Is a BUSINESS PROCESS for generating and leveraging building data to design，construct and operate the building during its lifecycle. BIM allows all stakeholders to have access to the same information at the same time through interoperability between technology platforms. Building Information Model：Is the DIGITAL REPRESENTATION of physical and functional characteristics of a facility. As such it serves as a shared knowledge resource for information about a facility，forming a reliable basis for decisions during its life cycle from inception onwards. Building Information Management：Is the ORGANIZATION & CONTROL of the business process by utilizing the information in the digital prototype to effect the sharing of information over the entire lifecycle of an asset. The benefits include centralized and visual communication，early exploration of options，sustainability，efficient design，integration of disciplines，site control，as built documentation，etc. -effectively developing an asset lifecycle process and model from conception to final retirement. 文中仅翻译了 Building Information Modeling 的定义（由课题组翻译），Building Information Model，Building Information Management 未译。

信息集成，都可以通过 BIM 技术实现。BIM 技术既强调设计、建造过程依托数字技术的精细建造和管理效率提高，也强调建造完成时与建筑实体移交同步实现数字化交付，还强调建筑设施运营中的数字技术应用。BIM 技术可以建立建筑设施信息数据库，数字化仿真表达房屋建筑和基础设施构件级明细状况，为使用者、城市管理者依托信息网络技术更加精细地安排自身活动、管理城市提供了数据源保障，进而使得关于智慧城市的种种构想都有了信息基础。

诚然，数字城市面向的是整个城市方方面面的内部资源和外部条件，甚至是错综复杂的生活、生产活动和各种对象间的关系，信息范围广泛，信息量大到惊人，但最起码，BIM 技术为城市基础设施信息的录入和输出提供了一条很好的路径。早期的数字城市实践，对于城市基础设施的信息化，大多通过遥感技术，对城市的空间形态和使用情况进行数字化重现，只是从表观外形维度"大体上"采集到城市信息。相对于此，BIM 技术采集信息的维度和精细度与遥感技术不可同日而语，并且采集信息可与建造过程同步。依托 BIM 技术，可以让城市空间更加具体、数据更加精准，让数字城市信息更加丰富饱满；不仅如此，BIM 技术还可与 GIS（测绘地理信息系统）、Internet（互联网）、IoT（物联网）、Big Data（大数据）、AI（人工智能）等技术兼容并用，进一步生动直观地数字化仿真表达城市资源，智能化人类生活和生产活动。

三、BIM 技术在国外的应用

如果说 BIM 技术全球元年见仁见智，有不同的表述，那么 2007 年真正是 BIM 技术全球应用值得纪念的一年，在这一年，美国国家 BIM 标准委员会（NBIMS）发布《美国国家 BIM 标准：第 1 版》；英国标准学会发布 BS 1192：2007——《建筑设计、技术设计和施工信息协同产品行业准则》；美国总务管理局（GSA）对其所有对外招标的重点项目都给予设计资金支持；芬兰最大的国有资产管理机构 Senate Properties 要求从当年 10 月起其辖下的所有公共建筑都强制使用 BIM……到现在，BIM 全球应用已显现其强健的生命力。在本小节，我们介绍部分西方国家的 BIM 应用历史和现状。

（一）《NBS 国际 BIM 报告 2016》调查情况简介

英国皇家建筑师协会（RIBA）旗下机构 NBS 发布的《国际 BIM 报告 2016》汇集了英国、捷克共和国、加拿大、日本和丹麦等国家 AEC 产业 BIM 应用状况调查结果[①]。表 2.1 是本课题组从该报告中摘录整理的部分 BIM 应用状况调查数据。

表 2.1　《NBS 国际 BIM 报告 2016》调查数据摘录

调查项目	调查内容	英国	加拿大	丹麦	捷克共和国	日本
当前及计划在未来采用 BIM 情况	正在应用 BIM	50%	71%	81%	30%	49%
	1 年内采用 BIM	83%	86%	90%	60%	75%
	3 年内采用 BIM	92%	86%	93%	73%	85%
	5 年内采用 BIM	95%	85%	93%	90%	88%

---

① *NBS International BIM Report* 2016. 所做调查由各国相关机构在 2014—2015 年组织开展。

续表

调查项目	调查内容	英国	加拿大	丹麦	捷克共和国	日本
BIM 应用价值	三维可视化	93%	92%	87%	90%	95%
	碰撞检查	76%	80%	79%	84%	80%
	性能分析 （能耗/结构/声学）	46%	59%	67%	56%	59%
采用 BIM 需改变 工作流程、惯例和程序	非 BIM 用户	92%	97%	83%	97%	84%
	BIM 用户	90%	88%	93%	71%	74%
宁愿不采用 BIM	非 BIM 用户	19%	18%	4%	19%	7%
	BIM 用户	4%	1%	3%	6%	2%
客户越来越要求 使用 BIM	非 BIM 用户	36%	43%	16%	31%	48%
	BIM 用户	68%	70%	80%	71%	65%

从 NBS 调查数据中我们可以看出，在 2015 年前后，西方主要国家工程建设活动已经较为广泛地使用 BIM 技术（除捷克共和国外，其余 4 国均接近或超过 50% 的受访者在使用 BIM 技术）；同时，采用了 BIM 技术的受访者，绝大多数（5 国均不低于 94%）受访者认为 BIM 技术值得被采用。

（二）英国 BIM 推进

目前，英国是 BIM 应用发展较为领先的国家。英国不仅制定发布了相关标准，而且出台了一系列 BIM 应用政策，最早将 BIM 技术强制应用在各项政府工程上，目的是减少工作重复，优化设计，减少工期和降低建设投资总体成本。

英国政府 2011 年发布《政府建造战略》，规定在 2016 年政府应当（在建设项目采购中）要求（供应商）完全采用 3D BIM 协同（所有项目和资产的信息、文件和数据应电子化），从 2012 年开始启动试点项目以顺利推进该计划；在此战略下，英国商业、能源和产业战略部在建筑业委员会下组建 BIM 任务组（the UK BIM Task Group），为中央政府部门及其供应链开展信息管理提供支撑，以达成 2016 年"指令"，并力促满足"指令"之外，使建筑业信息化成为前述各方的（建造）业务日常实践。2017 年，BIM 任务组完成任务，对英国 BIM 计划的监管工作转交给数字建造英国中心（Centre for Digital Built Britain，简称 CDBB），合并到更加宽广的数字化计划中。CDBB 发布的《2018 年度报告：迈向数字建造英国》中陈述：英国继续在建设项目管理信息化方面处于世界领先地位，在 2016 年实现了对所有中央采购的政府建设项目强制执行 BIM Level 2 [1] 水平的信息管理。自 2011 年以来，政府已经通过 BIM 技术应用节省了数十亿英镑的公共资金。2017 年 CDBB 成立后，英国 BIM 计划升级表述为：CDBB 与业界和政府合作，通过（不

---

[1]　BIM Level 2 is the use of collaborative information management on a construction project，where all project and asset information，documentation and data are kept and shared digitally in compliance with the 1192 suite of British standards and associated industry documentation. BIM Level 2 是指对建设项目的信息协同管理，在此水平下，所有的项目和资产都执行英国 1192 系列标准（包括 BS 1192：2007＋A2：2016，PAS 1192−2：2013，2019 年升级为 BS EN ISO 19650−1/2：2018）和相关行业文件对信息、文档和数据进行数字化保存和共享。

同的）工作组和国际行动计划，对各方一致采用和推行有效的信息管理以及数字化提供支撑和协调。

NBS 最新发布的《（英国）国家 BIM 报告 2019》调查显示：在 2019 年，约 1000 名受访者[①]中，69％在使用 BIM 技术，比 2011 年（13％）提高 5 倍[②]，96％表示将在未来 5 年内使用 BIM，60％认为使用 BIM 会带来成本效益，55％认为 BIM 可以提高交付速度，48％表示 BIM 可以提高公司盈利能力，73％认为 BIM 可以节省运营和维护费用，绝大多数人认为 BIM 不仅仅适用于大型企业或者仅限于设计阶段。在调查前的 12 个月内，公共建筑和商业建筑更大比率使用 BIM 技术，但无论公共设施或私营设施，BIM 技术应用率均超过 72％（教育设施达 87％）。受访者普遍认为，缺乏客户需求、内部专业能力建设和人员培训不到位，以及成本因素是阻碍 BIM 推行的主要因素。总体而言，英国的建筑专业人士继续相信 BIM 技术可以为他们带来全新的改革和升级。

（三）芬兰 BIM 推进[③]

芬兰是全球 BIM 研究和应用起步较早的国家之一，采取政府项目强制推广带动固定资产投资全行业普及，以及制定全面详尽的国家 BIM 标准体系的策略，不断推进 BIM 技术在整个建筑产业链中的实践应用。

2002 年起，芬兰建筑行业逐步在工程项目的建筑设计和施工中采用信息通信技术（ICT）及 BIM 技术，旨在提高生产力、保障质量和改进工艺。2007 年，芬兰最大的国有资产管理机构（Senate Properties）发布了国家首部 BIM 指南文件 BIM Requirements 2007，要求从 2007 年 10 月起其辖下的所有公共建筑都强制采用 BIM。2012 年，全国通用的 Common BIM Requirement（简称 COBIM）系列标准共 14 册正式发布，每册指南针对建设项目的不同专业、在项目不同阶段的时间点由不同参与方使用软件以及交付模型的类型提出要求，包括交付模型的详细程度及交付形式，并规定了模型的质量，其内容涉及建筑业全生命期的价值链。COBIM 系列标准在芬兰执行效力非常强，据统计，芬兰约有 99％的项目响应 COBIM 要求；在国际上也有较大影响，其中 13 册已翻译成英文。2014 年，芬兰交通局启动基于 BIM 的数字化基础设施项目，将 BIM 应用扩展到基础设施领域；2015 年，Building SMART 芬兰分部发布了 InfraBIM 2015 基础设施 BIM 系列标准；芬兰交通局和主要城市的新设计及在建项目均要求响应该系列中的 Inframodel4 基础设施模型标准。

从推广环境来看，芬兰启动 BIM 的探索工作较早，并为从事建筑环境产业的公司提供了有政府积极引导推动的强有力的创新文化环境。从标准内容来看，芬兰 BIM 标准提出了实质性的建模要求和标准，包括建筑的全生命周期中产生的全部内容；同时，配合建筑设计的各种要求结合了建筑、水电暖专业的内容，使设计与施工各阶段及建筑全生命周期在 BIM 模型中体现。从项目应用来看，芬兰 BIM 应用更注重长期发展，行业市

---

① 受访者以建筑师和结构、机电工程师、BIM 经理为主，也包括承包商、项目管理顾问、造价师、制造商、雇主；受访者所供职组织涵盖个体户到超大型企业各规模层次。

② 但比 2018 年同一调查的 71％略低。

③ 本小节内容主要摘录自张淼等人论文《芬兰 BIM 标准与应用概述》，载于《土木建筑工程信息技术》杂志第 11 卷第 1 期。

场化、专业化、标准化、规范化程度高，项目规划有成熟环境和机制，项目经过系统论证分析后启动，项目过程有明确的流程和计划目标，启动的项目很少变动，充分体现了 BIM 的内涵和本质。

（四）国外工程造价（工料测量）行业 BIM 推进

1. 美国 QTO 简介

2008 年开始，由建筑智慧国际联盟（buildingSMART）和开放地理空间联合会（OGC）牵头，国际工程建设和工程软件行业开展协作，启动工程设计（模型）算量估价 Design to Quantity Takeoff for Cost Estimating（QTO）合作研发大型项目。初期参与机构包括数十家企业，其中的主要推动方是业主机构，他们参与此研发项目的目的是希望利用 BIM 技术在设计阶段更好地估算建设投资。此项目形成了持续至今的一个基于 IFC 的标准和软件适应性检测机制，主要包括信息交付指南（IDMs）和模型视图定义（MVDs）两类标准、执行这两类标准的算量估价软件以及软件评测认证。这一机制被纳入美国国家标准 NBIMS 的一部分 [National BIM Standard-United States® Version 3 4.5 Design to Quantity Takeoff for Cost Estimating（QTO）]。该标准的第 4.5.4.1 条信息交换这样表述：作为 NBIMS 的一部分，通过向设计师和业主反馈项目成本，改进建筑物 BIM 设计质量，从早期阶段就实现设计效率的提高，美国工程建设的设计和施工均将受益于这个开放的、基于 IFC 的信息交换标准以及响应此标准的（软件）产品。[1]

2. 英国工料测量/成本经理 BIM 专业指引简介

2015 年，英国皇家特许测量师学会（RICS）发布全球专业指引《成本经理的 BIM：BIM 模型要求》[2]（本报告中简称 RICS 指引）。RICS 指引基于工料测量师（QS）或成本经理（cost manager）采用设计师提交的 BIM 模型开展算量和计价工作的机制，对结构化编码体系（Structured coding system）、命名规范（Naming conventions）、BIM 模型对象字典 [BIM object（digital building block）libraries]、数据提取 [Data（information）drops] 等基本协同要求作出规定，描述了 QS/cost manager 依托 BIM 模型自动提取工程量、衍生提取工程量、手动计算工程量的方法，以及算量工作检查和平衡的步骤。

3. 澳大利亚和新西兰工料测量 BIM 工作指引简介

2018 年，澳大利亚工料测量师协会（AIQS）与新西兰工料测量师协会（NZIQS）联合发布《BIM 最佳作业指引》[3]（本报告中简称"A&NZ 指引"），A&NZ 指引是专门针对工程造价咨询业务的 BIM 技术规范性文件，旨在全面推动澳大利亚和新西兰工料测量师采用 BIM 技术，以支持未来的发展，提升工料测量师在固定资产投资领域及建造业中的专业价值。AIQS 和 NZIQS 认为建筑信息模型（BIM）技术是一种不仅以技术为基

---

[1]　As part of the NBIMS-US™e standard, this open, IFC—based information exchange and the products supporting it will improve the quality of building design using BIM, by providing quantitative feedback to designers and owners about the projected cost to construct the building design. Building design and construction in the US will be improved if this exchange is made a standard because building designs will become more efficient beginning in early stages of design.

[2]　*BIM for cost managers：requirements from the BIM model 1st edition.*

[3]　*Australia and New Zealand BIM Best Practice Guidance.*

础而且以人为本的行业工具，采用 BIM 技术有助于在虚拟环境中促进工程师、业主、建筑师、工料测量师和承包商之间的相互了解，实现跨学科信息共享，实现对建筑项目从早期设计到施工、运营及项目交付进行更有效的管理。

A&NZ 指引认为：BIM 5D 是关于成本，而不仅只是工程量，提取工程量不是 5D，也不是工料测量。工料测量师利用三维信息模型可以达到以下目的：①快速有效地进行工程量确认和验证；②快速处理设计变更/更新；③更可靠、更快地提出成本建议/成本估算；④快速提供成本设计选项，支撑早期决策。

A&NZ 指引认为：工料测量师参与 BIM 协同的关键是：①与设计团队早期沟通客户的 BIM 需求；②在设计开始之前就在 BIM 执行计划/ BIM 管理计划中确定一系列要求，写入 BIM 模型内容计划进行（BIM5D）支持；③尊重和欣赏他人的专业和特定工作目标；④适当的协作软件；⑤协调和管理 BIM 过程的个人/组织。

A&NZ 指引认为：工料测量师可使用 BIM 模型内容计划（MCP）确定应建模的内容、计量单位（数量、长度、面积和体积）以及 BIM 开发的哪个阶段应包含这些要素。MCP 旨在传达最低属性/参数的标准，以便为工料测量师提供测量对象的依据。例如，工料测量师测量顶棚、墙壁、地板和屋顶的表面面积。MCP 可以是合同文件，但不应该成为设计团队的负担，设计人员不需要额外的工作，只需对这些元素进行正确的建模，并按照模型内容计划对它们进行分类。

四、国内工程建设行业 BIM 技术应用整体情况

2005 年前后，国内工程建设行业开始自发接触 BIM 概念及国外 BIM 软件，一些有实力的设计机构组织了一波 BIM 学习以及软硬件设备配置，但其中的大多数单位在不长时间的尝试后就偃旗息鼓，主要是限于 BIM 技术当时的成熟度不够，政府未予引导，以及毫无市场响应。持续到 2011 年，国内鲜有实际应用。

2011 年，住房城乡建设部发布《2011—2015 年建筑业信息化发展纲要》，将"加快建筑信息模型（BIM）、基于网络的协同工作等新技术在工程中的应用"列入建筑业发展"十二五"总体目标，BIM 术语正式进入官方文件[①]。上海中心大厦项目（2008 年开工）、上海迪士尼乐园项目（2011 年开工）等举世瞩目的项目对 BIM 技术的应用，既培养了国内第一批初步具备 BIM 技术能力的团队，也在更大范围内引起国内业界对 BIM 技术的关注。一些建设行业软件企业，如 PKPM、广联达、鲁班等，开始投入研发 BIM 应用软件产品。

2015 年，住房城乡建设部发布《住房城乡建设部关于印发推进建筑信息模型应用指导意见的通知》（建质函〔2015〕159 号），做出"到 2020 年年末，以下新立项项目勘察设计、施工、运营维护中，集成应用 BIM 的项目比率达到 90%；以国有资金投资为主的大中型建筑；申报绿色建筑的公共建筑和绿色生态示范小区。"的政策引导；2016、2017

---

① 原建设部印发的《2003—2008 年全国建筑业信息化发展规划纲要》中已经将"三维协同设计系统和三维模型数据库"列为全国建筑业信息化发展重点，但并未直接采用"建筑信息模型"或"BIM"术语。

年，党中央、国务院在顶层设计相关文件中明确提出推进固定资产投资领域 BIM 技术应用推进要求；其间，各省陆续出台 BIM 技术应用政策引导文件。至此，国内 BIM 应用进入快速发展阶段。

以施工总承包企业的 BIM 应用情况为例[①]：2019 年 3 月至 6 月中国建筑业协会开展的问卷调查[②]显示，在以施工总承包特级和一级企业为主的被调查对象中，72％的企业应用 BIM 技术超过一年，与 2017 年同一调查的 43％相比有大幅增长。被调查企业应用 BIM 技术的项目数量不高，52％的企业当年应用项目数量不到 10 个；但仍有 25％的被调查企业在 75％以上的项目中应用 BIM 技术，（其中）15％达到 100％应用。

据课题组了解，除公共建筑之外，BIM 技术应用已经延伸到地产开发项目，万达集团、万科集团、绿地集团、碧桂园集团等地产开发企业均已在其开发项目中大范围采用 BIM 技术，课题组未对它们的具体应用情况进行调查。

交通运输部 2018 年发布《交通运输部办公厅关于推进公路水运工程 BIM 技术应用的指导意见》，公路建设领域加快 BIM 技术应用推进。水利、水电、电网等行业建设项目 BIM 技术应用案例也不断涌现。

五、BIM 应用外部环境

（一）标准和政策支撑

目前 BIM 技术应用已经有较好的技术标准和引导政策支撑，表 2.2 是对一些主要标准和政策文件的梳理。

表 2.2　现行主要 BIM 标准和国内政策列表

发布年份	发布机构	文件/标准名	文号/标准号	主要技术规范/政策引导内容
一、中国国家和行业标准				
2016 年	住房城乡建设部、质量监督检验检疫总局	《建筑信息模型应用统一标准》	GB/T 51212—2016	推进工程建设信息化实施，统一建筑信息模型应用基本要求，提高信息应用效率和效益
2017 年		《建筑信息模型施工应用标准》	GB/T 51235—2017	规范和引导施工阶段建筑信息模型应用，提升施工信息化水平，提高信息应用效率和效益
2017 年		《建筑信息模型分类和编码标准》	GB/T 51269—2017	规范建筑信息模型中信息的分类和编码，实现建筑工程全生命期信息的交换和共享，推动建筑信息模型的应用发展

---

① 公开渠道未查询到工程建设行业其他类型企业的 BIM 技术应用情况。
② 中国建筑工业出版社《中国建筑业企业 BIM 应用分析报告（2019）》。

续表

发布年份	发布机构	文件/标准名	文号/标准号	主要技术规范/政策引导内容
2018 年	住房城乡建设部、市场监管总局	《建筑信息模型设计交付标准》	GB/T 51301—2018	规范建筑信息模型设计交付,提高建筑信息模型的应用水平
2018 年	住房城乡建设部	《建筑工程设计信息模型制图标准》	JGJ/T 448—2018	规范建筑工程设计的信息模型制图表达,提高工程各参与方识别设计信息和沟通协调的效率,适应工程建设的需要
2019 年	住房城乡建设部、市场监管总局	《制造工业工程设计信息模型应用标准》	GB/T 51362—2019	统一制造工业工程设计信息模型应用的技术要求,统筹管理工程规划、设计、施工与运维信息,建设数字化工厂,提升制造业工厂的技术水平
2010 年	质量监督检验检疫总局、标准化管理委员会	《工业基础类平台规范》	GB/T 25507—2010	给出了 IFC 信息模型体系结构、资源层模式、核心层模式和协同层模式,适用于建筑工程应用软件开发(等同采用 ISO 16739:2005,而该 ISO 标准已改版了多次,现为 2018 版)
2019 年	人力资源社会保障部、市场监管总局、统计局	《人工智能工程技术人员等职业信息》	人社厅发〔2019〕48 号	确定"建筑信息模型技术员 L"新职业信息
二、国际标准				
2018 年	ISO(国标标准化组织)	建造和设施管理行业中数据共享的工业基础类(IFC)第 1 部分:数据模式	ISO 16739-1:2018	工业基础类指定数据模式和交换文件格式结构
2018 年	ISO	建筑信息模型的信息管理 第 1 部分:概念和原则	ISO 19650-1:2018	概述了处于成熟阶段信息管理的概念和原理
2018 年	ISO	建筑信息模型的信息管理 第 2 部分:资产交付阶段	ISO 19650-2:2018	以资产管理阶段和资产交付阶段为背景,以管理过程的形式指定了信息管理的要求

续表

发布年份	发布机构	文件/标准名	文号/标准号	主要技术规范/政策引导内容
三、国家和行业政策文件				
2014 年	住房城乡建设部	《关于推进建筑业发展和改革的若干意见》	建市〔2014〕92 号	推进建筑信息模型（BIM）等信息技术在工程设计、施工和运行维护全过程的应用，提高综合效益
2015 年	住房城乡建设部	《住房城乡建设部关于印发推进建筑信息模型应用指导意见的通知》	建质函〔2015〕159 号	到 2020 年年末，以下新立项项目勘察设计、施工、运营维护中，集成应用 BIM 的项目比率达到 90%；以国有资金投资为主的大中型建筑；申报绿色建筑的公共建筑和绿色生态示范小区
2016 年	中共中央、国务院	《中共中央国务院关于深化投融资体制改革的意见》	中发〔2016〕18 号	在社会事业、基础设施等领域，推广应用建筑信息模型技术
2016 年	住房城乡建设部	《2016—2020 年建筑业信息化发展纲要》	建质函〔2016〕183 号	"十三五"时期，全面提高建筑业信息化水平，着力增强 BIM、大数据、智能化、移动通信、云计算、物联网等信息技术集成应用能力，建筑业数字化、网络化、智能化取得突破性进展
2017 年	国务院办公厅	《关于促进建筑业持续健康发展的意见》	国办发〔2017〕19 号	加快推进建筑信息模型（BIM）技术在规划、勘察、设计、施工和运营维护全过程的集成应用，实现工程建设项目全生命周期数据共享和信息化管理，为项目方案优化和科学决策提供依据，促进建筑业提质增效
2017 年	交通运输部	《交通运输部办公厅关于推进公路水运工程 BIM 技术应用的指导意见》	交办公路〔2017〕205 号	推进 BIM 技术在公路水运工程建设管理中的应用，加强项目信息全过程整合，实现公路水运工程全生命期管理信息畅通传递，促进设计、施工、养护和运营管理协调发展，提升公路水运工程品质和投资效益

续表

发布年份	发布机构	文件/标准名	文号/标准号	主要技术规范/政策引导内容
2017 年	交通运输部	《推进智慧交通发展行动计划（2017—2020 年)》	交办规划〔2017〕11 号	将"推进建筑信息模型（BIM）技术在重大交通基础设施项目规划、设计、建设、施工、运营、检测维护管理全生命周期的应用，基础设施建设和管理水平大幅度提升"列为交通基础设施智能化 2020 年需实现目标
2017 年	交通运输部	《交通运输部办公厅关于开展公路 BIM 技术应用示范工程建设的通知》	交办公路函〔2017〕1283 号	开展公路 BIM 技术应用示范工程建设
2019 年	国务院办公厅转发住房城乡建设部文件	《关于完善质量保障体系提升建筑工程品质的指导意见》	国办函〔2019〕92 号	提升科技创新能力……推进建筑信息模型（BIM）、大数据、移动互联网、云计算、物联网、人工智能等技术在设计、施工、运营维护全过程的集成应用，推广工程建设数字化成果交付与应用，提升建筑业信息化水平
2019 年	国家发展改革委、住房城乡建设部	《国家发展改革委住房城乡建设部关于推进全过程工程咨询服务发展的指导意见》	发改投资规〔2019〕515 号	大力开发和利用建筑信息模型（BIM）、大数据、物联网等现代信息技术和资源，努力提高信息化管理与应用水平，为开展全过程工程咨询业务提供保障

注：美国国家标准 National BIM Standard（NBIMS)-United States® Version 3 较为全面系统，特别是其第 4.2 部分 Construction Operation Building information exchange（COBie)，在国际上有较大影响。

（二）主流软件及协同平台

BIM 技术必须依靠软件产品来实现应用。根据用途不同，可将 BIM 软件分为四大类：建模软件、模型技术应用软件、协同软件、模型设施管理应用软件。

1. BIM 建模软件

BIM 建模软件用于三维表达设计成果。理想状况下，设计师使用建模软件实现三维作图，取代传统的二维三视图表达形式。

BIM 建模软件最突出的特点是：①三维而非二维表达；②多专业协同，一个专业的新增或修改图形信息同步传递给所有协同方；③全专业集成，可用一个模型集成所有专业设计成果，表达既全面又直观，还能有效避免构件空间位置冲突；④三维设计成果可实现包括二维三视图出图在内的各种形式的可视化应用；⑤设计成果电子数据可被后续各项工作便捷复用。

当前的 BIM 建模全球主流软件包括：Autodesk 工程建设（AEC）系列软件（Revit 为其代表），Bentley 建模系列软件（MicroStation 为其代表），Trimble-SketchUp，Robert McNeel-Rhino，Graphisoft-ArchiCAD，Nemetschek-Tekla，Gehry Technoogies-Digital Project；国产主流建模软件包括广联达模型算量、鲁班建模系列等。国内还有不少厂商基于 Autodesk Revit 软件开发了插件，按照国内行业需求，优化软件功能，如：广联达-构件坞、MagiCAD for Revit、红瓦-族库大师、建模大师，鸿业-云族 360、BIM Space、isBIM-族立方、模术师、品茗-HiBIM、橄榄山-快模，EaBIM-易模等。

2. BIM 模型技术应用软件

BIM 模型建立后，可直接应用于很多设计和施工技术分析工作，如建筑设施空间和造型三维浏览、结构计算、建筑物理性能分析、施工进度模拟、工程量计算等。

此类软件众多，一些常用软件包括：Autodesk-Navisworks、Kalloc Studios-Fuzor（模型查看、施工进度模拟），北京构力科技-PKPM（结构计算、绿色建筑设计分析、节能建筑设计分析），鸿业科技系列软件（建筑、机电分析），斯维尔-BIM 三维算量 for Revit、BIM 清单计价、广联达 BIM 施工现场布置软件、鲁班场布、鲁班模架等软件。

3. BIM 协同软件

BIM 协同平台类软件，利用 BIM 模型为核心，建立多维信息数据库，并实现非几何信息与模型几何信息的构件级关联，通过项目信息采集、存储和传递，项目管理信息化流程的梳理和建立，支撑建设项目参建各方信息共享和管理协同。一般在 BIM 协同平台中集成的非几何信息包括：组织类信息（建设参与主体及其责任人员身份信息），进度类信息（构件级施工计划进度和实际进度信息），成本类信息（符合工程量计算规范的构件级工程量信息、综合单价信息，合同价款和计量支付信息），施工安全生产管理信息，建造作业追溯信息（原材料来源、施工作业、质量保证措施、验收记录），项目管理文件资料信息（电子化竣工档案）等。

国内已有上百种 BIM 协同平台软件，应用较广的包括：广联达 5D、斯维尔 5D、鲁班工场、上海毕埃慕-BDIP、上海蓝色星球-BE 等；很多咨询企业开发了基于 BIM 技术的自有工程项目管理协同平台，如：北京中昌工程咨询有限公司、天职工程咨询股份有限公司、山东元亨工程咨询有限公司、北京中交京纬公路造价技术有限公司等。

4. BIM 模型设施管理应用软件

建设过程开展 BIM 技术应用，项目竣工时即可在工程实体交付的同时进行数字化交付，数字化交付包括建成设施 BIM 仿真模型。BIM 仿真模型可以支撑建筑设施运行阶段的 BIM 应用，包括建筑设施虚拟仿真查看、物联网设备信号接入、远程在线监控和远程在线作业等。

国外主流 BIM 设施管理软件有 Autodesk-360 OPS、Ecodomus-EcoDomus FM、Trimble-Manhattan、ArchiBus 等软件，国内部分 BIM 协同平台软件有设施管理方面的功能拓展。

第二节 工程造价咨询行业 BIM 应用调查

一、工程造价咨询行业 BIM 应用问卷调查概述

为全面、客观地反映国内工程造价咨询行业 BIM 技术应用现状、面临的问题和愿景，课题组对全国工程造价咨询企业 BIM 应用情况进行了调查。本节主要呈现调查的结果，并对调查结果展开分析。

本次调查从 2019 年 11 月开始，至 2019 年 12 月截止，历时两个月时间，共计收到有效问卷 218 份。调查渠道是：包括课题组成员企业在内的定向调查、部分省份行业协会渠道调查、移动终端渠道随机调查等。问卷发布地区涵盖全国，被调查对象主要是工程建设行业企业各层级管理和技术人员。问卷内容主要是：各类被调查对象个人及所任职企业基本情况，BIM 应用一般情况（包括个人对 BIM 应用发展趋势的判断、企业 BIM 应用概况），BIM 应用项目类型和规模，BIM 应用点，BIM 应用价值等。

二、统计对象基本情况

（一）调查覆盖面

本次调查回收问卷来源于辽宁省、山东省、北京市、天津市、河北省、河南省、新疆维吾尔自治区、湖南省、浙江省、上海市、四川省、云南省等 19 个省、直辖市、自治区，如图 2.1 所示，覆盖我国各个地理区位，问卷回收较多的是河南省（21.1%）、山东省（15.1%）、河北省（11.0%）、湖南省（10.6%）、北京市（8.7%）、云南省（8.3%）和辽宁省（6.4%），在不同经济发展水平的省份均有分布。

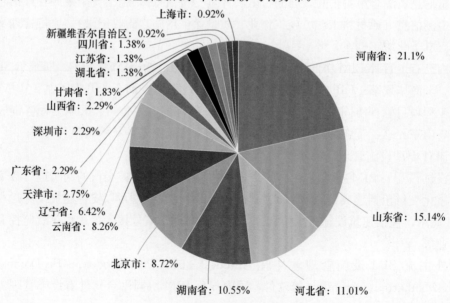

图 2.1 调查样本来源地区情况

参与调查人员所就职单位类型包括工程造价咨询企业、项目管理/监理企业、施工企业、设计单位等，如图 2.2 所示，占比最大的是工程造价咨询单位（177 份，占81.2%），大致占到全国工程造价咨询企业的 2.2%（全国工程造价咨询企业数量取住房城乡建设部《2018 年工程造价咨询统计公报》2018 年年末 8139 家企业数据）。

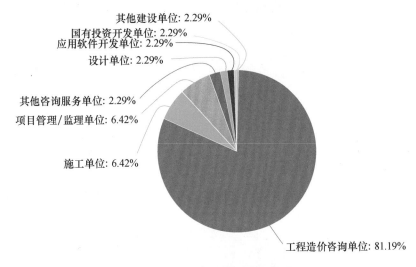

其他建设单位: 2.29%
国有投资开发单位: 2.29%
应用软件开发单位: 2.29%
设计单位: 2.29%
其他咨询服务单位: 2.29%
项目管理/监理单位: 6.42%
施工单位: 6.42%
工程造价咨询单位: 81.19%

图 2.2 被调查对象企业类型情况

（二）企业规模

20～50 人和 51～150 人的企业占比最多，分别为 28.0% 和 35.8%，合计占比超过一半；150～500 人以及 500 人以上的企业占比分别为 16.5% 和 11.5%，合计占比约三分之一；20 人以下规模的企业占比为 8.3%，小微规模企业覆盖偏低。如图 2.3 所示。

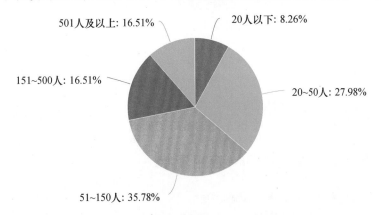

501人及以上: 16.51%
20人以下: 8.26%
151~500人: 16.51%
20~50人: 27.98%
51~150人: 35.78%

图 2.3 被调查企业人员规模情况

（三）被调查对象的工作角色和资历

中层管理者及高层管理者最多，分别占 35.8%、27.5%；其次是基层人员，占比为20.2%；决策核心层管理者占比为 16.5%。工作年限在 20 年以上的占 28.9%，10～20年的占 32.1%，3～10 年的占 31.2%，3 年以下的占 7.8%。分别如图 2.4、图 2.5所示。

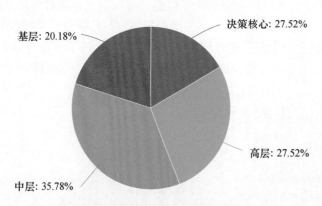

图 2.4　被调查对象岗位等级情况

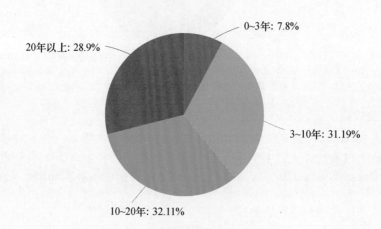

图 2.5　被调查对象工作年限情况

综上所述，本次调查范围主要针对国内工程造价咨询行业，回收问卷的地区和调查对象企业规模分布较好。填报问卷人员以经验丰富的中、高层管理者为主，以工作年限较少的基层人员为辅，部分决策核心人员也参与了调查。

三、工程造价咨询行业 BIM 应用现状

（一）从业人员对 BIM 技术的了解程度

了解相关知识但未应用比率最高，达到 37.6％；其次是初级应用（一般指 1 年以内，1 个项目以内的应用经历）的企业占 25.2％；中级应用（一般指 3 年以内，3 个项目以内的应用经历）的企业占 14.7％；高级应用（一般指 3 年以上，4 个项目及以上的应用经历）的企业占 17.9％；值得欣慰的是，听说过但是没了解以及没听说过 BIM 技术的从业人员总占比仅为 4.6％。如图 2.6 所示。

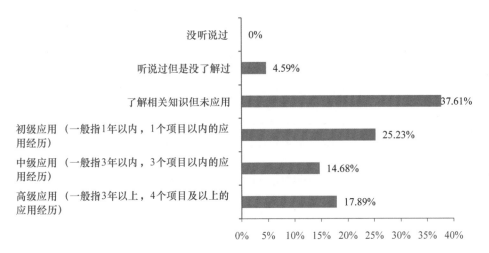

图 2.6　从业人员对 BIM 技术了解程度

（二）企业应用 BIM 技术的项目数量

从未开展过 BIM 技术项目应用的企业占比为 36.2％；BIM 项目开工量在 1～2 个的企业占比为 27.1％；BIM 项目开工量在 3～5 个的企业占比为 17.9％；BIM 项目开工量在 6 个及以上的企业占比为 18.8％。如图 2.7 所示。值得一提的是，本次调查中有 13 家企业 BIM 项目开工量在 20 个以上，其中工程造价咨询企业 9 家，可见已经有一部分企业在 BIM 应用上走在了前面。此外，详细数据显示，500 人以上规模的大型企业应用 BIM 技术的项目开工数量远高于其他规模类型企业。

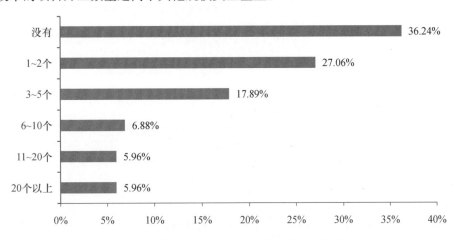

图 2.7　被调查企业应用 BIM 技术的项目数量

（三）应用 BIM 技术的项目情况

BIM 技术应用项目最大规模总投资额为 1000 万以下的企业占比最多（34.4％）；其次是最大规模总投资为 1 亿～10 亿的企业（占比为 30.3％）；最大规模总投资额为 1000 万～5000 万的项目和总投资额为 5000 万到 1 亿的项目占比分别为 12.4％和 13.8％。如图 2.8 所示。

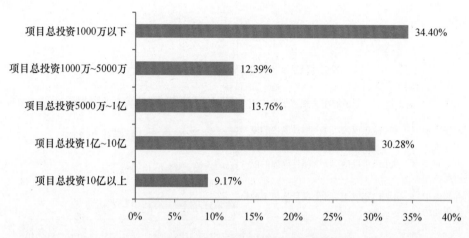

图 2.8　被调查企业应用 BIM 技术项目规模情况

　　BIM 技术应用项目类型从高到低排序：住宅类开发项目（37.2%）；写字楼/办公楼/综合业务楼类项目（27.5%）；医院项目（22.9%）；学校项目（22.9%）；商业/酒店类建筑项目（22.5%）；公路/铁路等交通项目（14.7%）、体育馆/机场航站楼等大型人流聚集类建筑项目（14.2%）、综合管廊/海绵城市等市政基础设施项目（13.3%）；图书馆/博物馆等文化项目（11.5%）；独立人防项目（1.4%）。如图 2.9 所示。

　　（注：由于没有将 BIM 技术应用于项目中的被调查者在填写该选项时大都选择"其他公共建筑项目"一项，因此不对此类型选项进行描述）

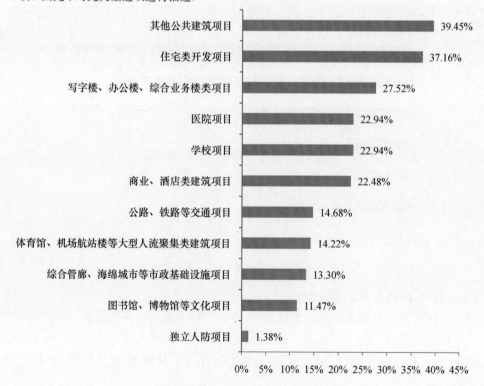

图 2.9　应用 BIM 的项目类型情况

(四) BIM 技术应用于造价业务情况

无造价业务 BIM 技术应用的企业占比为 45.4%，在 1~2 个项目中开展造价业务 BIM 技术应用的企业占比为 32.6%，在 3 个及以上项目中开展造价业务 BIM 技术应用的企业总占比为 22.0%。如图 2.10 所示。

造价业务 BIM 技术应用年限方面，从来没有将 BIM 技术应用于造价业务中的企业占比为 37.2%；造价业务 BIM 技术应用年限 0~2 年的企业占比为 36.7%；造价业务 BIM 技术应用年限 2 年以上的企业总占比为 26.1%。如图 2.11 所示。

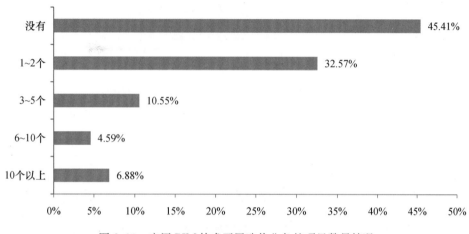

图 2.10　应用 BIM 技术开展造价业务的项目数量情况

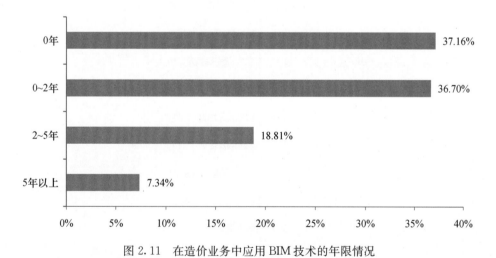

图 2.11　在造价业务中应用 BIM 技术的年限情况

(五) BIM 技术应用点

被调查企业在项目中的 BIM 技术应用点调查结果如图 2.12 所示。可以看到，BIM 技术应用在建设项目的设计、施工、运维阶段已经全部有所覆盖，具体而言，较高频的应用包括：工程量计算（51.8%）；机电管线综合优化（50.5%）；图纸校核（41.3%）；施工进度模拟（34.4%）；工程量清单编制（32.6%）。由于被调查企业以工程造价咨询企业为主，因此（正向）设计应用和建筑设施智慧运营维护相对较少。

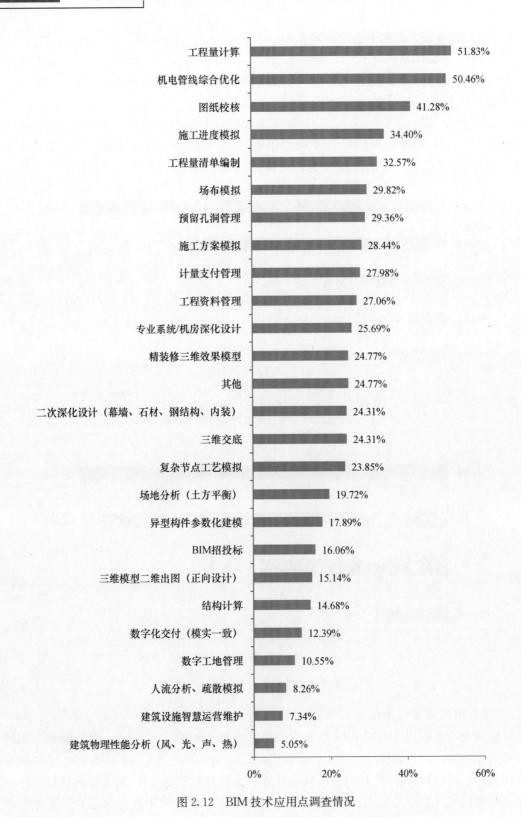

图 2.12　BIM 技术应用点调查情况

（六）工程造价咨询行业 BIM 应用现状综合分析

1. 工程造价咨询行业 BIM 技术普及程度

工程造价咨询行业 BIM 技术在国内工程造价咨询行业已经广泛受到关注，但仍处于初步了解和尝试性应用阶段（67.4％的被调查人员和63.3％被调查企业属于此程度），有32.6％的被调查人员和36.7％的被调查企业开展 BIM 技术应用3年以上或超过3个项目。对比中国建筑业协会《中国建筑业企业 BIM 应用分析报告（2019）》的调查数据，工程造价咨询企业 BIM 技术普及程度低于施工企业[①]。

2. BIM 技术在工程造价业务中应用情况

大多数被调查企业并未开展或极有限地开展 BIM 技术工程造价业务应用（0项目的45.4％，0年的37.2％；1～2个项目的32.6％，2年以内的36.7％）。结合前项分析，工程造价咨询企业即便已经开展 BIM 技术应用，其中近半的企业仍未将 BIM 技术应用于工程造价业务。反映出当前 BIM 技术应用于工程造价业务有难度。但应注意到有约7.3％的企业已坚持开展 BIM 技术工程造价业务应用5年（10个项目）以上。

按频次由高到低排序，BIM 技术应用于工程造价业务的直接应用点[②]包括：工程量计算（51.8％，为包括非造价应用在内的所有应用点之最高频应用）、工程量清单编制（32.6％）、计量支付管理（28.0％）。

3. 工程造价咨询企业应用 BIM 技术的行业方向

调查显示工程造价咨询企业在多行业方向、多类型项目中开展了 BIM 技术应用，其中，住宅类建设项目 BIM 技术应用占比最高；办公楼/写字楼、商业体/酒店、教育、医疗类建设项目 BIM 技术应用占比相对较高；但公路/铁路/市政道路类建设项目 BIM 技术应用占比相对较低。对比全国固定资产投资统计数据，由于房地产投资占比最大，住宅类建设项目 BIM 技术应用占比高与之相适应；但与近年较高额的交通基础设施建设投资相比，公路/铁路/市政道路类建设项目 BIM 技术应用面显得较不充分。

四、工程造价咨询专业人员的 BIM 认知

（一）在造价业务中应用 BIM 技术的首要原因

调查结果如图 2.13 所示。该结果一定程度反映出部分企业在造价业务中应用 BIM 技术是被动地服从委托人要求，高于因 BIM 技术用于解决造价业务问题的情形（指分别高于单项造价业务应用选项）。技术研发储备目的占比也不低。

---

① 《中国建筑业企业 BIM 应用分析报告（2019）》显示：施工企业中，从企业 BIM 应用的时间上看，已应用3～5年的比率最高，达到31.57％；其次是应用1～2年的企业，占22.00％；应用不到1年的企业占19.35％；已应用5年以上的企业有18.55％；无从判断的企业占8.53％。

② 其他一些应用点也会对建设投资控制产生（正面的）影响，如：图纸校审、管线综合优化、场地分析（土方平衡）、施工进度模拟等。

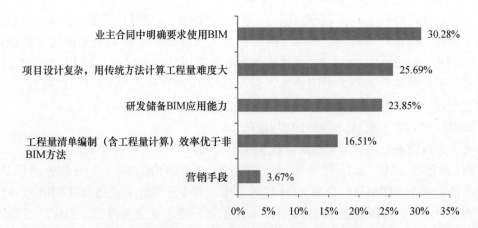

图 2.13　在造价业务中应用 BIM 技术的首要原因情况

(二) BIM 技术对于工程造价业务适用性的判断

调查结果如图 2.14～图 2.18 所示。

1. 建设各阶段工程造价业务适用 BIM 技术情况

绝大部分被调查人员（79.8%）认同 BIM 技术可应用于全过程造价控制业务；认为在施工图预算阶段可以应用 BIM 技术的超过半数（57.3%）。而认为"当前 BIM 用于造价业务效率低下，任何阶段都不适用"的占比很少（9.2%）。

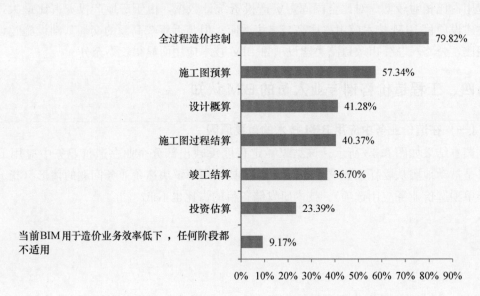

图 2.14　造价业务中适于采用 BIM 技术进行辅助工作阶段情况

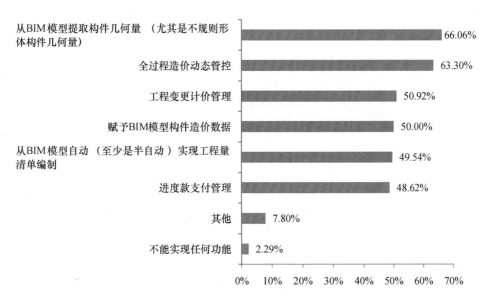

图 2.15 适于采用 BIM 技术辅助造价业务阶段情况

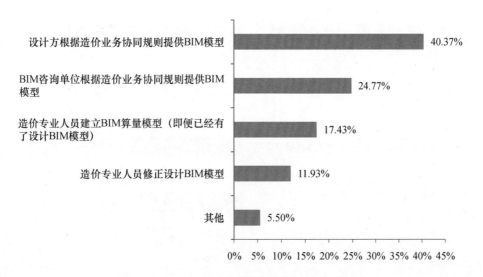

图 2.16 BIM 算量计价模型的最优来源方式情况

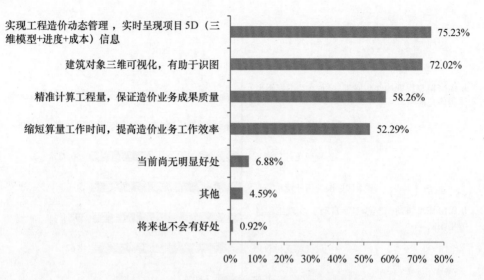

图 2.17　BIM 技术用于造价业务的好处情况

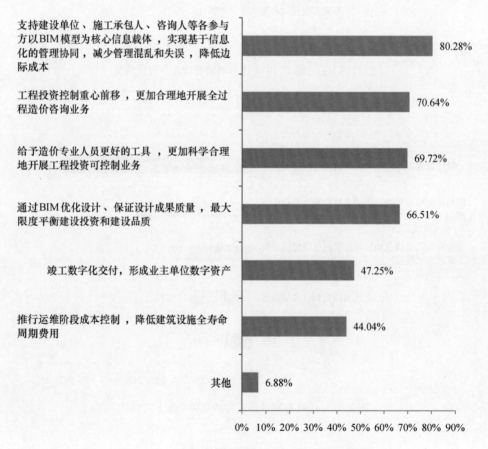

图 2.18　工程投资控制维度 BIM 可实现功能情况

2. BIM 技术在造价业务中的具体应用价值点情况

大多数被调查对象认可"从 BIM 模型中提取构件几何量（尤其是不规则形体构件几何量）"和"全过程造价动态管控"两个功能，二者占比分别为 66.1％、63.3％；工程变更计价管理、从 BIM 模型自动（至少是半自动）实现工程量清单编制、赋予 BIM 模型构件造价数据、进度款支付管理等应用价值点均被近半的被调查对象认可①。

3. BIM 算量计价模型的获取情况

没有任何一个选项获支持过半，支持占比最高的选项是"设计方根据造价业务规则提供 BIM 模型"，也仅为 40.4％。说明在如何获取 BIM 算量计价模型上，业内人士感到茫然。

4. BIM 技术应用给造价业务带来的好处

大部分被调查对象认为通过 BIM 技术能够实现工程造价动态管理实时呈现项目 5D（三维模型＋进度＋成本）信息，以及通过建筑对象三维可视化有助于识图；半数以上被调查对象认为通过 BIM 技术可以精准计算工程量保证造价业务成果质量，以及缩短算量工作时间提高造价业务工作效率；仍有部分被调查对象认为 BIM 技术在当前并没有给造价业务带来明显的好处。

5. 从全寿命周期工程投资控制角度看 BIM 技术应用价值

被调查对象普遍认为通过 BIM 技术应用，可以实现基于信息化的管理协同，减少管理混乱和失误，降低边际成本；可以使工程投资控制重心前移，更加合理地开展全过程造价咨询业务；可以给予造价专业人员更好的工具，更加科学合理地开展工程投资可控制业务；可以通过 BIM 优化设计、保证设计成果质量，最大限度平衡建设投资和建设品质等。但值得注意的是，认同数字化交付和后期运维价值的占比明显偏低，说明很多人尚未对 BIM 在建设项目建成后的价值引起重视或缺乏实践。

五、工程造价业务 BIM 应用阻碍

（一）技术障碍

调查结果如图 2.19 所示。

大部分被调查对象认同目前 BIM 技术与造价业务相结合存在以下技术困难：BIM 算量模型难以实现"一模多用"，设计 BIM 模型不能直接用于造价算量，造价信息难以完整反映到 BIM 模型中（构件级加载）等。

---

① 从前两组调查数据看，绝大多数被调查对象都认为通过 BIM 技术可以实现造价业务管理中所有阶段的所有造价业务功能，甚至可以辅助造价管理人员进行全过程动态造价管控工作。与之相反的是，课题组主要成员（均为有丰富 BIM 实践应用经验的造价行业专家）更倾向于认为当前 BIM 技术应用于国内造价业务确有效率低下的问题。也可能课题组成员是对"当前"的判断，而被调查对象多是基于"将来"。

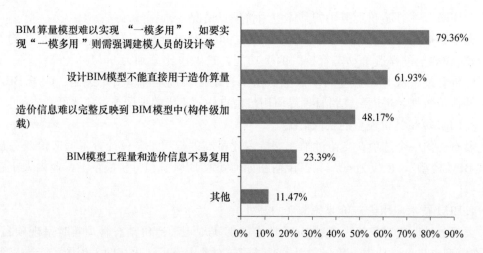

图 2.19　技术层面阻碍 BIM 在造价管理中应用情况

(二) 工程造价咨询企业内部障碍

调查结果如图 2.20 所示。

被调查对象认同目前工程造价咨询企业内部存在以下阻碍 BIM 应用的因素（频次由高到低）：缺乏专业 BIM 人才，BIM 与造价结合不能带来明显的个人效益，管理高层重视程度不够，员工惰于改变工作方法，管理中层执行力度不大。

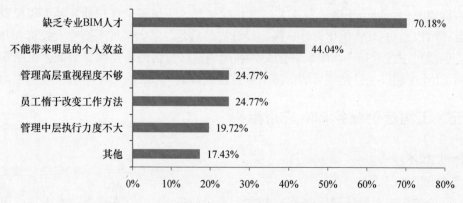

图 2.20　企业内部阻碍 BIM 在造价管理中应用情况

(三) 外部环境影响障碍

调查结果如图 2.21 所示。

被调查对象认同目前行业外部环境存在以下阻碍 BIM 应用的影响因素（频次由高到低）：BIM 应用时间和经济成本较高，目前不划算，缺乏基于 BIM 的造价管理标准和政府鼓励政策，项目 BIM 协同环境缺失，缺乏客户需求，现有的 BIM 软件造价功能缺失。

总体来说，BIM 技术（于造价业务）的高效性和经济性、企业内生动力、外部环境支撑三个方面对于 BIM 技术应用于造价管理各自形成制约和影响，无论哪一方面的突破不力，均会阻碍 BIM 技术在造价管理中应用的推广；但若其中一个方面发生重要的利好转变，必然会同时带动另两个方面的改善。

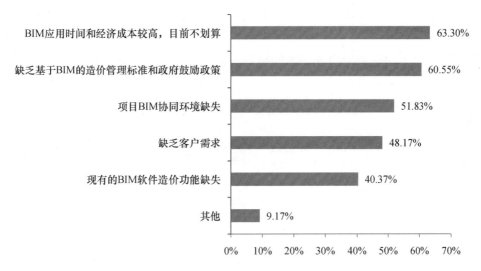

图 2.21　外部环境阻碍 BIM 在造价管理中应用情况

六、工程造价咨询专业人员的 BIM 愿景

从前述分析可看出，尽管仍处于 BIM 应用的探索期，但工程造价咨询行业企业和专业人员高度看好 BIM，对利用 BIM 提升工程造价业务技术，促进工程造价咨询行业转型升级充满信心。就工程造价咨询专业人员对 BIM 技术进步特别是与工程造价咨询行业发展结合所寄予的期望，调查结果如图 2.22～图 2.24 所示。

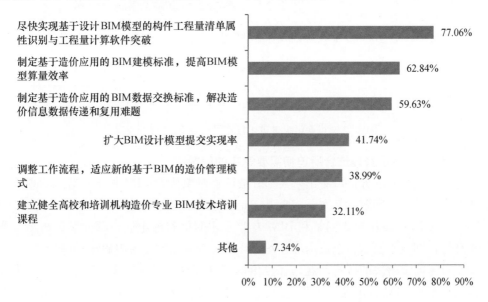

图 2.22　BIM 与造价管理结合迫切解决事项情况

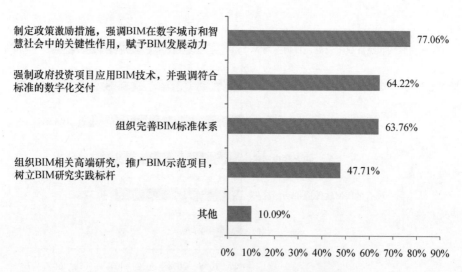

图 2.23　政府推进工程建设行业 BIM 应用情况

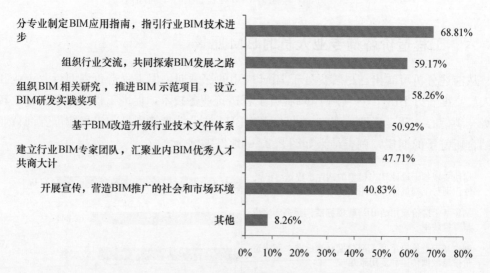

图 2.24　行业组织推进工程建设行业 BIM 应用情况

（一）BIM 与造价管理结合所迫切需要解决的问题

通过对调查结果的分析可看出，大部分被调查对象认为 BIM 技术在造价管理中最迫切需要解决的是技术问题，其次是完善基于造价应用的 BIM 相关标准等外部环境问题，然后是基于 BIM 的工作模式调整和 BIM 专业人才的培养等企业内部问题。与上一节调查分析结论，即技术层面、企业内部、外部环境三个方面的发展阻碍相对应。

至于具体需要解决的技术问题，在自由回答（未提供备选答案）问卷项中，出现频次较高的是基于 BIM 技术进行工程算量（约 20％被调查对象提出）和基于 BIM 技术实现全过程动态成本管控（约 10％被调查对象提出）。

（二）对政府推进工程建设行业 BIM 应用具体做法的期望

总体而言，被调查对象认为政府应当在 BIM 应用推广方面发挥更重要的引导和激励作用，多数认同以下具体做法：制定政策鼓励措施，强调 BIM 在数字城市和智慧社会中的关键性作用，赋予 BIM 发展动力；强制公有资产投资项目应用 BIM 技术，并强调符合标准的数字化交付；尽快组织完善 BIM 标准体系；组织 BIM 相关高端研究，推广 BIM 示范项目，树立 BIM 研究实践标杆。

（三）对行业组织推进工程建设行业 BIM 应用具体做法的期望

被调查对象认为行业组织在 BIM 应用推广方面同样能发挥重要作用，具体做法包括：分专业制定 BIM 应用指南，指引行业 BIM 技术进步；组织行业交流共同探索 BIM 发展之路；组织 BIM 相关研究，推进 BIM 示范项目，设立 BIM 研发实践奖项；基于 BIM 改造升级行业技术文件体系。

第三章 BIM技术对工程造价咨询行业发展影响分析

随着建筑业的持续发展，BIM应用范围与深度也逐步提升。从最初作为技术工具辅助解决技术问题，到作为管理工具提升管理效率。虽然不同的参建单位与使用人员都对其有不同的理解与定位，但这也标志着BIM技术在逐渐走向成熟。但总体而言，当前BIM技术与造价业务结合尚不够成熟，造价咨询企业和专业人员掌握BIM技术仍不充分，虽在工程项目管理不同阶段均有应用实践，但仍以"点状""片段状"为主。本章介绍当前国内工程造价业务已经实现BIM技术应用的情况，分析提出工程造价咨询企业掌握BIM技术、利用BIM技术实现造价管理技术进步的路径。

第一节 工程造价业务BIM技术基本应用

一、BIM模型几何量与工程量清单

BIM软件能够计算BIM模型构件的长度、面积、体积（容积）等几何量，这是其最基本的应用；而构件算量正是工程造价业务的一项重要基础工作。因此，BIM技术推行的早期，很多业内人士想当然地认为有了BIM，构件算量作业将被设计人员、建模人员和BIM软件取代，造价业务空间将大幅缩小。是不是这样呢？本小节将对BIM模型几何量、造价算量作业的关系进行剖析。

（一）造价算量不仅仅是构件几何量计算

由于定额计价方式下造价算量针对的是工序，工程量清单计价方式下造价算量针对的是构件，而BIM模型主要是按构件表达拟建成实体，因此，本报告仅探讨工程量清单编制作业中的BIM技术应用。

工程量清单编制的一般程序是：图纸分析→工程量清单列项（含特征描述）→某清单项下的单个构件检索和算量→汇总同一清单下的所有构件工程量完成单条清单→逐一完成所有已列项工程量清单。可见单个构件算量仅是工程量清单编制中的一步（当然，是较为耗工的一步），正确列项、归集、汇总对于工程量清单编制质量同样至关重要。

BIM模型无须人工干预自动生成的数据，只有单构件的几何量，要将此几何量转化为清单工程量，还需满足以下要求或补充工作：

1. 必须完成工程量清单列项，包括清单项工程特征描述。按照当前的软件功能实现情况，此项工作仅能由造价专业人员人工完成。

2. 识别每一个构件的工程量清单属性。也即，要有一种方法让依托BIM模型生成工

程量的软件识别每一个构件分别属于哪一条清单。满足这个条件，软件才"知道"需要提取哪一个几何量作为构件的工程量，如：长度/水平（垂直）投影面积/体积（容积）/表面面积；才能够实现把一条清单项下的所有构件工程量进行汇总，完成单条清单的编制；也才能在确定清单综合单价后，将综合单价数据与构件反向关联从而使 BIM 模型具备成本属性（也即加载 BIM5D 模型的第五维度信息，参见下一小节）。此步骤存在实际操作困难：当前主流的 BIM 算量软件并不具备机器学习能力，做不到通过读模生成构件的清单属性①，那么就需要人工将清单属性赋予构件，这个关键步骤的工作由谁来做？设计人员做，就需要所有设计人员接受过工程量清单编制业务训练，显然不可能，这是造成当前采用设计 BIM 模型难以编制工程量清单的主因；而由造价技术人员在设计 BIM 模型基础上对每个构件逐一添加工程量清单属性，与传统算量作业相比其工作量不减反增。（需要说明的是，对一些空间构件、异型体、面构件，采用传统算量作业计算构件工程量非常烦琐和复杂，这种情形下的建模算量，BIM 手段就能发挥其强大的优势。）

3. 正确的工程量扣减算法。工程量清单算量有其特定的规则，例如：有梁板的梁，其体积应并入板计算，而单梁则需单独计算；梁、柱节点计入柱；砖墙内梁头、板头所占体积不扣除，砖柱内梁头、板头所占体积需扣除；等等。这些规则软件可以做到②，但前提仍然是对构件属性的正确添加以及软件内嵌的正确扣减算法。

4. 补充非实体或 BIM 模型忽略实体的清单项算量。除 BIM 模型能够表达的实体外，还有一部分非实体类的或没有必要在 BIM 模型中表达的工程量清单项，如土石方挖填、截桩头、配管、配线、开关、插座、灯具等。这些清单项并不能够直接同 BIM 模型构件对应（但仍然可以通过一些手段实现间接对应，本报告不详述），需要另行补充。

（二）利用 BIM 模型计算工程量

作为造价业务中一项知识集成度相对较低而成本相对较高的作业，工程量计算一直被造价咨询行业视为增效降本的一个重要突破口。前述的计算机辅助建模算量，以及现在部分行业企业正在尝试的标准化算量作业（算量工场）等，都是一些不错的尝试。而 BIM 技术引入以来，行内都在期盼（同时也在担忧着）计算机彻底取代造价算量人员，"模成量出"。下面，我们对当前利用 BIM 模型完成或辅助工程量计算的实现情况做一个总体分析。

1. 算量三维模型是 BIM 吗？

实际上，自广联达、鲁班等造价算量软件在造价业务中被广为应用后，造价算量工作就采用了 BIM 技术——当然是没有协同的原始 BIM 技术。造价人员通过建立计价对象的三维模型并赋予模型构件工程量清单属性，得到带量的工程量清单。此种算量方式

---

① 目前已有专门的软件可做到半自动识读二维 CAD 图纸建立三维模型，智能辅助造价人员出带量的工程量清单。但与此处所要表达的识读设计模型生成工程量清单并不是同一回事。详本小节（2）。

② 业内部分专家学者认为，是否要严格地按当前版本的工程量计算规范进行扣减可讨论：扣减误差并不至于实质性影响工程量清单计价的准确性，例如：将有梁板的梁、板分别按梁、板计量计价，由于并未增减混凝土数量，梁、板单价差别不至于严重影响造价；梁头、板头、空洞是否扣除，一般而言也不会导致工程量变动过大；再者，前述两项误差均可通过在清单特征中说明，在综合单价确定时调整解决。如果用 BIM 模型算量成为业内主流，则可考虑修订工程量计算规范以使 BIM 模型算量更加便捷。

需要较多的人工干预，如人工去补充很多无法建模计算或建模计算效率低下的清单项，但仍然大幅提高了造价算量工作效率。广联达、鲁班以及斯维尔等造价软件开发商由此成为国内 BIM 应用软件的先驱者。但完全基于造价应用目的的 BIM 模型，除了实现不强调精度的三维可视化浏览应用外，模型数据几乎不能再有其他复用价值，显然不是"真"BIM。

2. 规范算量建模作业能做到"一模多用"吗？

随之而来有一种尝试，就是利用前述算量软件，由造价人员对设计施工图进行翻模，通过软件功能的扩展，以及制定严格的建模规范，使模型成果既能作为造价算量模型，又能作为施工协同、数字运维模型。在早期甚至当前的一些项目上，这种方式取得了一定程度的成功。但仍然存在模型格式兼容性较差、工程量清单模型表达不全、计价成果难以关联回模型构件、5D（加载了造价数据的模型）信息表达不完整、随设计和施工进展更新模型不便等诸多问题，并未真正发展为国内 BIM 技术主流应用。软件开发商对产品的改造仍在大力进行，业内可拭目以待。

3. 是否可以利用设计模型计算工程量？

欧特克公司旗下 Revit 是当前国际国内（特别是在房屋建筑类工程项目上）的主流建模软件，设计团队开展正向设计、BIM 团队依二维三视图翻建 BIM 模型多采用这款软件。但 Revit 软件是基于美国制图习惯开发的，即便在设计工作方面，也存在很多不适应国内标准和习惯从而影响工作效率的缺憾（其实 AutoCAD 也同样如此，只是天正、PKPM 等软件基于国内标准和习惯对其进行了深度汉化开发，从而大大提升了国内设计人员的设计和制图工作效率），对于基于工程量计算规范的工程计量而言，可谓差距很大。目前国内已经发布了很多基于 Revit 开发、用于工程量计算的软件（或插件），如"斯维尔""柏幕"等，仅就基于 BIM 模型的工程量清单编制可实现性而言，已经有了长足的进步，但用"在一模多用原则下实现模型快捷算量"这一标准来衡量，仍未能被业内广泛接受。

4. 智能翻模算量与人工建模算量有何区别？

目前国内至少有上海青矩互联网科技有限公司（天职工程咨询股份有限公司子公司）发布的智慧造价机器人软件、福建省晨曦信息科技股份有限公司发布的晨曦 BIM 智能翻模软件，进行了基于二维 CAD 图纸的智能建模算量技术尝试。二者均实现了大幅度提高部分专业类型工程项目的建模算量效率，为工程量清单编制以及清单工程量、定额工程量计算提供了极大便利。但存在相同的不足：（半）自动翻模所建三维模型均只关注于算量应用，如果要用于设计表达，则仍有较大差距。课题组进行测试后认为，自动翻建的三维模型基本不能直接用于精确的设计表达，并且难以作为设计 BIM 模型的基础版本（因为修正工作量极大，例如大量存在构件交叠，甚至不如重新建模），达不到"一模多用"的要求。

本小节介绍的几种基于 BIM 技术的工程量获取方法，工作方式上并无太大区别，均为通过自动识别或人工建立基础标准化模型，基于模型的几何信息，通过添加非几何信息和设置符合工程量计算规则的算法，实现工程量的计算，其通过非实体构件计算工程量的方法蕴含了从"模型思维"到"数据思维"的转变思路。

（三）BIM 模型工程量计算作业典型流程

目前利用 BIM 模型实现工程量计算有两种方式。

方式一：利用国内自有算量软件平台，依据二维设计成果文件人工（如广联达）或半自动（如青矩智慧造价机器人）翻建 BIM 模型，执行工程量计算规范（规则）计算工程量。

方式二：利用 Revit 模型直接计算工程量。由于 Revit 自带的几何量计算功能难以满足国内工程量计算规范（规则）要求，因此，其实现方式主要有两种：①使用国内算量软件通过 IFC 接口将 Revit 模型转换成算量模型计算工程量。由于转换误差，特别是对于造型复杂的建筑物，可能会出现模型构件丢失的情况，这种工程量计算方式误差较大；②基于 Revit 设计软件平台开发的算量软件，将国标工程量计算规范和全国各地定额工程量计算规则内置到 Revit 平台，利用 Revit 模型直接进行工程量的计算，也就是目前市面上大家比较熟悉的采用插件的方式进行工程量计算的方式。

本章附录 A 是两款已实现 BIM 模型算量、成本信息集成功能的软件操作流程介绍，分别由本课题组成员单位广联达科技股份有限公司和深圳市斯维尔科技股份有限公司提供。

二、BIM 模型构件的造价属性

BIM 模型首先是设计信息数据集，一般称为 3D 模型[①]；将建造（计划和实际）进度信息加载到模型构件上，形成可动态表现计划建造进度、实际建造进度的模型，一般称为 4D 模型；再加载造价信息（一般要求加载到构件上）的模型一般称为 5D 模型。3D 模型主要满足高质量设计和精细化建造技术应用需求，而 4D、5D 乃至更多维度的信息模型，则多是满足管理应用需求。本小节从造价维度，分基本属性和应用属性两方面对 BIM 5D 模型构件造价属性进行阐述。

（一）构件造价基本属性

构件是指建筑设施实体的基本组成单元，在空间围合、结构受力或机电系统组成方面相对独立发挥功能。构件造价基本属性包括两类：设计属性和识别属性。构件的造价基本属性样例见表 3.1。

1. 设计属性是指构件的设计物理特性，如构件类型、几何尺寸、材质（设备性能参数）、施工要求等，在 5D 模型中，构件设计属性是该构件的成本分析基础，可对照工程量计算规范按设计属性确定构件工程量清单属性及工程量，是确定造价的基础。

2. 识别属性是指构件所属的区域、楼层、地上/地下、业态等信息，以及构件编码（构件的唯一性标识），以在模型建立、信息传递过程中准确识别构件，关联 3D、4D、5D 乃至 nD 信息。还有助于区分区域、楼层、业态等进行综合单价分析等。

---

① 实际上，3D 只是一个概略说法，要表达设计信息，仅 3D 是不够的。构件的定位和几何形状就已经是三维信息，还需要构件名称编号、构件材质、与相邻构件的连接关系、系统从属关系、构件物理参数、施工要求等其他若干维度的信息才能完整表达设计信息。

表3.1 构件造价基本属性（样例）

构件类型①	构件编码②	命名规则③	几何尺寸及工程量④	类型属性⑤	实例属性⑤
建筑构件—墙—砌体墙	14-10.20.03.03+30-02.10.10.10	可参考工程量清单计算规范清单项目名称	基本尺寸：（直形墙）长×高；工程量：体积/内墙垂直投影面积/外墙外墙垂直投影面积	1. 结构材质：砌体为防火砌块；2. 砌体材质：页岩实心砖；3. 砌块强度等级：A3.5；4. 砌筑砂浆等级：M5.0；5. 内墙/外墙	1. 构件编号：QT1；2. 楼层：
结构构件—钢筋混凝土梁—圈梁	14-20.20.06.97+30-01.15.00	可参考工程量清单计算规范清单项目名称	基本尺寸：（矩形梁）高×宽×长；工程量：体积/抹灰表面积/模板表面积	1. 结构材质：钢筋混凝土；2. 混凝土强度等级：C25	1. 构件编号：QL1；2. 安装位置：
结构构件—钢筋混凝土基础—独立基础	14-20.10.03.03+30-01.15.00	可参考工程量清单计算规范清单项目名称	基本尺寸：基础几何体；工程量：体积/模板表面积	1. 结构材质：钢筋混凝土；2. 混凝土强度等级：C25	1. 构件编号：J1
水消防系统—消防设备—消火栓（室内）	14-40.30.27.21+30-30.10.15.50	可参考工程量清单计算规范清单项目名称	基本尺寸：设备几何体（一般是示意）；工程量：1（个）	1. 类型：明装 暗装 明装/半暗装；2. 规格型号：	1. 安装位置：

①一般需要按照功能属性/材质属性等因素对构件进行多级分类，国内现行构件分类对象因素而异，本表所列构件分类仅作示意。

②构件编码一般与构件分类对应，并应具有类唯一性和构件唯一性。本表采用国标编码体系作示例，编码时考虑了工程量清单编码的对应关系，可实现构件编码与工程量清单编码唯一（前九位）关联。

③当前国内较常见的具有造价应用功能的BIM软件并未严格采用与构件分类相对应且与国标相符的编码体系对构件进行构件识别，而多是采用命名规则关联工程量清单的识别方式。

④基本尺寸由建模软件自动生成。工程量需要执行工程量清单计算规范和定额工程量计算规则算法计算生成。

⑤类型属性、实例属性是Revit软件对构件属性的载入方式，本表以该软件属性为例进行说明。

（二）构件造价应用属性

构件造价应用属性是指 BIM 模型经算量计价作业处理后产生的构件工程量、综合单价、构件合价等属性数据。构件造价应用属性基于构件，可按部位、区域、专业乃至项目整体汇总，可全过程动态更新，可与模型其他属性集成并为项目管理其他业务所复用。

需要指出的是：按照《建设工程工程量清单计价规范》（GB 50500—2013）的规定，建设工程发承包及实施阶段的工程造价应由分部分项工程费、措施项目费、其他项目费、规费和税金组成。根据各类费用的算法特点，在 BIM 模型中：

1. 实体构件的分部分项工程费可以工程量、综合单价和构件分部分项工程费等数据形式关联 BIM 模型构件表达；

2. 非实体工作（如土石方挖填、截桩头等）的分部分项工程费一般不在 BIM 模型构件上表达，非表达不可的，需进行模型属性特殊处理；

3. 措施项目费、其他项目费、规费和税金一般不在 BIM 模型构件上表达，非表达不可的，需进行模型属性特殊处理，并需设定按构件分摊算法规则。

由此可见，BIM 模型表达造价属性难以做到全费用表达，完全依托 BIM 模型开展工程计量和支付管理并不现实，BIM 5D 模型仅能作为造价管理的一个辅助手段。尽管如此，一般来说工程实体构件的分部分项工程费是工程造价的主要部分，且分部分项工程费与工程造价之间为近似线性关系，因此，可以用分部分项工程费的完成情况来粗略表达工程投资进度完成率。

此外，如果建成 BIM 协同平台，还可以通过 BIM5D 模型 ＋ 非模型集成造价数据的方式实现工程计量和支付管理，下一小节就是基于这一方式进行 BIM 模型造价信息集成应用论述的。

构件的造价应用属性样例如表 3.2 所示。

表 3.2　构件造价应用属性（样例）

属性名称	属性描述
＊分部分项工程量清单编码	1. 根据构件编码和构件属性（见表 3.2.2-1），按工程量计算规范（GB/T 50854～50862 系列）进行分部分项工程量清单编码匹配[②]； 2. 必要且可能时，还可增加措施项目清单编码（例如混凝土构件模板措施项目）
构件识别码	分部分项工程量清单编码相同的构件，可增加顺序码以实现构件编码的唯一性
＊分部分项工程量（措施项目工程量）	1. 单位；2. 数量
＊分部分项工程综合单价	分部分项工程综合单价
＊分部分项工程费	分部分项工程量×分部分项工程综合单价
措施项目费（与构件实体直接关联）	措施项目工程量×措施项目综合单价 （例如钢筋混凝土柱的模板措施项目费 ＝（柱截面周长×柱高）×模板措施项目综合单价）

属性名称	属性描述
措施项目费 （与构件实体不直接关联）	措施项目费×构件分摊系数
其他项目费	某项其他项目费×构件分摊系数
规费	某项规费×构件分摊系数
构件全费用合价 （税前）	分部分项工程费 ＋ $\sum$（措施项目费分摊）＋ $\sum$（其他项目费分摊）＋ $\sum$（规费分摊）
增值税	构件全费用合价（税前）×增值税率
构件全费用合价 （含税）	构件全费用合价（税前）＋ 增值税
计量支付	构件的计量支付信息

①带 ＊ 的项是 BIM5D 模型所必须加载或关联的构件造价应用属性信息；

②根据构件编码一般可匹配到工程量清单编码前九位；工程量清单编码后三位应按分部分项工程项目特征不同
顺序编码，需要识读构件属性。

三、BIM 模型造价信息集成应用

（一）IFC 标准与国内 BIM 造价信息集成

IFC 由国际组织 buildingSmart 开发，并被国际标准化组织（ISO）接纳为 ISO 标准，当前的版本是 ISO 16739-1：2018 *Industry Foundation Classes*（IFC）*for data sharing in the construction and facility management industries-Part* 1：*Data schema*。IFC 是对包括建筑物和基础设施在内的建筑环境的数字描述标准，供不同软件之间互相交换建筑信息数据使用。

清华大学马智亮、娄喆对采用 IFC 表达建设工程项目造价信息进行过研究[①]，得出的结论是：建筑工程成本预算所需的信息可归纳为 7 个方面，即建筑产品信息、分部分项信息、成本项目信息、进度信息、工程量信息、资源信息以及价格信息，应用 IFC 标准总体上可实现对这 7 个方面信息的表达，但该标准对于我国建筑工程成本预算规范中包含的建筑施工临时产品及项目分部分项划分信息尚未直接支持，不利于自动的数据交互，还有待于完善。

但实际上，采用 IFC 标准描述建设工程项目成本（造价）信息并非利用 BIM 技术开展造价业务的必需路径。能够通过 IFC 实现模型基本属性信息准确交换，即已可最低限度保证造价信息的交换。主要思路是：执行国标《建筑信息模型分类和编码标准》（GB/T 51269），赋予构件编码，通过一定的规则与工程量计算规范系列国标中的工程量清单编码进行映射，即可便捷地进行构件工程量（和分部分项工程费）信息数据的传递。华昆工程管理咨询有限公司等机构正在开展相关研究。

---

① 《土木建筑工程信息技术》第 1 卷第 2 期。

（二）BIM 协同平台与 BIM 造价信息集成应用

BIM 造价信息要实现项目建设全过程成本管控应用，一般应依托 BIM 协同平台。BIM 协同平台软件通过载入 BIM 3D 模型（生成 BIM 3D 数据库），建立包括进度信息数据（第 4 信息维度）造价信息数据（第 5 信息维度）在内的 5D 信息乃至 nD 信息的项目信息数据库，并实现基于构件的多源数据关联；梳理并搭建项目管理各项业务信息采集、存储、传递、反馈和复用的流程，支撑建设项目各参与方管理和作业协同。本小节介绍造价相关业务 BIM 协同的常见做法。需特别说明的是，由于 BIM 模型不能直接完整加载全部造价信息（详见前一小节），本小节讨论的应用仍属需要进一步开发完善的 BIM 造价应用。

1. 资金计划和资源用量计划

BIM 模型和进度计划、合同预算的关联，就建立了进度计划和工程量清单的关系；通过计划任务项的计划完成时间和任务完成状态，可以实时统计形成未完工工程的资金计划曲线，方便业主进行资金筹措；同时根据工程量清单和资源的对应关系，也可以快速形成任意时间段主要人工、材料、机械的需求用量曲线，为物资计划编制提供数据支持。

2. 计量支付

通过计划任务项的实际完成时间，可以实时按月、季度统计已完工工程的工程量清单工程量，通过和计价软件的接口，自动计算当期对应产值；结合支付汇总表，快速计算当期应付金额，进而实现了计量支付的一体化应用，提高工作效率。

3. 价差管理

通过计划任务项的实际完成时间，可以实时按月、季度统计已完工工程的主要材料用量；自动载入材料信息价、设置调差办法就可以快速计算当期价差调整金额，实现价差调整的一体化应用。

4. 自动清单列项

通过提前设置构件和企业常用工程量清单的对应关系，可以在 BIM 模型工程量计算后自动生成工程量清单，提高招标清单的编制效率；对于习惯于 BIM 建模、清单列项并行工作的情况，依据构件和国标清单的对应关系，实现模型和工程量清单的快速匹配，快速更新清单工程量。

5. 合约管理

通过提前设置模型和合约的匹配关系，预埋工作界面关系，可以在模型完成后快速形成合约—模型对应关系，自动形成不同合约的工程量清单、三维查看合约工作范围、界面划分等，提高合约管理效率。

6. 三算对比

基于 BIM 模型和 BIM 平台，对工程项目的预算数据、合同数据、进度（结算）数据进行构件级对比分析，对差异较大数据进行亮显，以便快速定位问题、进行原因分析，找出应对措施。

7. 造价数据集成管理

通过 BIM 模型和对应造价业务的关联，可以实现以模型为中心，项目过程中图纸、合同、工程量清单、资源、变更等数据及文件的集成管理，提高各参与方的协同效率。包括造价信息在内的信息集成协同示意如图 3.1 所示。

图 3.1　BIM 协同平台信息集成

四、基于 BIM 的工程造价咨询高效工作方式探索

工程造价业务天然具有信息化和数字化特征，而 BIM 是建筑业信息化的"利器"，因此，业内企业和专业人员应重视将 BIM 作为工程造价咨询服务提质增效的技术手段。BIM 技术的数据承载能力和直至构件级别的数据细分，可助力业内企业实现本企业造价数据的结构化，为企业的大数据建设奠定数据基础，开展"数字造价管理""数字新咨询"，从而实现以数字支撑造价咨询能力、改进工作方式、提高工作效率、拓展咨询业务。

（一）企业管理层基于 BIM 的数字化转型推动

业务架构和组织模式的转变。借鉴其他行业数字化转型的案例和经验，造价咨询企业运营模式，哪个价值链环节是企业的核心竞争力？哪个业务是企业的关键业务？哪个活动的效率有待提升？需要哪些技术或模式支撑？不增值的业务或价值链环节是否可以剥离？或利用先进技术替代？低附加值的业务是否可以外包或被替代？企业的管理层级、组织机构设置是否阻碍了企业业务的开展？这些疑问都是企业管理层所要自测或思考的。

企业的管理流程、业务活动要实现数字化。"数字造价管理"的特征就是结构化、在线化、智能化。企业的管理流程及各项业务活动，首先要规范化、制度化、结构化，这样就容易进行数据化；有了结构化的管理规范、结构化的数据定义，就有了数字化的基础。例如，通过对造价管理过程及成果进行结构化描述，保证工程造价管理过程中数据的有效性。需要建立以 BIM 应用为核心的工程造价业务标准（BIM 建模标准、项目特征描述标准、工程分类标准、工料机编码及命名标准、造价成果交付标准）。其次是在线化，只有在线了才能形成数字。随着互联网技术的发展，在线作业、业务在线化、无纸化办公已成为可能。目前，工程造价管理仍有些业务还是线下模式，有些业务还是线上线下结合，真正在线，还有很多亟待完成的实践。在线化是数字化的关键，也是未来高效工作方式的关键。各参与方可以通过在线化方式进行工作协同，通过实时沟通实现快速决策。在线化方式进行数据共享，才能积累形成有效的行业大数据库。企业管理层应围绕数字化转型目标，逐步完成业务管理和企业运营的完全在线化。最终目标就是智能化。通过大量的数据进行训练，能实现智能化的企业运营、智能化的管理决策、智能化的咨询服务。整个造价管理工作将更加智能、高效。

为达到全面造价管理的要求，工程造价专业人员需要对质量、安全、工期、环保等要素成本进行动态分析，由于各要素的叠加，将加大工程造价管理工作的难度。我们通过数据来模拟训练，实现人工智能，可以预测各种因素对造价的影响，使得造价管理的决策过程更加智能。另外，企业层面还要注重软实力培养和中后台建设。企业要可持续、健康发展，除了"业务战略"的"火车头"带动外，企业软实力也非常重要，是企业高效工作方式的土壤和滋养。造价咨询企业，核心资产除了数字资产外，就是人员。数字化企业需要高素质的数字化人才，需要有文化和机制的抓手，需要有为业务赋能的中后台组织和平台支撑。数字化转型，是企业管理方方面面的转型，需要从文化、机制、人员、组织层面进行意识、动作的转变。有了这些转变，工程造价管理的整体高效才能得以实现。

（二）岗位作业层基于 BIM 的数字化转型能力获取

要从以岗位信息化为目标转向以企业管理数字化为目标。工程造价领域的信息化发展迅速，时至今日，岗位级的作业都用上了信息化工具，岗位级工作效率也有大幅的提升，但是仍然存在一些亟待解决的问题：岗位作业缺少标准化、规范化的数据约束，导致最终的数据无法结构化利用；各岗位级工具数据是割裂的、独立的，无法互通或互通很困难；各阶段的数据也是割裂的，形成了一个一个信息孤岛；岗位级数据没有为管理层提供可视化的数据、可管理的数据，岗位作业和造价管理是数据割裂的；企业管控和造价管理决策等知识没有转换为技术规则或算法约束岗位作业，仍然需要人为分析决策，等等。这些问题就是影响工程造价管理在岗位作业层高效工作的因素。要解决这些问题，就需要树立以企业数字化管理为目标的作业管理模式。首先需要把岗位作业数字化，建立企业内部的作业标准、数字化建设标准，以标准和最终数字化应用为目标，贯彻到数据的各个层面。其次要把管理决策、岗位作业、数字资产等知识转换成数字化技术，梳理成技术要求。再次就是依托优秀的平台服务商提供的岗位作业管理、企业管理端应用把数据打通，形成企业的数字资产。最后依据大数据应用实现作业管理标准化、智能化，实现企业管理数字化、智能化。

第二节　工程造价咨询企业目前 BIM 技术的应用实践

本章附录 B（单独成册）是本课题征集的工程项目 BIM 技术应用案例，本节通过对案例的分析，结合课题组参与者的体会，对 BIM 的技术属性与管理属性进行阐述，并对造价咨询单位从事 BIM 技术应用的可行性与必要性进行分析，内容涵盖设计、招标、施工、运维阶段。

一、设计阶段的 BIM 应用实践

（一）设计阶段 BIM 应用目的

设计阶段是决定工程质量的关键环节，也是投资控制的重要阶段。通过 BIM 技术进行项目的虚拟建造，查找图纸中存在的"错漏碰缺"，从而进行设计阶段的设计质量控制，最终实现围绕图纸开展的清单以及控制价编制工作合理、高效开展。

在建筑形态、功能趋于复杂与管理精细化的形势下，为了保障项目实施的经济性与可建性，在设计阶段对各类 BIM 工具的应用与组合是咨询单位切入的主要方式，结合企业自身技术优势形成的咨询服务也正在得到建设单位越来越多的认可。

（二）设计阶段的 BIM 应用特点分析

目前 BIM 应用尚未全面普及，BIM 技术应用多为设计阶段介入，项目特点不一，建设单位要求不同，导致 BIM 应用流程无法标准与统一。BIM 本身具有技术特性和管理特性，为了统一和明确 BIM 应用目标，需制定 BIM 应用的实施方案，以满足项目各方开展工作。附录 A 中的案例也均提到了 BIM 应用实施方案的重要性，多数由建设单位确定的 BIM 牵头单位组织编写，具备制定各方 BIM 工作职责、工作流程、软硬件应用体系以及各项工作开展保障能力的单位才可成为合格的 BIM 牵头单位，得到更多 BIM 咨询服务溢价。

设计阶段进行设计、成本一体化管理可以降低沟通成本、节省时间、提高工作效率。设计、造价咨询分属不同企业，介入工作时间不一，设计单位处于工程建设的前端，工作先行且处于主导地位，造价咨询单位大部分工作的开展是依据设计单位完成的工作。此种情况下容易导致多方面工作隐患：①造价成果的有效性与时效性完全依赖于设计质量与设计节点，增加了建设单位的管理风险与管理难度；②为保证设计品质与成本投入之间较为均衡的结果，项目各方的工作反复与沟通较为频繁；③管理工作与技术工作也存在一定的矛盾性。

附录 A 案例提供方多数都是作为造价咨询单位同时又作为 BIM 技术咨询服务单位身份开展工作，对于造价咨询单位开展造价工作或者 BIM 咨询工作都具有很好的指导意义。上述单位的工作逻辑是首先通过 BIM 技术让自己部分造价工作或者成本控制理念前置，在方案设计阶段通过方案模型生成视频动画、沉浸式体验等多种方式让建设单位对设计方案有直观了解，同时通过方案模型辅助建立成本数据，便于建设单位快速决策；施工图设计过程中进一步细化模型，建模过程中通过二维图纸分析、三维碰撞检查等手段解决图纸中存在的质量问题，为后续清单、控制价编制提供有利条件。通过 BIM 模型在可视化环境下机电管线综合优化，进行空间使用分析与净高分析，控制成本的同时提升机电与精装等方面品质。附录 B 中多数案例的实施单位都具备造价咨询背景，结合 BIM 技术形成以成本控制为核心的新型服务模式将是今后探索的一个重要方向。

案例《全过程工程咨询项目的 BIM 应用实施》（四川良友建设咨询有限公司）、《某商业地产项目 BIM 成本管控应用》（四川开元），在设计过程中从成本控制的角度进行 BIM 咨询，也在 BIM 应用方案中明确了数据交换方式，通过一定规则进行模型创建与数据添加，生成满足规范要求的工程量清单，实现了模型的二次利用。"一模多用"或者"一模到底"的工作方式，保证了部分造价成果在设计过程中就已形成，在节约人力资源的同时，也保证了时间上的节约。上述的工作思路值得咨询单位借鉴，同时也需探索与研究，在克服软件技术难题的同时，调整已有的咨询服务流程与各项标准体系。

设计阶段的 BIM 咨询服务的重点工作之一就是模型创建。为保证模型的时效性，需频繁地维护设计模型以满足设计图纸的调整与更新，投入的资源较大且工作成果还是存在一定的误差与滞后性。理想的工作模式是正向设计，将设计模型作为设计阶段各方工作开展的主要依据，既可通过模型解决设计问题、影响成本的问题，还可以通过模型生成图纸与工程量，有效避免误差，同时从根本上解决了模型的时效性。案例"华润置地设计、成本一体化 BIM 项目"（深圳斯维尔）对基于 BIM 技术进行正向设计与出量的可能性进行了探索，分别由 BIM 算量软件厂商与 BIM 设计软件厂商作为技术顾问为造价单位与设计单位提供技术支持，进行部分功能定制，并结合建设单位的设计要求与计量规则建立 BIM 设计建模标准，实现了项目地下部分的正向设计，并且地上部分的设计模型可以复用的效果，通过模型生成工程量并与传统软件对比后误差控制在±2%内。基于 BIM 技术的正向设计的相关工作方式以及工作软件还尚未成熟，降低成本、提升效率还需技术与产业的进一步发展。针对产品标准化高、各项要求与标准比较明确的建设单位，可参与到其企业 BIM 技术制度制定、生态建设中去，形成长久的服务关系也是未来可考虑的方向之一。

案例"北方某学校改造项目"（深圳航建）在正向设计方面更多地从设计协同与数据交互角度进行了阐述，结合斯维尔案例体会得出基于云的工作协同与数据交互以及更轻量化的模型应用是当下设计阶段设计单位、咨询单位与软件厂商的研究重点之一，不需太多改变项目各方作业习惯即可实现数据轻量化传递，将更好地实现项目工作落地，并迅速建立企业优势。

（三）设计阶段的 BIM 应用总结

1. 造价咨询企业通过 BIM 技术进行赋能，可以很好地提升企业形象，并通过长期实践可以提升企业造价服务能力与服务附加值。

2. 具备造价咨询能力的综合咨询单位，在进行 BIM 技术服务的同时，结合企业咨询优势加强对 BIM 总控、BIM 总牵头等工作模式的研究与优化，逐步形成以 BIM 技术为引擎的全过程工程咨询。

3. 咨询单位对业务的理解更为深刻、针对行业的变化也更为敏感，具备整合能力的咨询单位可储备技术人员、整合厂商资源，提供完整的产品与服务解决能力，也是构建企业核心竞争力的路径之一。

二、施工阶段的 BIM 应用实践

（一）施工阶段 BIM 应用目的

BIM 技术切入项目的最佳时间节点是项目的前期阶段、各阶段的前期节点，与设计阶段提前解决设计问题，通过预设质量、安全管理要点解决施工阶段可能出现的问题的思路一致，施工阶段 BIM 工作的开展也是基于流程前置的思维在具体工作开展之前充分论证技术方案、暴露管理盲点，可视化呈现、协调工作，并通过管理协同平台解决施工现场信息一致性、信息传递时延高、信息传递流失等问题，同时通过 BIM 手段改造工作方式，实现工程信息有序管理，现场问题及时跟踪解决，保证工程数据沉淀、收集、分析及辅助管理决策。在高效完整执行 PDCA 循环的同时，辅助各参建单位构建各专业数据指标库。

（二）施工阶段的 BIM 应用特点分析

BIM 是流程前置的理念、工具和方法，兼具技术特性和管理特性，任何技术的改变必然带来管理方式、管理模式的改变。各项目案例中 BIM 技术的应用，在改变原有工作流程，改变原有工作成果内容及呈现方式的同时，现场管理模式、项目组织架构也相应调整，比较普遍的管理模式为"由建设单位主导，BIM 咨询团队牵头负责，其他参建单位全面参与"，BIM 牵头单位"以目标管理、动态控制为重点"，使各参建单位的工作因为 BIM 工作而变得目标一致。工作方式则由"被动核算"变为"主动控制"。

案例"基于 BIM 技术的某机场航站楼全过程工程项目管理项目 BIM 应用实践案例"（华昆工程咨询）介绍了该咨询公司基于定制软件平台，将其"项目管理信息储存和传递的中心媒介，通过信息高度集成、有序传递和精准复用，协助项目建设协同管理的高效实现"的理念用于平台管理应用的项目实践，对如何规范 BIM 项目管理平台信息集成，基于项目管理协同平台实现精细化管理，提高整体 BIM 协同管理水平，进行了详尽的阐释。案例《基于 BIM 技术的某地铁线路全过程工程管理项目》（北京中昌）则从功能层面对管理协同平台进行了剖析。区别于以上两者，案例《全过程工程咨询项目的 BIM 应用实施案例》（四川良友）从全过程工程咨询团队配合的角度，介绍了根据不同项目阶段，针对不同侧重点，将应用市场上既有管理协同平台进行组合应用，实现项目信息流在全过程咨询团队内部及外部进行传递和流转，辅助现场项目管理和全过程工程咨询工作开展的思路。

施工阶段技术应用的深度和应用点的广度受限于 BIM 相关技术软件的发展，目前开展流程相对固定，应用效果明显，在各项目案例中均普遍采用的技术应用点为施工方案/工艺模拟、机电管线综合优化（含净空优化、综合支吊架设计、预留预埋定位、机电管综出图）、机电预制化应用、三维仿真漫游。《BIM 技术在安装工程项目的应用实践》（云南建投安装公司）中结合医院项目对机电管综优化、设备机房深化中涉及的各项目工作进行了详细的阐释，并将其成果用于指导材料计划、消耗控制。

此外，根据项目类型、项目特点、项目建设单位、应用主体的不同，咨询单位在实施过程中又存在不同应用方向，如《某商业地产项目 BIM 成本管控应用》（四川开元）将 BIM 应用开展的方向和重点均导向成本管控，所有应用点的开展均服务于项目建设单位的投资控制，并建立了与之配套的各技术应用标准和考核标准，项目建设单位有其独特性，但同时此案例又有其普遍的借鉴意义。

案例《基于 BIM 技术的某机场航站楼全过程工程项目管理项目 BIM 应用实践案例》（四川同兴达）中，基于其项目特点既要"考虑工作交叉面的衔接关系"，又需考虑"航站楼主体建设分六个建设阶段，每个阶段对周边场地占用情况不同"，开展的"施工现场场地布置及交叉作业面模拟"，以及针对项目建设单位要求的"航站楼施工期间不能停航"进行的"不停航施工方案模拟"等类似应用点，对一般复杂项目也有其借鉴意义。与此类似，《基于 BIM 技术的某地铁线路全过程工程管理项目》（北京中昌）案例中，"交通导流模拟""市政管线迁改模拟"等应用为市政 BIM 应用的常规应用，但由于项目特点而存在其局限性，但本案例中"管道工厂化加工"实现了 BIM 技术与机电安装、工程化加工的完美结合，解决了 BIM 技术与生产制造脱节的问题，是 BIM 思维延续的有益尝试，是 BIM 信息复用的良好实践。

施工阶段实施单位众多、现场情况多变、资源投入集中，基于 BIM 技术进行专项的服务，从而减少各方争议、提升作业效率、降低资源投入是目前 BIM 咨询单位切入施工阶段服务的有效方式。案例《基于无人机倾斜摄影的 BIM 技术在某办公大楼土石方工程中的应用》（江苏捷宏）通过无人机倾斜摄影技术逆向生成实景模型，结合多个 BIM 软件进行土石方算量，在保证成果质量的同时做到了生产成本的极大节约。将新技术、新工具有机结合基于某个点的创新应用，并且实现价值落地，为造价咨询单位施工阶段服务提供了新的思路。

（三）施工阶段的 BIM 应用总结

1. 施工阶段是项目耗费时间最长、涉及人员最多、资金最集中的阶段，造价咨询企业可结合企业特有优势与 BIM 技术能力，向建设单位提供以成本控制为核心、BIM 技术应用与信息化能力建设为手段的服务模式，实现项目信息沉淀，将技术问题提前发现、提前解决，管理问题提前预警、事中跟踪、及时解决，在提升管理能力的同时降低项目风险与各项资源投入。

2. 施工阶段 BIM 技术应用内容多而零散，施工单位目前 BIM 应用实施的专业性人才较少，且 BIM 应用实施过程尚属人员密集型的作业模式，相对而言造价咨询企业人员素质普遍高于施工单位，且具备系统性学习与集中作业的能力，可进一步根据具体需求，为施工单位提供专项 BIM 咨询服务。

3. 目前施工阶段的 BIM 价值落地趋于点状的形式呈现，为建设单位提升管理能力，为施工单位工作提质增效，造价咨询企业不仅仅依靠 BIM 技术，还需向其他行业学习提升自身信息化能力与精细化管理水平，才可提供系统的咨询服务，从而保障 BIM 价值的落地。

三、建筑设施运行维护 BIM 应用实践

（一）建筑设施全寿命周期成本管控

建筑设施全寿命周期成本管控已经开始成为国内工程造价咨询新热点。建筑设施全寿命周期成本一般描述为：建设投资＋运行维护费用＋处置费用（－残值）。永久性建筑设施的设计寿命一般为 50～100 年，即便只考虑第一个大修周期约 20 年，其运行维护费用亦相当可观[①]。随着投资管控理念和方法的进步，对建筑设施运行阶段的成本分析和预控，逐渐成为建设单位（使用单位）的核心关注点，也是工程造价咨询业务的创新和提

---

① 国内有多篇论文称：英国皇家工程院的一项研究表明，办公建筑 20 年的运行和维护成本即可达到其建设投资的 5 倍。但本课题组未找到此信息可靠出处。

质的突破口。在设计、建造和运维中采用 BIM 技术,建立建筑设施仿真模型,并在运行维护中融合物联网、机器人等新技术,可实现建筑设施全寿命周期成本的节约和受控。

(二) 建筑设施运行阶段的 BIM 应用特点分析

BIM 技术的主要特征之一就是信息性,建设过程中的 BIM 应用不仅辅助项目各方解决技术问题与管理问题,也在收集项目建设数据,其所含数据的兼容性与结构性较好,通过 BIM 模型将几何信息与非几何信息逐一匹配建立关联关系,导出具有逻辑性的数据后进行加工处理与后期的运维管理系统对接。附录 B 中良友、华昆的案例对 BIM 模型在运维期间的应用也进行了阐述,在项目前期 BIM 应用策划过程中探索基于 BIM 的运维管理平台,引导客户将物联网与 BIM 技术结合开展设备管理和空间管理等工作。

附录 A 中深圳航建的案例也提到运维单位在设计阶段介入对项目各方的 BIM 工作提出要求,使 BIM 的数据满足后期使用。该案例也对基于 BIM 的运维技术路线进行了规划,值得读者借鉴。当前项目的建设与使用多为两个主体单位,作为咨询服务单位在前期进行建设咨询服务时,如能结合后期使用需求做出规划,形成工作建议或者可执行的技术路线,将会创造更大的服务价值。

(三) 运维阶段的 BIM 应用总结

1. 在前期将运维的理念纳入商务洽谈中,并在建设过程中有效地围绕 BIM 应用协助建设单位开展运维工作,是目前咨询单位提升自己服务能力与服务差异性的突破点之一。

2. BIM 技术的信息性与可视性特征符合运维工作理念,未来基于 BIM 模型的应用将会拓展至具体运维产品中,咨询企业具备产品开发与策划能力,可将咨询服务做更多的延伸。

3. BIM 技术与"云、大、物、移、智"的使用与结合是未来建筑业的趋势,提升自身服务能力还需拓展视野、跨界整合资源。

第三节 工程造价咨询企业基于 BIM 技术的升级转型策略探讨

面对 BIM,面对全过程工程咨询,造价咨询企业必须因势而动,寻求一条适合企业自身的发展路径来确保不落伍;优秀企业可借此机会脱颖而出,占领行业发展制高点。目前而言,关于进一步推动工程造价咨询企业应用 BIM 技术的转型思路主要分为 3 种:

1. 基于 BIM 技术的做精做专升级;

2. 基于 BIM 技术的综合型咨询转型;

3. 基于 BIM 技术的其他发展模式。

总体而言,这 3 种转型思路并无优劣之分,需要企业结合自身特点与发展方向来进行考虑,选择适合本企业的发展道路才是重中之重,本小节就各条升级转型路径一一进行分析。

一、基于 BIM 技术做精做专工程造价咨询

建设工程造价咨询脱胎于工程项目管理，不同造价咨询单位结合自身具体情况发展出了不同的造价咨询模式。以投资控制为主线，以成本控制为核心服务内容，深耕工程造价控制过程中的工程造价估算、工程造价概算、工程造价预算、工程造价过程控制、工程结（决）算，甚至为建设单位的资源计划编制提供咨询服务，以自身专业的深度、广度和对建设流程的深入理解，专注于工程造价专业，思考整个工程项目，为建设单位提供从单点到全面的造价咨询服务，或为建设单位提供单阶段到全过程造价咨询服务的造价企业，这类企业在本次课题研究中归为做精做专的工程造价咨询企业。

（一）适用企业分析

不同的造价咨询服务模式源于造价咨询单位对工程建设和工程建设投资控制的不同理解。对造价咨询业务的甄别与筛选，对工程投资控制关键节点的理解和选择，对工程建设投资主线的再造和重塑，形成了工程造价咨询的若干种形态和咨询模式。

专注于单点到全面的造价咨询服务的工程造价咨询企业的独到之处在于其对某一或若干工程投资控制关键点的深入理解和把握。通过自身业务的洗练，不同造价咨询企业形成的对单阶段、若干阶段到工程全过程的造价咨询的能力，来源于其对投资控制各阶段关键工作内在联系的深刻理解和把握，和其对投资控制各阶段关键工作的跟踪和把控，以及对投资控制之于工程项目管理的意义的把握。

工程建设行业已逐渐达成共识，投资控制不应该是被动的事后控制，也不能只是针对建安成本以及预算人员本身，不应该过分侧重于施工阶段，而忽略对投资控制有重要意义的投资决策、规划设计、竣工验收、营销管理、后评估等阶段。

因此，工程造价咨询企业的"做精做专"之路，源于企业自身的定位和决策。扎根于传统工程造价咨询服务模式，崇尚专业性，企业拥有在项目过程中不断进行数据积累和数据迭代的能力，能有意识和工具沉淀企业数据，并形成企业各类经济技术指标的工程造价咨询企业，会逐步具备跨阶段的咨询服务能力；基于自身专业能力的积累，长于制度建设、流程梳理，对工程项目管理与工程投资控制及其相互关系有独到见解，对投资控制各关键点内在联系有深入理解的企业，全过程造价咨询必然能够发挥其更大作用，使其提供更多增值服务。

（二）工作开展思路

工程建设与项目成本管理结合形成的工程建设项目成本管理，遵循项目管理中"渐进明细"的原则。建设工程项目成本管理按阶段顺次开展的主要工作包括：资源计划、成本估算、成本预算、成本核算、成本控制、成本结算、后评估。

工程造价咨询不会脱离于项目建设单位的建设项目成本管理活动而存在，工程造价咨询企业存在的价值也在于其为建设单位的项目成本管理工作提供专业咨询，为建设单位项目成本管理的决策提供数据支撑。精准的工程量、合理的价格组成的量价成本是成本管理与控制的重要基础。而 BIM 技术不仅可以快速提供建筑产品的工程量，而且能够在建设各个阶段有效地记录建筑产品的各类数据，为项目决策、施工、运维提供依据。

工程造价咨询企业若想突破现有业务瓶颈，充分利用各自企业的专业能力、服务能力，结合各自企业业务特点获得长足的发展，实现服务模式的突破或咨询能力的精进，需要"追本溯源"，以建设单位的视角分析项目成本管理的关键路径和关键路径上的专业突破点，将专业突破点与现有造价咨询业务相结合，提供更多有价值的增值服务，以实现工程造价咨询能力的进阶、市场的开拓。

建设单位的成本管理在各个阶段有其突出的价值点，通过研究这些价值点，不难发现成本管理作为项目管理的组成部分与项目管理的总体思路是一致的，以工程投资和目标成本为主线，从项目投资的总体计划和总体目标成本，渐进明细为各阶段的成本计划和目标成本。

传统工程造价咨询企业扎根于建设实施阶段，对建设过程中影响工程投资的诸如合同管理、变更管理、现场实施和工程结算等有深刻了解和体会，可在项目开展和工作实施过程中有意识地汇总、整理、分析，用以建设企业工程造价数据库，如技术经济指标库、项目投资管理风险库、建设过程风险库等内容，并以此为基础加强本企业的能力建设。以专业数据提升专业能力，培养企业具备向建设项目前端延伸，输出专业咨询的能力。

企业数据库的建设将有效地为投资决策阶段的可行性研究报告、规划设计阶段的合约规划提供风险支撑数据、目标成本分解依据和相关经验数据，从而保证可行性研究报告目标成本全面深刻、经济合理，同时松紧适度，合约规划管理目标成本和合同计划分解合理，并具有一定的风险承受能力，确保合约以有序和有效的方式运作。

企业数据库将为项目投资决策阶段的投资估算、规划设计阶段的设计方案比选、限额设计提供经济指标数据、限额指标和快速的决策依据，在项目前期有效提高投资估算总额和分项的合理性，继而为规划设计阶段设计方案比选提供必要的依据，为限额设计提供合理的限额指标，保证投资决策阶段的目标成本有效落实为设计阶段经济可行的设计方案，避免盲目决策、盲目设限，贯彻目标成本。

工程造价咨询企业可基于企业特长及企业对建设项目流程、工程项目造价控制、工程项目投资控制的理解，加强本企业管理流程建设和工程造价咨询流程梳理，以流程建设提升咨询能力，在提供专业造价咨询的同时，为企业和相关部门对项目所使用的资源、投入、收入以及风险进行规划与管理的活动，即提供全过程的造价咨询。如：提供项目管理流程咨询，对建设单位项目投资决策机制提供专业咨询建议，以保证项目可行性研究报告或其他决策活动的有效性、高效性和科学性；提供设计管理咨询，合理把控设计周期，将限额设计贯穿于设计全过程，保证设计工作过程中设计方案的经济性，同时把控设计进度和设计质量，避免不合理、不经济和设计错误向施工阶段传递；配合建设单位提高其全员成本管理意识，纠正将工程造价咨询局限在设计概算、施工图预算、竣工结算等方面的错误意识；辅助建设单位进行成本管理制度建设等。

建筑信息系统建设以及 BIM 技术的应用能够有效地提升造价咨询企业在建设项目过程中收集数据、数据沉淀、数据分析的能力。建筑信息化一经提出即在工程建设行业迅速发展，而支撑其发展的 BIM 技术，从最开始解决可视化、用于模拟和分析的三维模型，到解决工程技术问题和建设协同问题的工具，再到与项目管理思维相结合，用于辅助项目管理事前计划、事前决策、事前呈现，过程记录、协同和沉淀数据的工具也在不断地演变和拓展。建筑信息模型（BIM）作为建设信息数据的良好载体，能够承载多类型、多格式工程建设信息，实现了传统建设信息与建设信息系统的接口问题，在提升建设信息收集效率的同时能够实现建设数据的结构化和有效沉淀，助力于工程造价咨询企业在建筑信息化发展中的能力积累和转型升级。

系统论的研究和基于系统论的全过程造价控制的研究、价值工程理论与全过程造价控制的研究、基于限额设计的全过程造价控制的研究成果，也逐渐能够有效地辅助全过程造价咨询企业的咨询工作和建设单位的投资工作。基于 BIM 技术，辅以科学管理方法、有效分析工具"做专做精"的工程造价咨询，仍将是工程造价咨询的一个重要发展方向。

二、基于 BIM 技术转型综合型咨询

随着我国城乡建设的持续蓬勃推进，工程建设总体规模不断增长，单项目规模屡创新高；工程"四新"应用步伐加快、建造技术日趋复杂；工程项目各参建单位之间管理和作业协同压力显著加大，建设全过程管理和技术信息化应用自觉性提高；来自政府和业主的建筑设施数字化交付需求逐渐被提出和深化……总而言之，建筑业需要变革，工程咨询服务也需要摆脱传统模式的桎梏而实现转型升级。当前，全过程工程咨询服务模式已经为政府所大力倡导，BIM 技术已经引起业内普遍重视并正在拓宽实践应用覆盖面。包括工程造价咨询企业在内的部分咨询企业，已经看到了这一前景，有志于借助 BIM 技术，整合内部和外部资源，向全过程工程咨询服务型企业转型。课题组将之归类为综合型咨询服务企业。

（一）适用企业分析

根据《中国工程造价咨询行业发展报告（2018 版）》，2017 年年末，全国具有工程造价咨询资质的 7800 家工程造价咨询企业中，有 5839 家同时具有其他（咨询）资质；7800 家企业总营收 1469 亿元，其中招标代理、工程监理、项目管理和工程咨询等非造价咨询业务收入 808 亿元。也即，有近四分之三的造价咨询企业具备开展其他专业咨询业务的法定资格[①]，且全行业已实现 55% 的营业收入来自非造价咨询业务。似乎可以依据这些数据认为，综合型咨询服务已经成为工程造价咨询行业常态。其实不然。

相较单一业务或多项业务简单组合的传统咨询服务企业，真正意义上的综合型咨询企业应当更加强调服务能力的完整性、全面性和专业融合性，核心业务应从单专业或专业分离的传统咨询服务转向全过程工程咨询服务。全过程工程咨询要求服务团队对项目管理的理解更为深刻，具备全方位的策划能力，能够为业主提出合理、科学的管理目标建议，能多维度进行过程实施和管控，辅助业主达成管理目标。因此，要成功实现综合

---

① 随着"放管服""证照分离"改革的推进，工程咨询类准入限制将进一步扩大取消范围，工程造价咨询企业将更加方便地开展其他咨询业务（当然，如果工程造价咨询资质取消，那么已经具备工程造价咨询资质的企业将面对更加激烈的市场竞争）。

型咨询转型，企业对内需要整合既有资源并积极开拓新资源，更加注重对现代管理方法与先进技术的运用，更加注重对综合型管理技术人才的培养和引进；对外应能通过高端服务为客户创造更高效益，同时谋求企业自身更高利益，实现服务产品附加值显著提高。

对照综合性咨询服务企业的要求，以下几种类型的造价咨询企业具备走综合性咨询转型路径的有利条件：①工程造价咨询业务规模（指总体规模和单项目规模）较大，且全过程造价咨询业务占比较大的企业；②在拥有工程造价咨询业务的基础上，已经开拓了多专业咨询业务板块的企业；③高端人才储备较多或人才培养、人才保有、人才引入机制较好的企业。

（二）工作开展思路

传统工程造价咨询企业（包括兼营工程造价咨询业务的多业务类型咨询企业）转型为综合性咨询服务企业所需设立的发展目标应是：更加明确地推出"全过程工程咨询"服务，多专业拓宽咨询业务方向（主要指工程设计或设计管理，以及 BIM 咨询服务等），更加有力地融合工程造价咨询和其他专业咨询。为实现成功转型，企业必须做好资源发掘整合、人才队伍建设、新技术研发和应用等基础工作。

1. 对既有资源优势的深度挖掘

全过程工程咨询对工程建设项目的资金流和信息流的管理更加系统、科学，长期从事造价咨询，在项目资源计划、成本估算、成本预算、成本核算、成本控制、成本结算、后评估等环节的经验与数据的积累是企业的宝贵财富，以成本管控目标的达成为综合服务能力的价值体现也是综合型咨询服务企业能否受到业主认可的关键因素之一；而业务多元且造价咨询服务能力突出的咨询企业除了对工程建设项目的成本管控工作参与更多、理解更为深刻之外，其多个板块的咨询服务本身拥有多样化的业务场景与各方面的技术人才，在转型过程中，易于做到将企业内部的各服务板块进行有机组合与工作联动，为业主提供更为综合的咨询服务，而内部各业务板块有效整合也可实现资源复用从而降低企业生产成本，进一步提升竞争能力，此类企业向综合咨询型企业转型优势更为明显。

2. 人才队伍建设

综合型咨询服务企业需具备精通工程项目管理、工程设计、施工、招标、监理、造价等方面技术的人才，其中，对具备多专业领域技能和多项目历练经验复合型人才的需求尤为突出。排除外部市场因素，可以说，人才储备的不足是阻碍综合性咨询转型的要害问题。企业人才队伍建设有内部发掘、内部培养、外部引入几种方式，并且还需要企业具有良好的留住人才的氛围和机制。

在内部发掘和培养人才方面，企业应当将企业发展愿景、发展路径与员工的专业发展诉求、待遇诉求结合起来，通过宣传、培训、激励等手段，让员工认可企业转型战略，主动参与企业转型，积极学习掌握转型业务所需新技能。在外部人才引进方面，企业既要描绘愿景、吸引志同道合之士，又要拿出诚意、给足个人发展空间。

在人才队伍建设过程中，面对要求较高的全过程工程咨询服务模式、面对 BIM 等新技术的应用起步，企业应当充分认识到无论内部外部，当前均十分缺少现成可用的人才，必须建立起一套人才发现、培养、留住的完善体系，才能确保人才队伍建设的成功，确保企业综合转型的顺利进行。

3. BIM 技术的研发应用

工程建设项目实施周期较长，参与单位众多，材料和设备种类繁杂，交叉作业相互影响大，彼此协调配合工作要求高，对信息流的管理有较高要求，BIM 技术本身具有数字化属性优势，是开展工程建设项目信息化管理的有效工具。基于 BIM 技术的项目管理协同平台可实现数据的收集与传递，可保障项目各方高效沟通，同时对各类数据进行汇总分析，从而避免实施过程中潜在的技术风险与管理问题，通过长期数据综合利用也可优化工作，进一步提升综合服务能力。对于有意向综合性咨询转型的企业而言，BIM 提供了一个参与项目全过程，整合项目全参与要素的极佳工具，因此，相关企业需尽早制定基于 BIM 技术的业务整合战略。

首先，企业可以立足专业，以专业服务＋BIM 的服务模式进行 BIM 实践与探索，培养一批具备 BIM 技术应用能力的专业性人才，并形成"BIM＋"的服务团队。"BIM＋"服务团队借助 BIM 贯穿工程建设项目全过程、全周期的特性，研究各类 BIM 应用工具、整合 BIM 软件厂商进行二次开发，确保工程建设各环节数据可快速建立与有效传递，实现单专业的全周期、全过程打通，并逐步建立各项技术标准，支持基于 BIM 技术的单专业业务快速发展。

其次，以 BIM 建立的新型业务场景为依托，在单专业服务的基础上叠加其他专业为业主提供增值服务，在服务的过程中探索多专业的协同方式、企业数据的积累形式、全过程工程咨询的服务模式，实现人才、技术、能力的集成，扩展企业的能力边界，打通服务链条的上下游，拓展企业业务范围及能力。

最后，逐步实现基于 BIM 的技术能力的建设，通过完善的 BIM 体系，逐步带动其他业务板块人才转型与能力提升，向提供全面、专业、完整综合型咨询服务迈进。

综上所述，工程造价咨询企业 BIM 能力的建设体现在企业人才、系统工具、标准与制度等主要方面，这些能力建设是企业转型的基础与保障，是企业转型的必经之路。只有关注与重视这些能力建设，才能使企业平稳安全地实现转型，在综合服务领域赢得一席之地。

三、基于 BIM 技术的其他发展模式的工程造价咨询企业

相对其他行业，建筑业的信息化水平与新技术应用程度较为落后，随着建筑业的发展放缓，所有的企业都将面临转型与升级的挑战，对新技术尝试与应用的过程也伴随工具迭代与完善，将传统的咨询业务与 BIM 技术、移动互联、物联网、大数据、云计算的有效结合都可催生出大量应用软件，咨询企业通过自研或与软件厂商合作推出符合行业发展的产品工具，不仅可以更好地提升咨询业务能力，也可跨界转型成为具备行业前瞻性的软件公司。部分企业已经通过跨界与融合挖掘出新的机遇，形成了具备咨询能力与产品解决方案的整体服务商。

建筑业细分领域众多且技术发展不均衡，结合企业业务以及对新技术的应用耕耘细分市场，逐步积累企业数据与服务能力，建立细分行业标准体系，形成新的技术壁垒，

也可在细分领域做大做强。国内有几家造价咨询企业专注于公路、轨道交通领域做 BIM 咨询总控，并开发该领域基于 BIM 技术的综合管理平台及算量工具，实现 BIM 数据的集成和共享，解决该领域部分工程量的精准计算，协助建设单位实现 BIM 系统性的应用。

咨询行业的进一步发展会使得行业分工变得更为精细，既需要快速准确的算量计价工作，更需要高端的顾问式服务。而基础、机械的工作在精细化的管理模式结合先进技术工具的情况下，也会快速形成规模效应，形成类似建筑业的富士康，比如我们这几年所听到的"算量工厂"，通过标准化的作业方式和信息化工具实现算量计价的专业化服务，这种服务模式化的创新也是部分企业可以参考的转型思路。

第四章　BIM技术支撑全过程工程咨询服务研究

全过程工程咨询是一种为固定资产投资及工程建设活动提供的综合性、跨阶段、一体化的智力技术服务模式，目前为国家所大力倡导，并已引起工程建设业内各方主体的高度关注。由于全过程工程咨询涉及对建设全参与方、建设全过程乃至建成设施全生命周期的协调管理，需要统筹众多业务流程、处理大量信息数据，应特别强调信息化、数字化手段的运用。而BIM技术顺理成章必然成为全过程工程咨询业务落地的重要工具选项。

第一节　全过程工程咨询与BIM技术

一、全过程工程咨询的核心特征与工作机制

根据《国家发展改革委、住房城乡建设部关于推进全过程工程咨询服务发展的指导意见》（发改投资规〔2019〕515号）以及相关研究成果，本小节探讨全过程工程咨询的概念和工作机制。

（一）全过程工程咨询与EPC总承包的本质区别

EPC总承包模式与全过程工程咨询模式具备相当的共同点，二者都是为工程项目服务的综合性工程采购模式，而本质的区别则在于服务的内容和边界：EPC总承包模式的服务内容以向建设单位提供工程项目实体为目的，而全过程工程咨询模式则是纯粹的智力技术服务。发改投资规〔2019〕515号文明确指出："同一项目的全过程工程咨询单位与工程总承包、施工、材料设备供应单位之间不得有利害关系。"即全过程工程咨询单位所提供的服务内容以及收入来源均不应包括工程实体的采购。

（二）全过程工程咨询与传统工程咨询业务模式的本质区别

相较传统分专业开展咨询的业务模式，全过程工程咨询的突出特点是综合和长链。综合来源于多专业、多角度的协同，而不仅是投资咨询、招标代理、勘察、设计、监理、造价、项目管理等专业的简单拼凑。全过程咨询下各专业的服务目标应是一个共同目标的有机分解，咨询内容应纳入项目所涉市场、技术、经济、生态环境、能源、资源、安全等影响要素。长链强调分阶段咨询业务的承前继后，任何一项咨询服务不能仅着眼于单一一个阶段，而是要前后连贯，前一阶段的成果要作为下一段咨询服务的支撑和约束。具体的全过程工程咨询实施可以有多种模式：除可由一家具有综合能力的咨询单位实施外，也可以由多家具有相关从业资质和能力的单位联合实施，对于全过程工程咨询服务

单位自有资质证书许可范围外的业务，在保证项目完整性的前提下，可依合同约定或经建设单位同意，依法规择优外包。

（三）全过程工程咨询服务运行机制

全过程工程咨询的核心是对分离实施的专项咨询业务进行整合集成，整合集成并非简单的合并组合，而是以管理咨询统筹各专项技术咨询。全过程工程咨询应有一个直接对建设单位负责的牵头方，牵头方可以是任何一个具备统筹能力的专项咨询方，作为牵头方，必须秉持专业融合思路，采取管理集成手段，统筹引领全过程工程咨询业务体系的构建并在建设过程中始终维护体系的良性运转。全过程工程咨询服务体系建立的要旨归纳如下：

1. 统一目标，统筹策划

独立的专项咨询，往往其服务目标是局部的或阶段性的，本身并不错，但在全过程咨询模式下，必须明确一个整体性和统领性的咨询服务总目标。总目标应以业主方的项目建设目标为基础形成，应做到方向正确、定位准确、产出和效益要求明确。项目决策阶段，应通过综合咨询向业主方提出建设规模、建成设施性能品质、建设投资和建设工期的最优综合目标建议，并由业主方最终敲定建设目标；建设实施阶段的工程建设全过程咨询应以实现建设目标为服务宗旨，集成实施各专项咨询工作，通过品质管控、投资管控和工期管控等，协调和监督承包商的最终交付。

专项咨询集成实施的关键在于全过程工程咨询牵头方的统筹策划。项目建设统筹策划实际上是基于业主方视角的项目建设管理纲领，全过程咨询统筹策划的主要内容包括：明确项目建设总目标，完成管理思路顶层设计，确定总体进度计划（里程碑），探寻管理最优路径，营造参建方管理协同环境，锁定主要风险源并提出风险事件处置预案原则。项目建设统筹策划文件向所有参建方发布，发包人、承包人、各专项咨询服务方应在此纲领指引下完成各自的分解目标、工作规划和工作方案，经发包人和全过程工程咨询牵头方审定后实施，并在实施过程中接受发包人和全过程工程咨询牵头方的监督。

2. 系统运行，互为支撑

全过程工程咨询并不改变可行性研究、工程勘察设计、项目管理、工程造价咨询、招标代理、施工监理等传统专业分工咨询的业务技术内容，而是强调各项专业咨询业务的统筹集成。所谓集成，是指各专业咨询业务的实质性关联和高度协同，关键在于各专项咨询业务目标一致、统一策划、技术标准互联互通、业务成果既互相约束又互为支撑。通过统一策划和过程协同，打通各专项咨询业务间联系通路，使各专项咨询业务有效融合。

为适应城乡建设对建筑设施功能、品质和商业效应越来越高的追求，建设项目管理日趋复杂，愈加需要采取更为高效合理的项目管理方式。如果把建设项目中的建筑设施、建设各参与方视为一个复杂系统，那么，专项咨询业务集成的理想情形就是实现咨询业务系统运行。全过程工程咨询模式下，可行性研究、工程勘察设计、项目管理、工程造价咨询、招标代理、施工监理等专项业务虽然仍然独立存在并发挥作用，但却极为强调包括建设单位管理活动、施工承包活动、专项咨询活动在内的所有建设活动的整体性。全过程工程咨询牵头方的重要任务，是要按照系统工程思维，设计一系列科学的方法和步骤，把确定建设目标和实现建设目标这两个过程有机地统一起来。首先通过摆明问题、目标选择、系统综合、系统分析、系统选择等步骤，为确定目标提供可靠的依据；然后通过整体策划、（指导各参与方的）具体规划、设计、建造和运行等活动来实现既定目标。

在全过程咨询的系统运行环境中，各专项咨询业务不再是发散性的，而是向统一的建设目标收敛。各方开展咨询活动，除受统一目标的约束之外，还受到其他相关咨询活动的约束，比如：各阶段设计将被严格限定在前一阶段的技术经济成果条件下，即估算控制初步设计、概算控制施工图设计；同时，设计活动还需纵向深入，通过优化设计确保不因为造价限额而过多减损拟建设施功能和品质。再如：加快工期可以让建筑设施早日投产产生经济效益，但也会导致建设成本增加，对造价与全生命周期投资效益的分析和权衡评判，就可以为建设单位的合理工期决策提供量化依据。即便同一咨询业务，也将改变传统的分阶段割裂弊病，例如造价咨询，全生命周期的估价、计价活动必须有效关联，前一阶段的估概算结果必须保证后续阶段造价控制（与品质保证平衡）的可实施性，而后续阶段的概预算活动又必须是前阶段造价控制活动的延续，并受前阶段估概算成果约束。

3. 多种形式，不离其宗

当前对于全过程工程咨询的研究与探讨包括对全过程工程咨询组织模式的研究，即如何整合传统业务流程中的项目管理、设计、造价、监理等业务板块。《关于推进全过程工程咨询服务发展的指导意见》原则性地提出：工程建设全过程咨询服务应当由一家具有综合能力的咨询单位实施，也可由多家具有招标代理、勘察、设计、监理、造价、项目管理等不同能力的咨询单位，在明确牵头单位及各单位的权利、义务和责任的基础上联合实施。此前国内较少以全过程咨询形式开展全过程咨询业务，较为可行的全过程工程咨询组织形式尚在探讨和探索之中。由于涉及工程咨询分支行业企业的市场进入，探讨和探索还要考虑到利益均衡的问题，因此不同研究机构和研究者从不同角度出发在"以传统业务中的哪一专业或机构为主导重构全过程工程咨询服务模式的业务流程"这一问题上有不同的意见，但仍然有一个观点是得到了众多方面一致认可的：全过程工程咨询组织形式的主要表现是项目建设单位对总咨询师的全面授权，以及专业咨询协同工作流程的建立。总咨询师可以是一个人，也可以是一个核心团队，牵头响应业主全过程工程咨询委托任务，承担全过程咨询统筹责任；协同工作流程由总咨询师策划并组织落实，各专业咨询方按照预定的角色责任和权限参与"游戏"，以共同目标引领，受共同规则约束，各显神通的同时尤为强调互为支撑、相互协作。

需要注意的是，《关于推进全过程工程咨询服务发展的指导意见》明确禁止全过程工程咨询方承担项目施工工作或与项目施工方、材料设备供应方有利益关系，即必须将工程项目中的智力服务采购（工程咨询）与工程实体采购（施工和设备供应）分离。在大多数项目的总投资费用构成中，建设单位所购买的设计、监理、造价等智力服务的成本，与工程施工成本相比，在项目总投资中的占比很小（通常不超过项目总投资的10%），甚至会出现一些大型工业项目中购买设备及施工服务的同时赠送设计服务的现象。施工总承包方往往缺乏压减投资的意愿甚或有增加投资以加大自身利润的动机。通过引入项目全过程工程咨询方，由其统一负责项目全部的智力服务，可形成一个代替建设单位的委托代理角色，而且服务方在项目中的收益不涉及工程实体采购，确保其咨询服务活动的相对中立性。

4. 价值优先，交付实现

全过程工程咨询模式的一个核心优势在于其支撑项目价值优先，包括以下层面的内涵：

第一，项目价值的发掘。即全过程工程咨询服务要能够充分、全面、准确地发掘建设单位对于建设项目的需求并与其建设能力相匹配；

第二，项目价值的传递。即全过程工程咨询服务要在准确发掘项目价值的基础上将其无损且快速地传递给各参与方，使其能够从自身专业角度出发在工作中贯彻项目的价值，避免由于信息沟通不畅出现的返工和修改；

第三，项目价值的平衡。即全过程工程咨询服务仍然需要在各个方面以发掘的项目价值作为准绳在各个冲突的方面进行权衡取舍，包括但不限于宏观层面的功能与成本、质量与进度以及其他微观层面的方案比选和技术选型；

第四，项目价值的实现。即全过程工程咨询服务价值的真正实现仍然依托于工程实体的采购与交付，确保前期项目策划、咨询、设计等一系列全过程咨询的成果最终能够以项目实体的形式交付业主。

二、全过程工程咨询信息管理

（一）建筑全生命周期信息

建筑场所从开始筹建直至被拆除夷平，会不断产生关于它的各类信息，在策划（设计）、建造、运行使用过程中，需要对这些信息进行妥善的记录、管理，以便于查询、应用。一般将建筑场所全生命周期信息分为：策划阶段信息（设计信息）、建造阶段信息和运营阶段信息。表 4.1 是对建筑场所全生命周期信息的简略介绍。

表 4.1　建筑场所全生命周期信息

阶段	信息类型	信息内容	备注
全生命周期	组织及人员	业主（机构）、建设机构及主要人员	
	地理位置	位置、占地面积等	
策划阶段（设计信息）	组织及人员	设计机构及设计人员	
	构件几何及定位	构件几何尺寸、坐标、定位	构件包括：建筑构件、建筑设备以及设备管线等
	构件非几何信息	材质、颜色、（设备）性能参数、施工要求等	
	空间功能	建筑场所各空间设计使用功能	
	具效力的设计信息载体	二维三视图	
	外部信息	行政许可、技术审查结论等外部信息	

续表

阶段	信息类型	信息内容	备注
建造阶段	设计信息	策划阶段最终交付的设计施工图信息	
	设计变更	施工过程中对设计信息的调整、变动	
	组织及人员	参建各方及责任人员	同组织信息关联
	原材料（构配件、设备）来源追溯	厂商、品牌型号、规格、进场检验、价格	
	施工作业记录	作业时间、责任人员、检验和验收记录	
	具效力的建造信息载体	电子化工程竣工档案	
运营阶段	设计和建造信息	建造阶段最终交付的竣工全息模型	全息竣工模型可实现设计和建造信息完整存档。而日常运营所需运维模型，可在全息模型基础上进行处理，一般需剔除（屏蔽）运营阶段不常用的信息，并从运营方视角对个别信息进行调整（例如，施工栋号名称信息在运营阶段不常用应屏蔽，而增加运营后的楼宇名称信息）
	组织及人员	建筑设施管理者及相关人员	
	建筑场所运行	各功能空间所有者、使用者及运行记录	按空间占有及空间功能运转
	设备系统运行	设备系统运行记录	需监控的设备系统运行记录
	设备运行记录	建筑设备运行记录	具体的建筑设备运行记录
	维护、维修作业	建筑构件、设备巡检、维护维修、更换作业记录	

工程项目庞大的体量、众多的参与单位、较长的项目周期使得工程项目信息具备以下特点：

1. 数量庞大、种类多样。工程项目信息数量庞大、类型多样，并随着工程建设的推进，呈现加速递增的趋势。

2. 来源广泛、存储分散。工程项目的信息来源于建设单位、设计单位、施工单位、监理单位、材料供应单位和其他部门；来自建设全过程的各个阶段中的各个环节各个专业；来自质量控制、投资控制、进度控制、合同管理等各种需求。

3. 信息的时效性不一。工程项目的信息绝大多数是一过性的，只在工程建设的某一阶段起作用，但部分信息需要实现从项目启动到产品交付再到交付物全生命周期进行有效传递。

4. 信息之间的关联复杂。工程项目信息之间存在复杂的关联性，大多数的信息都是从别的信息中提出和派生出来的，一种信息的变化会引起另一种信息的变化。

5. 信息流转渠道和应用场景相异多样化。在同一个工程项目中，业主方、设计方、承包商、材料供应商等参与方均各自产生信息并对他方产生信息索取需求，信息产生、传递、接收、反馈的渠道，以及信息的应用场景各不相同，不同的工程参与方对工程信息有不同的应用要求，同一信息也有着不同层次的处理和应用要求。

（二）工程项目信息有效传递

通常，只有流动的信息才是有价值的信息，信息的有效传递可以促进工程项目管理各项活动的有序进行。信息流动的过程一般包括信息创建、收集、处理、存储、检索、发布、使用、反馈，其中信息的使用和反馈是信息价值得以发挥的关键过程，但其余过程是确保信息能够得到准确获得、使用并反馈的必要过程。如图 4.1 所示。

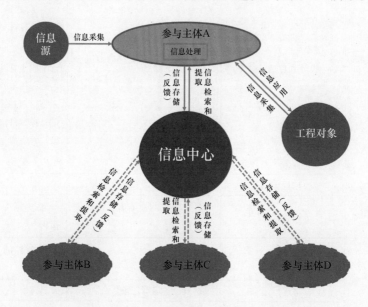

图 4.1　工程项目信息传递

以下讨论工程项目信息的有效传递过程。

1. 信息收集。工程项目信息的收集需要面向不同建设参与方，在不同阶段持续进行，但并不是所有信息都需要收集。不同的参与方对于信息数据的收集要求是不同的。全过程工程咨询实施方作为业主方的总协同代表，其收集的信息多来源于其他参与方，需要对相关各方提出数据和信息的规范要求，从收集环节保障信息的基本互用性。

2. 信息处理。工程信息的处理主要是将收集到的工程信息进行鉴别、选择、核对、合并、排序、更新、汇总、转储，并根据不同需求者的需求生成不同的报告。工程信息的处理需要考虑不同的使用方和使用要求，采用不同的加工方法。信息处理的一个重要目的是能够便捷地存储、传递和复用。

3. 信息存储。存储信息的目的是后续的信息检索、发布和使用，因此信息的存储必须便于提取。信息存储应注意数据安全以及提取权限。应当指出的是，原始信息（相对于处理后的数据）在某些强调准确性的情形下，也需要规范化存储以备查。

4. 信息传递。工程项目参与方众多，从策划到竣工交付各个环节需要多参与方协同工作，而信息传递是实现协同所必需的。典型的信息传递如：设计方向业主方，业主方再向施工、监理各方提交施工图；施工方向监理方和业主方提交施工进度计划和形象进度报告以及施工质量保证资料、竣工图等；施工方与业主方（以及第三方）之间的造价和支付信息传递；等等。信息传递必须及时、准确才能保证项目建设顺利进行，因此，信息管理是工程项目管理中的一项重要工作。

5. 信息复用。工程项目建设过程中，并不是每一次交流都是新产生信息的交流，更多的是同一个信息的反复提取、传递和确认，比如设计施工图中的某个构件的定位、几何尺寸、材质和施工要求信息，需要在编制招标文件（工程量清单）、编制施工组织设计、施工作业、施工验收、编制竣工图等环节被不同的参与方多次提取。信息能否被快速、准确无误地提取，直接关系到项目建设的效率和品质。

6. 信息反馈。信息反馈实质上也是信息传递，主要是按照规定的程序，在某些环节，信息接收者对信息发送者（或程序规定的第三方）反向传递接收确认信息或是指令执行信息。

（三）全过程工程咨询信息管理

信息及时传递和准确接收是建设活动顺利进展、建设管理有序高效的关键，因此，工程项目管理需要高度重视信息管理。全过程工程咨询作为基于建设方视角的专业服务集成，其一项核心工作即为信息管理。

前面已论述，工程信息的产生是多源、分时的，信息的传递是多址、多次的，如未进行科学管理，信息的传递将会产生混乱，信息的复用将会遇到困难。实际上，工程参与任何一方所实施的与该工程建设有关的任何一项活动，均会产生信息并有极大的概率需要预先接收信息和向外传递信息；或有意或无意，工程参与各方均必须管理信息，否则工作无法开展。全过程工程咨询信息管理应包括以下内容：对每一个协同流程提出信息传递规则；基于建设方视角对各方提出信息交付要求；整理并向建设方（支持其向运营方）集成交付信息；对各方信息管理予以指导等。

1. 信息传递规则。信息传递规则包括通用规则和专项规则。通用规则包括信息命名、分类、编码、表达规范等，项目建设参与各方在各阶段（在传递信息时）共同遵循。专项规则则是针对每一个业务流程，其信息记录、传递、接收、反馈的具体要求，其中通用于若干业务流程的专项规则可编为通用规则。我国国家标准《建筑信息模型分类和编码标准》（GB/T 51269）、国际标准化组织/建筑智慧国际联盟 ISO/buildingSMART 标准 *Industry Foundation Classes*（IFC）、美国国家标准 *National BIM Standard-United*

States® V3 4.2 Construction Operation Building information exchange（*COBie*）均属于信息传递的通用规则。

2. 信息交付。信息交付是一种特殊的信息传递，指的是为形成信息正式存储而进行的信息传递，例如竣工资料的提交。全过程工程咨询从建设方的视角，对其他参与各方均有信息交付的要求；同时，按照城市建设档案管理相关规定，建设方需要自行保存同时向有关机构提交工程项目竣工档案。由于当前信息化的技术越来越先进，很多建设单位也越来越重视信息化带来的降费增效作用，工程管理中对于信息交付的要求也越来越高。

三、基于 BIM 技术的全过程信息集成和复用

（一）BIM 信息集成

全过程工程咨询必须重视信息集成管理，而当前最先进的工程项目信息集成技术，就是 BIM 技术。BIM 集成信息的原理见图 4.2。

图 4.2　BIM 集成信息原理

1. BIM 交付构件集（BIM 建筑模型）。BIM 建筑模型以构件为基础单元，表达构件的几何尺寸、空间定位和材质信息，是所有（拟）建成构件几何尺寸、空间定位和材质信息的全集。

2. BIM 全息信息库。可以通过在构件上挂接建造时间、建造成本、建造追溯、验收资料等信息，依托 BIM 建筑模型建立一个数据库，全息表达工程项目全过程的有效信息。

3. BIM 协同平台。BIM 技术需要硬件、软件、网络的支撑。一般需要用到两大类软件：一类是建模软件，像 CAD 二维作图一样，通过特定软件实现三维建模，并且可以加载一些构件属性信息在模型中；另一类是平台软件，实现三维可视化、数据存储和查询、信息传递等应用。此外还有一些以视觉效果为主要功能的三维渲染软件、利用三维模型进行结构计算、工程量计算、建筑学分析的应用软件等。全过程工程咨询的 BIM 应用应

特别强调 BIM 协同平台的管理辅助作用，通过协同平台，可以实现各方数据分别采集、统一入库、共享提取、多场景查阅复用、集成交付等功能，同时平台还可作为参与各方之间指令和反馈、请示和批复、报告和监督的统一信息通道，从而为全过程咨询的管理协同和信息集成起到强有力的信息化支撑作用。

（二）BIM 信息传递和复用

工程建设过程中，各参建方之间按照一定的规则指令、报告、核准、认定、监督、反馈，信息传递是确保相关方履行义务、实现权利、顺利开展各自职责范围内工作的必需手段，信息传递越及时、准确，建设活动开展将越顺畅，建设进度和品质越能得到保障。

工程建设活动中后阶段需要对此前阶段生成的信息进行一次或多次再利用。例如，定稿的施工图设计文件中的构件信息会被用于算量计价、照图施工。传统的信息记录形式，信息复用的局限性很大，即便已经电子化的信息，如施工图 DWG 文件所记录的构件几何数据，仍然只能由经训练的专业人员通过视觉识读图纸进行复用，效率低下；竣工交付后，工程档案即便已按规则形成，但大型项目的纸质档案量可用"汗牛充栋"来形容，使用起来非常不便。

（理想的）BIM 机制下，工程信息高度数据化，并且通过信息编码体系实现数据之间的逻辑关联，极为便于查找和复用。通过 BIM 协同平台，项目建设参与各方可全阶段、全组织传递和复用项目信息。

分阶段不同组织[①]间的信息传递和复用介绍如下：

1. 方案阶段。方案阶段主要参与方是建设单位、前期咨询单位。产生的有效信息主要是：修建性详细规划成果、建筑工程方案设计成果、可行性研究报告、建设单位决策信息、投资决策综合性咨询意见（如果有）、政府各类行政许可和审批信息等。

2. 设计阶段。设计阶段主要参与方是建设单位、设计单位、工程建设全过程咨询单位（或项目管理单位，或设计管理单位）、造价咨询单位。需接收并使用方案阶段的有效信息，例如：规划模型、建筑工程方案模型、政府批复的规划条件等。本阶段产生的有效信息主要是：初步设计 BIM 模型、施工图设计 BIM 模型、（经批复的）初步设计文本、具效力的施工图设计文件、施工图预算、设计管理单位咨询意见、政府各类行政许可和审批信息等。

方案阶段和设计阶段参与方不多，有效信息也以策划文本和设计成果为主。除了阶段性成果的集成和向后传递之外，过程中参与各方的信息传递主要以规划方案或设计方案的报告→审核意见→对审核意见的反馈→最终报告的接收这样的流程为主。在此阶段建立 BIM 协同平台，主要是实现设计成果和其他重要信息的统一存储，以及过程中的沟通流程支持。这两个阶段如果采用全过程 BIM 协同平台，信息集成的主要形式包括：规划成果 BIM 模型表达，建筑工程方案 BIM 模型表达，其他信息可用原始文件的电子版

---

① 即便采用了全过程工程咨询，仍然存在设计、监理、造价、项目管理等专项管理和技术咨询工作内容区分，虽然可能是由一个总体的全过程工程咨询团队来综合提供服务，但相应的专业团队一般相对独立，仍可按专业服务内容区分为不同的组织。

本或（和）主要指标数据登记表的形式表达。其中建筑工程方案 BIM 模型表达对于建设品质管控非常重要，可以极大便利建设单位对方案设计和工程设计的参与，当然这种参与在 BIM 三维可视化支撑的前提下，还需要相关的流程改造，以确保建设单位（或其委托的设计管理团队）能够实质性接触设计阶段性成果并发表意见。

需要说明的是，由于本报告的视角是代表建设单位的全过程咨询，因此不在本报告中对 BIM 技术支撑设计团队内部分专业设计协同进行详细讨论。仅以图 4.3 对设计 BIM 协同流程作简单示意。此外，课题组认为，在方案和设计阶段并不严格强调"一模到底"，因为此阶段的用户需求、建筑方案、技术方案在不断调整，多数情况下要完全基于模型进行多专业协同可能反而增加工作量，甚至阶段性的设计成果不采用模型表达。但对后续阶段有影响的过程信息必须得到及时和准确的记录，比如：比选方案的模型和投资数据等。

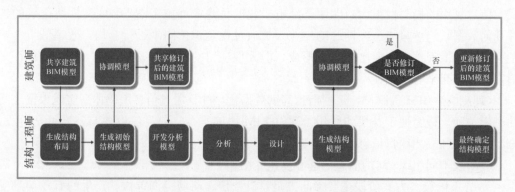

图 4.3　施工图设计阶段 BIM 专业协同（以建筑专业和结构专业协同为例）
（图片来源：参考 RICS 全球专业指引《国际 BIM 实施指南》第一版）

3. 施工阶段。施工阶段参与方众多，包括建设单位、施工总承包单位及分包单位、监理单位、设计单位、造价咨询单位、全过程咨询（项目管理）单位等。需接收并使用的前阶段信息主要是施工图设计文件。本阶段将产生大量信息，参与各方将按各自的合同义务和法规要求分别管理信息，同时，全过程咨询（项目管理）单位、监理单位、造价咨询单位应承担为建设单位集成管理信息的责任。从建设单位视角，本阶段产生的有效信息主要是：施工发承包交易信息（招投标信息、总包和分包合同信息）、实际建成物信息（包括施工深化设计和设计变更在内的对设计的建造实现信息）、建造追溯信息（原材料来源、作业责任人）、建成交付信息（设施设备的厂牌型号、规格参数、使用手册等）、建造质量保证信息、安全生产管理痕迹信息、建造进度信息、计量和支付信息等。

传统模式下，工程项目信息传递（参与方沟通）绝大多数是交叉直联，如图 4.4 所示。

交叉直联的沟通模式下，信息共享程度低；如需多次（多方）传递则既费时又易出现偏差，从而影响管理和作业效率；信息的最终接收方众多，不易集中形成数据库。

BIM 协同模式的信息传递和复用如图 4.5 所示。

BIM 协同模式下，信息（依授权规则）完全共享，始终通过信息中心（BIM 模型和协同平台）交换信息，信息一次采集多次复用，信息传递路径受控，不会发生多次传递造成信息偏差的情况，交换信息的同时形成数据库。

施工阶段 BIM 模型多方协同流程如图 4.6 所示。

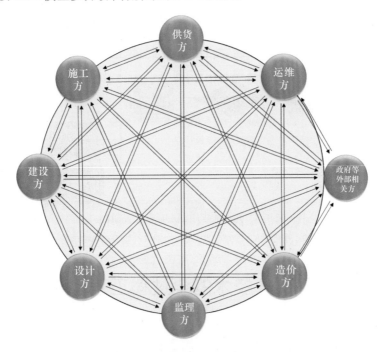

图 4.4　无信息协同的建设参与方沟通

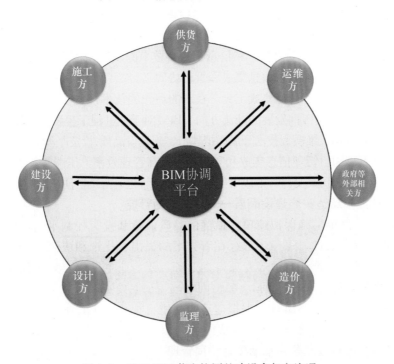

图 4.5　基于 BIM 信息协同的建设参与方沟通

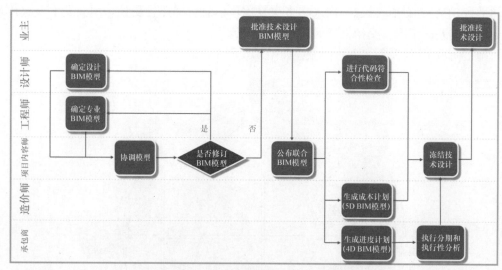

图 4.6　施工阶段 BIM 模型多方协同

（图片来源：参考 RICS 全球专业指引《国际 BIM 实施指南》第一版）

第二节　基于 BIM 技术的全过程工程咨询业务体系

一、BIM 对全过程工程咨询业务的影响概述

如前所述，全过程工程咨询的关键是各专项咨询业务统一目标和协同合作，由于建设项目日益大型化、复杂化，工程项目管理体系更加强调利益相关方协调和信息管理的重要作用，随着工程建设领域信息化理念和信息、网络技术的发展，信息管理和利益相关方协调中的沟通管理逐步呈现出通过信息集成和管理协同平台关联运作的趋势，而 BIM 技术是当前最为先进的管理协同和信息集成工具。在新的理念的技术环境下，基于 BIM 技术的全过程工程咨询体系是工程咨询发展的潮流方向。BIM 对于全过程工程咨询的强有力支撑主要体现在三个方面：利用三维模型技术开展虚拟建造实施建设品质-投资平衡管控；利用 BIM 结构化数据库技术开展项目管理信息集成和复用，以提高管理效率，压减管理投入，加快建设进度；最终实现数字化仿真交付，形成可供建成设施智慧化运营维护使用的数字资产。

（一）BIM 虚拟建造实施建设品质——投资平衡管控

优秀的设计方案能够确保拟建项目最优的品质保障和投资控制平衡，而从方案策划到施工设计再到深化设计，每一步都存在着方案的提出、比选和决策，全过程工程咨询需整合策划、设计、造价和监理等专项咨询业务，要为业主提供决策建议，还要考虑施工承包人的责任和权利。这个过程，考虑越周全，品质-投资平衡方案越佳，后期整改或留下永久遗憾的风险越小。BIM 的虚拟建造、三维可视化、工程量快速生成等特点，将使"考虑"的成本降低，而"考虑"的成效更大。

（二）BIM 信息集成和复用辅助项目协同管理

借助 BIM 模型和 BIM 协同平台，能够建立结构化数据库和信息中心，全过程工程咨询牵头方（或其指定的信息管理方）负责项目信息管理的总体策划，组织制定和发布 BIM 模型建立、信息加载、信息存储、信息提取的规则，监督全过程咨询各专业团队、建设单位、施工承包人各方的信息集成和复用活动；而各参与方也需承担各自的信息管理责任，根据总体策划和专项规则完成信息的整理、提交、提取、应用。这一过程应被包含在全过程工程咨询各阶段、各方的业务活动中。

（三）BIM 数字化仿真交付

委托人要求的建设目标如果包含 BIM 数字化仿真交付，则全过程工程咨询方需要为委托人进行响应的策划并确保最终的数字化仿真交付。详见本章第三节。

本节基于江苏、湖南等省已经发布试行的全过程工程咨询业务体系，介绍 BIM 技术对全过程工程咨询业务的支撑。

二、全过程工程咨询牵头业务 BIM 技术应用

全过程工程咨询牵头方一般以"总咨询＋专项服务"或独立总咨询的方式实施服务，本小节仅就其中的总咨询业务进行 BIM 应用探讨。总咨询业务实施团队称为总咨询师团队，总咨询师团队需要承担全过程工程咨询服务管理策划和全过程工程咨询协调管理工作任务。

（一）全过程工程咨询服务管理策划

管理策划是总咨询师团队的首要职责，其主要工作内容包括：①分析、确定全过程工程咨询服务的目标、管理内容与范围；②协调、研究、形成全过程工程咨询服务管理策划结果；③配合委托方（建设单位）审定全过程工程咨询服务管理策划。

在咨询服务管理策划中，总咨询师团队应重视将 BIM 技术应用纳入管理手段，确定 BIM 应用目标，提出 BIM 应用总体思路，设计 BIM 应用流程框架，明确各参与方 BIM 应用响应原则，（组织）拟订 BIM 应用实施规划并纳入全过程工程咨询服务管理策划案中。

总咨询师团队应在征询委托人意见后完成 BIM 技术应用管理组织架构设计和管理组织组建。组织架构应包含 BIM 技术应用牵头团队（BIM 咨询团队）和各参与方（包括建设单位、各专项咨询团队、施工承包人）BIM 技术应用响应责任人。

BIM 咨询团队可分为 BIM 技术统筹团队和 BIM 协同统筹团队。

1. BIM 技术统筹团队全过程负责 BIM 模型建立及模型应用管理，主要任务是 BIM 建模和交付标准的拟订、BIM 模型建立或 BIM 模型质量审核、BIM 模型统一管理、BIM 模型竣工集成交付。BIM 技术统筹团队宜独立组建，亦可由工程设计团队或工程监理团队兼司相应职责。

2. BIM 协同统筹团队全过程负责 BIM 协同管理，主要任务是 BIM 协同规则的拟订、BIM 协同平台建立、各方 BIM 协同响应监督、协同信息的入库审核和梳理、信息安全、竣工信息集成交付等。BIM 协同统筹团队宜独立组建，一般应同时负责全过程工程咨询信息管理，并密切跟进到总咨询师团队的全过程工程咨询协调沟通业务中。全过程工程咨询 BIM 协同规则纲要见本报告附录。

全过程工程咨询 BIM 组织架构示例如图 4.7 所示。

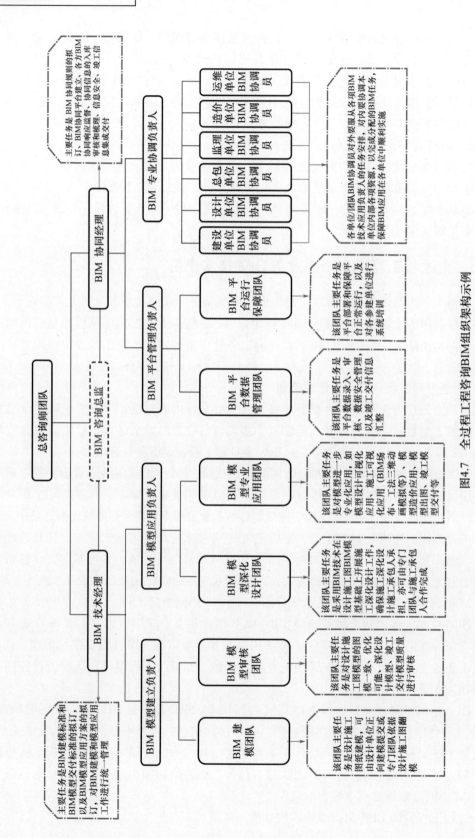

图4.7 全过程工程咨询BIM组织架构示例

（二）全过程工程咨询协调管理

总咨询师团队在项目实施过程中一般应取代传统的项目管理专项咨询团队，在常规项目管理业务基础上更加注重目标统一、更加注重管理协同、更加注重信息集成，实施全过程工程咨询协调管理业务，主要包括项目信息与参建各沟通管理、项目外部联络管理、项目资源管理、项目风险管理、项目设计管理、项目施工管理、项目成本管理、项目交付管理等内容。总咨询师团队开展上述业务，主要以全过程工程咨询服务管理策划为依据，通过与相应的专项咨询业务团队沟通，审定各专项咨询工作（规划）方案、持续监督各专项咨询业务质量与进度，统筹专项咨询业务间的相互约束和相互支撑，集成专项咨询业务成果来完成。

在全过程工程咨询协调管理中，总咨询师团队应在 BIM 协同统筹团队的支撑下，严格执行既定的 BIM 应用实施规划。在审定各专项咨询工作（规划）方案时，应关注其对 BIM 应用实施规划的响应；随项目进展持续监督专项咨询 BIM 应用落地，组织 BIM 成果的集成和交付。

三、建设项目策划 BIM 技术应用

建设项目策划主要包括以下内容的一项、多项或者全部：

完成投资策划、项目方案设计（项目修建性详细规划）、项目初步可行性研究、项目可行性研究、项目立项许可和财政资金申请（项目建议书、项目可行性研究报告、项目申请报告和资金申请报告等按投资项目管理制度报批）、环境影响评价、社会稳定风险评估、职业健康风险评估、交通评估、节能评估、建设用地规划许可和建设工程规划许可报批等；完成建设项目管理策划（可以全过程工程咨询服务策划代替）。

在建设项目策划中，BIM 技术主要应用于项目方案和项目修建性详细规划工作，详见下一小节。如果项目策划包含全过程信息集成管理，可以在此阶段搭建并启用 BIM 信息协同平台，记录项目策划的重要过程信息和成果信息，并通过 BIM 平台在参与各方之间传递信息。

四、工程设计 BIM 技术应用

工程设计服务一般应从项目策划到项目竣工验收全过程参与，主要分项目策划阶段的项目方案设计、项目设计阶段的初步设计和施工图设计、项目施工阶段的过程服务和竣工服务三个阶段组织咨询服务工作。以下就按三个阶段阐述建设项目设计 BIM 技术应用。

（一）项目方案设计 BIM 应用

工程设计团队应配合总咨询师团队和（或）建设单位明确规划设计范围、划分设计界面、确定修建性详细规划（如需要）和项目设计方案，配合造价咨询服务团队做出投资估算。此阶段 BIM 技术主要应用于项目修建性详细规划和项目方案成果的可视化表达，提供三维全视角展示建设场地内总体布局、拟建设施外形和内部空间大致利用、与周边环境视觉关系等的便捷技术，确保建设单位能够身临其境地参与方案设计和比选，

做出较为合理的规划和设计方案决策。

（二）项目初步设计和施工图设计 BIM 应用

在当前的 BIM 技术推广程度和工具软件适用条件下，工程设计可选择（部分或全部专业）BIM 正向建模[①]或依据二维图纸 BIM 翻模的 BIM 建模方式，向建设单位交付设计成果 BIM 模型[②]。理想的 BIM 设计或 BIM 审校将解决传统二维设计所难以避免的诸多问题：①设计信息真正的数字化、易复用[③]；②可视化，非专业人员和专业人员均可身临其境地体会预期建成效果，避免需求风险；③全专业设计成果一模集成，构件零碰撞，精准预留预埋；④建筑内部空间优化无盲点，平面功能组织更加合理，层高不变的前提下提升净高，净高保证的前提下压减层高；⑤二维三视图的尺寸标注错、漏、空间逻辑错误等绝大部分问题将在建模过程中被发现和解决。如果 BIM 技术应用再与当前逐步推广的设计管理（设计监理）专项咨询业务相结合，那么，相较于传统设计服务模式，设计品质将得到极大提升，建设投资控制也将更加合理。

以下是施工图设计 BIM 技术应用示例：

1. 设计信息数字化（图 4.8、图 4.9）

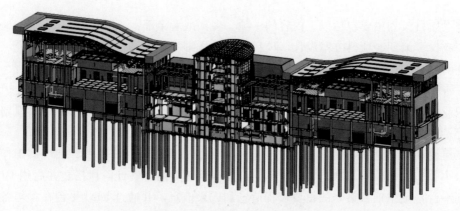

图 4.8　设计施工图 BIM 模型

（本章未注明来源的图片均由华昆工程管理咨询有限公司提供）

---

① 按照本课题调查的情况看，当前施工图设计全专业 BIM 正向设计仅有个别大型设计院在试验性开展。即便设计成果交付要求包含了 BIM 模型，绝大多数情况下，设计团队仍然是采用二维出图然后翻建 BIM 模型的方式提交。更为严重的是，由设计团队主导的 BIM 翻模，往往没有起到三维审图和优化的作用，甚至模型数据难以随工程进展向后传递，仅提交一个可视化成果。

② 现已发布《建筑信息模型设计交付标准》等 4 部国家标准和行业标准《建筑工程设计信息模型制图标准》，但具体项目仍然需要具体选择并深化、细化 BIM 建模和交付标准。

③ 自 CAD 技术广泛使用以来，设计信息已经基本实现电子化，但并未实现数字化。".dwg"文件所能发挥的作用，仅是二维三视图等设计信息的电子存储和简单调用，如输出纸质图纸、在电子屏上显示二维三视图。设计对象的电子化几何信息并未实现逻辑关联，平、立、剖数据仍然必须由经过训练的专业人员依据视觉识读才能想象为构件尺寸和空间定位。而 BIM 设计成果，设计对象所有的点、线、面、体、空间、材质、施工要求等信息全都具有逻辑关联关系，能够被其他软件直接识读，其中三维可视化软件所表达的设计成果无须专业训练即可身临其境地感受；还能被复用于建筑物理性能分析、结构计算、工程量计算、构件工厂制造、现场拼装等技术应用和施工进度控制等管理应用。

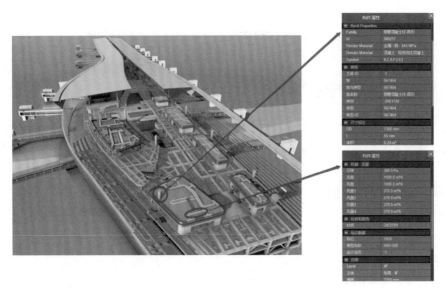

图 4.9 设计施工图 BIM 模型信息查询

2. 设计成果可视化（图 4.10～图 4.12）

图 4.10 总图设计 BIM 模型

图 4.11 建筑设计 BIM 模型（建筑外形）

图 4.12　室内环境设计 BIM 模型

3. 全专业集成零碰撞（可在施工阶段由施工承包人主导或配合 BIM 技术团队完成）
（图 4.13～图 4.16）

项目名称					项目					
记录人		审核		专业负责人	记录日期	2018/8/13	报告编号		24	
图号、图名、版本	三层空调风道平面图 & 三层防排烟和通风平面图					收图日期	2018/07/18	重要程度	重要	
问题描述	结构板开洞空间不够，风管会与结构板相撞					标高	F3	专业类别	机电	
						轴号	WK01（WD01）（ED01）/04~05			
图纸定位							对应问题编号		24	
答复意见	在不影响结构梁施工的情况下建议拓宽洞口；而且根据最新标准，排烟管道尺寸可能有变化，建议在设计完成变更设计后再确定排布方案							答复人		
								答复日期		

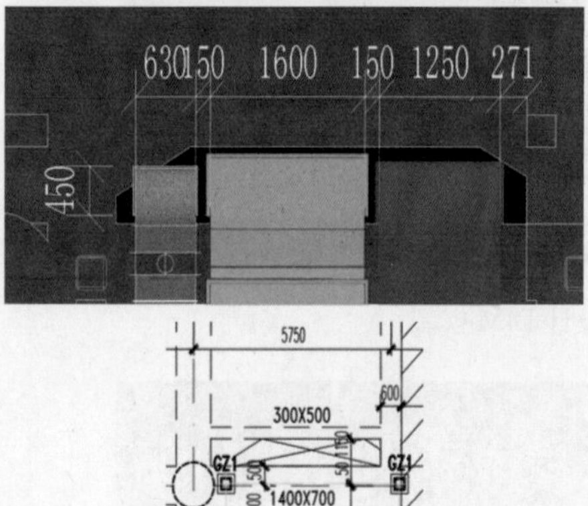

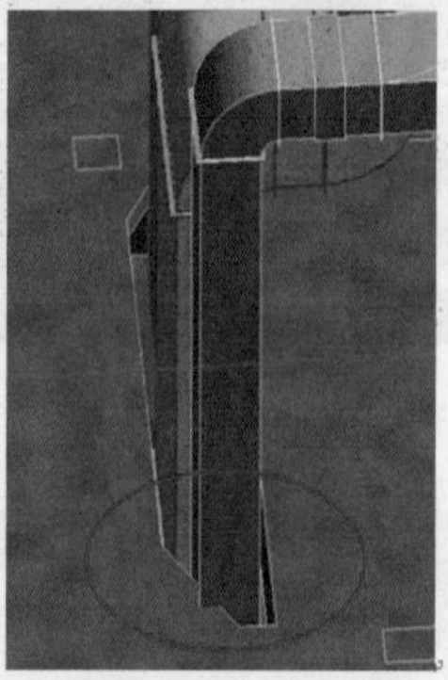

图 4.13　设计结构构件预留洞口尺寸不满足机电走管要求

项目名称	项目						
记录人		审核		记录日期	2017/12/22	报告编号		6
图号、图名、版本	电气管廊剖面大样图				收图日期	2018/6/10	重要程度	重要
问题描述	按照电气管廊剖面大样图施工，电气管廊强电侧桥架，顶部梯式桥架HV3在B区均与120mm厚楼板碰撞，在C区与300mm厚楼板碰撞				标高	BF1（−6.6m）	专业类别	机电
					轴号	3−5/WD01−WD02		

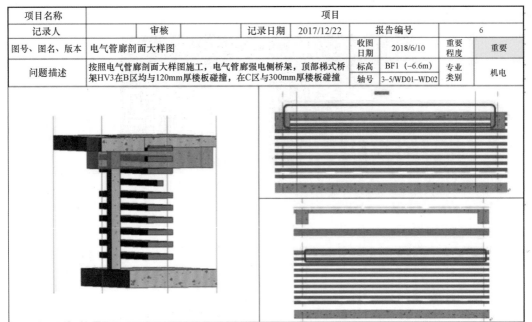

答：将强电侧接地桥架移至弱点侧，并压缩弱点侧桥架间距由350变为300。

图 4.14 设计机电管道与结构构件硬碰撞检查

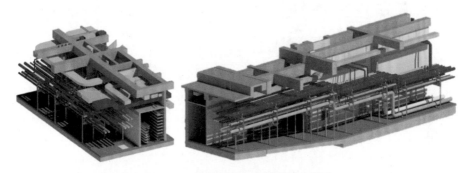

图 4.15 综合管廊机电管线综合排布

图 4.16 地下室机电管线综合排布

4. 建筑内部空间优化（图 4.17～图 4.19）

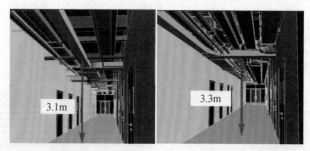

(a) 建筑净高优化前   (b) 建筑净高优化后

图 4.17　建筑净高优化

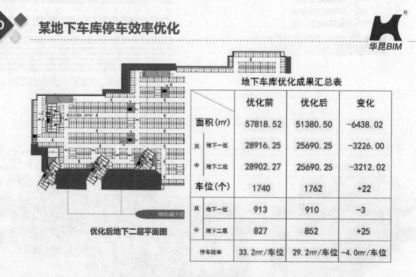

图 4.18　地下车库停车位优化

图 4.19　机房优化

5. 三维校对二维图纸（图 4.20）

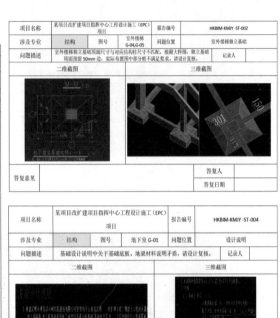

图 4.20　设计施工图制图错误检查

（三）施工过程和竣工设计服务 BIM 应用

由于传统的二维三视图表达难以完全消弭设计错漏、碰撞，以及部分专业需由专业机构或施工单位进行深化设计，因此，当前一般是采取设计施工图交付后，现场派驻设计代表沟通设计团队与各方关系，设计团队持续完善、修正和深化施工图的设计服务方式。由于土石方、地基处理和基础施工将占用一定工期，刚好给 BIM 翻模、审图、优化提供了一个工作周期，因此，采用翻模方式进行设计管理，一定程度上比采用正向建模要更加节省工期并符合当前的建设组织习惯。翻模方式还便于专项设计团队、施工单位的参与，从而更利于保证设计深化成果的可施工性；BIM 施工深化设计完成后，设计问题和疑议基本解决，较传统方式，设计团队可大幅减少后续过程服务投入。如果建设单位或全过程工程咨询牵头人另行委托 BIM 建模，设计团队应与 BIM 建模团队、专业设计团队、施工单位密切合作，充分发挥 BIM 技术的优势，以获取最大应用成效。工程竣工时，设计团队应参与审查 BIM 竣工模型，重点关注交付模型与设计施工图、设计变更、深化设计的对应性（图模一致），以及交付模型与实际施工完成设施的对应性（模实一致，见图 4.21、图 4.22）。

(a) 精装修模型截图   (b) 精装修施工完成照片

图 4.21 精装修设计施工模实一致

(a) 机电管道模型截图   (b) 机电管道施工完成照片

图 4.22 机电管道安装设计施工模实一致

五、工程监理 BIM 技术应用

工程监理一般在施工过程中和竣工交付时提供咨询服务，工程监理团队是全过程工程咨询服务团队中沟通发包人和承包人关系的最直接责任方，其责任包括法定责任（《建设工程质量管理条例》《建设工程安全生产管理条例》）和监理合同约定责任，工程监理业务内容主要是：对工程施工质量和施工安全生产进行监督，对施工进度进行管控，对施工交付（过程验收和竣工验收）进行鉴证，对工程变更、索赔、合同争议处理等发承包合同履约事项进行协调，配合造价咨询团队对合同价款计量支付进行管控，监督承包人提交施工信息、完善工程施工文件资料管理直至最终形成工程竣工档案。

工程监理业务 BIM 技术应用主要包括技术应用和管理应用两个方面。

（一）工程监理业务 BIM 技术应用

工程监理业务应利用 BIM 技术确保并进一步提升工程设计和建造品质，主要包括设计交付 BIM 图模一致审查、施工深化设计 BIM 模型审查、施工过程和竣工交付 BIM 模实一致审查。

1. 设计交付 BIM 图模一致审查。监理团队在接收施工图设计文件和 BIM 设计施工图模型之后，应同时对施工图设计文件的完善性以及 BIM 设计施工图模型与施工图之间的一致性进行审查，并在施工图纸会审中提出审查意见。在审查工作中，监理团队应采取 BIM 技术手段对设计质量和建模质量进行把控，提出修改完善的建议。在施工图会审中，监理团队还应接收汇总施工承包人和（按全过程工程咨询服务管理策划要求）其他专项咨询团队的图纸和模型审查意见，报建设单位和（或）总咨询师团队后与工程设计团队交涉。

2. 施工深化设计 BIM 模型审查。如果施工承包人采用 BIM 技术开展施工深化设计，监理团队应相应采取 BIM 技术对承包人所提交的施工深化设计 BIM 模型以及施工深化设计二维图纸进行审查，审查内容包括施工深化设计的合理性和图模一致性。

3. 施工过程和竣工交付 BIM 模实一致审查。施工过程中，可能发生设计变更和深化设计现场调整，监理团队应关注 BIM 模型的及时有效调整，确保 BIM 模型与实际建造物一一对应。竣工交付时，监理团队需要再次核实 BIM 竣工模型与实际建造物的对应性（模实一致）以及 BIM 竣工模型与竣工图的对应性（图模一致），如不一致，需要求施工承包人修正或经总咨询师团队协调由相关责任方修正。

全过程工程咨询服务管理策划未要求监理团队在监理业务中直接应用 BIM 技术的，应安排设计团队或 BIM 咨询团队等实施前述 BIM 技术应用，监理团队应予以积极配合。

（二）工程监理业务 BIM 管理应用

如果全过程工程咨询服务管理策划规定建设项目采用 BIM 协同平台进行协同管理或信息管理，监理团队应予以响应。主要任务包括监理业务 BIM 管理应用和对施工承包人 BIM 管理应用响应的监督。

1. 监理业务 BIM 管理应用。监理团队应按照项目 BIM 应用实施规划的要求响应 BIM 应用要求，主要包括：①参与 BIM 协同规则拟订；②参与 BIM 协同平台建设；③工程质量和施工安全生产监理 BIM 协同响应；④工程施工进度管控 BIM 协同响应；⑤工程变更管理 BIM 协同响应；⑥工程验收管理 BIM 协同响应；⑦监理文件管理 BIM 协同响应；⑧工程竣工档案管理 BIM 协同响应；⑨其他监理业务 BIM 协同响应。

2. 对施工承包人 BIM 管理应用响应的监督。监理团队应按照项目 BIM 应用实施规划以及监理规划、监理实施细则的要求，对施工承包人 BIM 管理应用响应进行全面监督，主要任务包括：①审查施工组织设计中的施工承包人 BIM 管理应用响应措施是否满足项目 BIM 应用实施规划的要求；②配合 BIM 协同统筹团队组织施工承包人学习和掌握 BIM 协同规则和 BIM 协同平台使用；③对施工承包人的工程质量和施工安全生产管理 BIM 协同响应进行监督；④对施工承包人的施工进度管控 BIM 协同响应进行监督；⑤对施工承包人工程报验 BIM 协同响应进行监督；⑥对施工承包人在 BIM 模型中添加或在 BIM 协同平台中提交（施工深化设计之外的）建造信息进行监督；⑦对施工承包人施工文件管理 BIM 协同响应进行监督；⑧对施工承包人工程竣工档案管理 BIM 协同响应进行监督；⑨对施工承包人其他施工活动 BIM 协同响应进行监督。

六、工程招标代理 BIM 技术应用

招标代理可能涉及对全过程工程咨询服务的招标，但本报告仅探讨包含在全过程工程咨询服务范围内的招标代理业务，因此，本小节的论述仅限于全过程工程咨询服务提供机构按照与建设单位的约定开展的施工招标、设备采购以及需要另行发包的专项咨询服务招标管理。

（一）专项咨询服务招标 BIM 技术应用

专项咨询服务主要包括项目策划相关专项咨询服务、工程设计、工程监理、造价咨询、BIM 咨询等。专项咨询服务招标中的 BIM 技术应用，主要是需依照全过程工程咨询服务管理策划，在招标文件中明确各专项咨询服务 BIM 技术应用范围、相关技术要求、BIM 协同响应要求，对投标人就 BIM 相关要求的响应进行评判。招标代理团队不具备 BIM 技术应用相应能力的，应通过适当途径，在专项咨询服务招标中获得相关技术支持。

（二）施工招标和设备采购 BIM 技术应用

招标代理业务的重头戏是施工总承包、专业施工分包和设备的合约规划和招标采购，招标代理团队应在 BIM 咨询团队的配合下，在施工招标和设备采购中开展以下 BIM 技术应用工作：

1. 招标代理团队应充分领会全过程工程咨询服务管理策划，主动与 BIM 咨询团队沟通，知悉施工总承包、专业施工分包的 BIM 技术应用要求和 BIM 协同响应要求，并反映在合约策划中。

2. 利用 BIM 协同平台，反映合约策划的全貌，管理招采计划进度。

3. 招标代理团队在协助总咨询师团队确定施工标段划分、专业施工分包管理的过程中，应取得 BIM 咨询团队的配合，应用 BIM 技术更加合理地划分施工标段和设定专业施工分包界面。

4. 施工总承包招标文件、施工分包招标文件、设备采购（招标）文件应载明施工承包人（施工总承包人、分包人、设备供应商）的 BIM 模型建立和交付要求、BIM 协同响应要求，并在确保评标过程对投标人投标文件响应情况进行合理评判。

七、工程造价咨询 BIM 技术应用

全过程工程咨询服务模式下，一般应建立项目全寿命期费用管理体系。造价咨询团队在总咨询师团队统领下，取得项目策划、工程设计、工程监理等团队的配合，参与设定建设品质、工期、全寿命周期成本的最优平衡目标，并确保该目标通过项目策划、工程设计、工程发包、工程施工和公平合理的计量支付得以实现。工程造价咨询业务主要包括两方面内容：①在项目策划和工程设计阶段准确测算项目建设投资、合理预测项目交付后的运营费用，优化项目全寿命周期成本目标；②在工程发承包和施工过程中开展计量计价工作，确保发包价格最优，指导和协调发承包双方严格履行施工发承包合同价款和支付相关约定。

本报告第三章已全面论述工程造价咨询业务 BIM 应用，本小节不再赘述。

第三节　竣工数字化交付及 BIM 运维应用

建设项目的最终目标包括产出目标和效益目标，产出目标是规划设计的建筑设施按期建成并保质交付，效益目标是交付设施按预定功能投入运营并创造价值。因此，无论是施工发承包还是全过程工程咨询的委托与受托，均需紧扣产出目标和效益目标开展。BIM 技术应用于全过程工程咨询服务，当然也要服务于这两项核心目标。

一、竣工数字化交付与数字城市

数字孪生（Digital Twin）原是制造业领域的高新技术概念，是指物理产品的数字化映射，通过物理产品对象本体信息模型和传感器采集信息的集成，反映物理产品从微观到宏观、从静态到动态的所有特性，展示物理产品全生命周期的演进过程，是"智慧制造"的必由之路。随着智慧社会、数字城市等理念成为社会发展和城市建设鼓励政策，BIM 技术、物联网技术在工程建设行业逐步发展，Digital Twin 理念也逐渐传递过来，虽然（即便在制造业）要真正实现 Digital Twin 仍需时日，但用该理念来提升工程建设行业的数字化水平、指导 BIM 技术应用，却已在一定程度上成为业内共识。

模实一致的 BIM 竣工数字化交付是数字城市的基础。如本章前两节所述的，在建设过程中，BIM 技术可以通过虚拟建造过程防止实际施工过程中因设计不完善、错误造成的品质降低、窝工、返工风险，还可以通过信息协同提高项目建设管理效率。实际上，BIM 技术还有一个极为重要的（从某种视角看甚至是压倒性的）作用：最终形成并交付与实际建成设施一致的数字产品。经过设计施工图模型→施工深化设计模型→竣工交付模型的 BIM 持续更新过程，竣工 BIM 模型应当成为建成设施的数字仿真表达，准确反映建成设施的初始、静态物理特性。数字城市要求城市的自然资源、基础设施、社会资源、人文、经济等信息数字化集成到一个（或一系列）虚拟平台上，假若一个城市的所有城市基础设施、建筑物均形成符合要求的竣工 BIM 模型，那么就可以说该城市具备了数字城市客观基础的重要一环，即数字仿真城市的基础设施信息构建完成。当前我国对于 BIM 技术应用前期的政策引领主要聚焦于建设过程，但随着智慧社会、数字城市战略的逐步推行，BIM 数字化交付要求必将提升至一个新的高度。2019 年 9 月，国务院办公厅转发住房城乡建设部《关于完善质量保障体系提升建筑工程品质的指导意见》，首次在顶层设计文件中提出"推进建筑信息模型（BIM）……技术在设计、施工、运营维护全过程的集成应用，推广工程建设数字化成果交付与应用"的政策导向要求。

从投入产出角度，即便不考虑 BIM 在建设过程中的应用所带来的品质提升和费用降低效益，仅就最终的数字化成果交付而言，在数字经济被广泛关注的今天，BIM 仿真模型交付本身就是一件交付资产，它将在实体交付物的运营和维护过程中发挥出巨大的数字价值。

从西方发达国家的情况看也同样如此，如本报告第二章所述，英国已将其国家 BIM 战略升级为"Digital Built Britain"，核心任务之一就是将 BIM 技术融入数字城市甚至是"数字国家"建设。如图 4.23 所示。

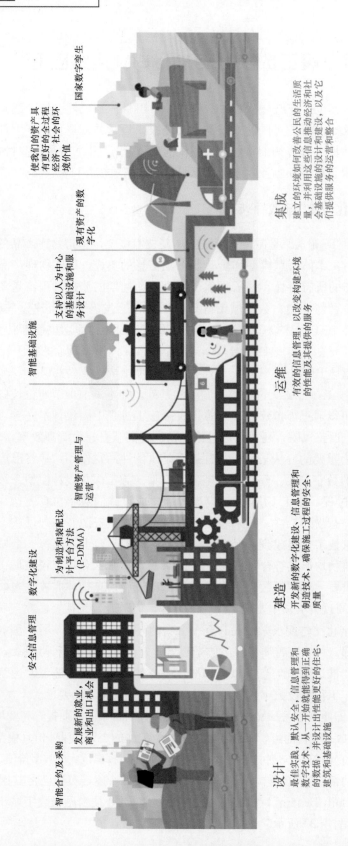

图 4.23　数字城市示意图
（图片来源：英国 CDBB 2018 年度报告）

设计
最佳实践、默认安全，信息管理和数字技术，从一开始就能得到正确的数据，并设计出性能更好的住宅、建筑和基础设施

建造
开发新的数字化建设、信息管理和制造技术，确保施工过程和住宅质量

运维
有效的信息管理，以改变构建环境的性能及其提供的服务

集成
建立的环境如何改善公民的生活质量，并利用这些信息推动经济建设和社会基础设施的设计和运营，以及它们提供服务的运营和整合

安全信息管理

数字化建设

智能资产管理与运营

智能基础设施

支持以人为中心的基础设施和服务设计

现有资产的数字化

使我们的资产具有更好的全过程经济、社会的环境价值

国家数字孪生

智能合约及采购

发展新的就业、商业和出口机会

为制造和装配设计平台方法（P-DfMA）

二、竣工数字化交付的基本要求

竣工数字化交付应分两种形式：第一种是竣工全息 BIM 交付，第二种是建筑设施仿真模型交付。

（一）竣工全息 BIM 交付

竣工时，全过程工程咨询团队应当向委托人或委托人指定的第三方（建设产品业主方、实际使用方、物业管理方或城市档案部门等）交付竣工 BIM 模型及其他全部集成信息。

1. 竣工 BIM 模型一般表达建筑设施实际建成的全专业（可分专业提交）构配件、设施设备几何信息、空间定位信息和材质信息，竣工 BIM 模型必须做到模实一致。

2. 其他集成信息一般包括建设管理信息（建设单位及责任人、决策成果文件、行政许可和审批备案文件等）、咨询服务追溯信息（全过程工程咨询责任主体和责任人、专项咨询责任主体和责任人、咨询成果文件）、建造追溯信息（施工承包主体及责任人、原材料来源、施工作业记录等）、验收信息（过程验收和最终验收）、设备信息（厂牌型号、规格参数、使用说明书、售后服务）等。

3. BIM 模型与其他集成信息应当采用简明易用的规则进行构件级的关联，一般可采用构件编码的形式，利用信息集成平台软件进行关联。

竣工全息 BIM 交付为建设单位、建设产品的所有者、使用者和物业管理者形成一个工程信息全息数据库，与传统的纸质档案或非 BIM 电子档案不同的是，此数据库的所有数据可以通过可视化的方式，以构件为关键线索，极为便捷地进行关联信息查询。

（二）建筑设施仿真模型交付

为了便于运营管理，竣工数字化交付应以竣工全息 BIM 交付为基础，经过信息梳理、信息精简、信息补充，向委托人及其指定的第三方（业主方、使用方或是物业管理方）交付建筑设施仿真模型。建设产品交付后的运营过程中，无论是业主方、使用方或是物业管理方，日常运营活动极少需要使用建设过程信息，他们往往只关注建成设施的基本物理信息和运营过程中产生的动态信息，并且部分建设过程信息需要经过适当的变换转为物业信息，例如：建筑单体的施工栋号不再被使用，代之以物业楼号，等等。因此，需要对竣工全息 BIM 交付信息进行梳理，厘清需传递给建筑设施仿真模型的信息、需删除（屏蔽）的垃圾信息（冗余信息）、需增补的物业信息等，经过恰当处理，形成建筑设施仿真模型交付。建筑设施仿真模型交付仍然应当强调模实一致；同时，为了信息复用方便，建筑设施仿真模型应当满足通行的数据交换要求，且应当容易被其他软件进行轻量化格式转换。

三、建筑设施运行维护 BIM 应用

建设工程竣工交付是投资项目建设过程的终点，却是建设产品发挥功能、产生效益的起点。在信息化、智能化时代，建筑设施运营管理的智慧化要求将会越来越高，而要真正实现智慧物业，建筑设施本身的数字仿真模型是必不可少的基础要件。抛开数字城市这一公共管理层面的需求先不谈，建筑设施的直接拥有者或运营者也会对 BIM 数字化交付产生极大的兴趣。有了初始静态的建筑设施仿真模型可形成如下便利和效果：

首先，建筑设施设备和构配件的初始性能参数形成数据库并可在可视化三维模型中被极为便捷地读取，特别是那些在施工过程中被隐蔽而又在日常运行维护工作中必须要获取准确定位和性能参数信息的隐蔽构件，如：机电和给排水等系统管线、设备、系统路由，结构构件和填充构件等（图 4.24），可为物业硬件管理提供极大方便。

图 4.24　隐蔽构件再现

其次，建筑设施数字模型导入智慧物业系统后，分割空间、设施设备的归属、占用状态、管理责任、巡检作业等能够实现"可视化＋信息化"便捷管理（图 4.25）。

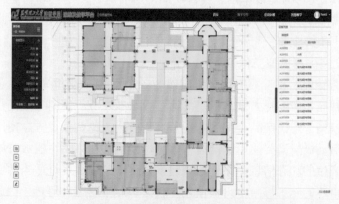

（a）昆明理工大学津桥学院运维及教学平台截图

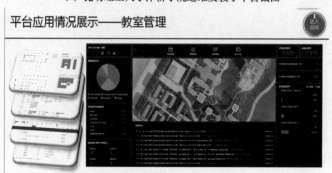

（b）平台应用情况展示图

图 4.25　空间管理

（图片来源：云南省城市建设投资集团有限公司昆明理工大学津桥学院运维及教学平台）

最后，如果与物联网技术结合，建筑设施实时的物理状态（场内人数、异常侵入、空气质量、室内外温度、光照等），建筑机电系统的运行状态（用电功率、用水量、消防水压、设备故障点、漏水漏气等）可被实时采集并可视化精准定位到建筑设施仿真模型中，甚至还可以进行远程调控或应急处置（图 4.26）。一旦达到这个应用程度，可以说建筑设施的数字孪生（Digital Twin）初步成形。

图 4.26　智慧物业

(图片来源：平台截图来源于上海蓝色星球公司，巡检机器人图片来源于网易新闻网页)

第五章　总结与展望

第一节　BIM 是工程建设全行业
数字化转型的必由之路

关于当前全球经济产业发展有一种声音："数字化转型已经不是选择，而是唯一出路"，而 BIM，正是一条能够让古老的工程建设行业实现数字化，真正搭上信息和智能时代前进列车的出路。微观而言，BIM 的三维数字仿真和信息集成强大功能，使工程项目设计更加精良、建造更加高效、运营更加智能，工程设施全寿命周期的品质和总费用得到更加合理的管控；宏观来看，BIM 是建筑业信息化的关键路径，是数字城市的核心技术，是智慧社会的基础条件。

如何掌握和应用 BIM 技术，已经成为当前工程建设各类参与主体探索、研究和实践的热点。作为工程建设行业重要分支，并且较早以模型算量方式接触并受益于三维模型应用技术的工程造价咨询业，同样对 BIM 充满期待。工程造价专业人员和企业纷纷努力学习了解 BIM，部分人员和企业已经在项目实践中应用 BIM 技术，并且取得了成效、获得了经验。

但无论从工程建设全行业抑或是工程造价咨询小行业来看，业内众多的专业人员和机构，对 BIM 的掌握程度仍然较低，工程项目应用 BIM 技术的覆盖面十分有限，很多应用并未产生实质性的效益；甚至在一段时间的学习和尝试性使用后，部分专业人员和机构对 BIM 究竟能否发挥预期的作用、BIM 技术和相应软件工具何时成熟、BIM 究竟是"花拳绣腿"还是强大技术支撑，产生了这样那样的疑虑。当然，也有行业先行者坚信 BIM 是从根本上实现工程建设信息化、建设产品智能化的必由之路，坚定而持续地投入 BIM 能力建设、BIM 项目实践和 BIM 产品开发，期望能够早日携 BIM 利器登堂入室智能建造。

第二节　BIM 必将推动工程造价咨询行业升级转型

针对会员群体急欲深入了解 BIM，希望早日掌握 BIM 技术，实现个人和企业技术升级、服务拓展的共同愿望，中国建设工程造价管理协会安排了本课题研究。课题组通过开展国内外 BIM 应用历程与现状、国内工程造价业务 BIM 技术基本应用实现情况、国内工程造价咨询企业开展 BIM 应用实践以及 BIM 技术对全过程工程咨询业务的支撑等几个方面的研究，探讨工程造价咨询行业借力 BIM 实现升级转型的可行路径方案。课题组认为，鉴于 BIM 技术的信息化、数字化本质，以及 BIM 应用对全过程工程咨询业务需求的贴合，BIM 必将从技术升级、业务延展、可持续发展等方面发挥驱动和保障作用，整体推动工程造价咨询行业升级转型发展。

一、BIM 将深刻影响工程造价基础业务

正如本报告第三章所分析的，至少在房屋建筑工程等部分领域，工程量计算早已普遍采用计算机辅助三维建模算量作业，并且已经出现了专门针对算量作业的二维 CAD 文件（半）自动三维翻模软件技术。BIM 技术实际上已经实现将工程量计算这一造价基本作业变得更为便捷高效。但这还远远不够。课题研究中我们注意到，几乎所有的国内BIM 软件开发企业都在持续投入基于 BIM 模型的工程量计算、工程量清单自动生成、造价信息模型集成、5D 项目管理等功能软件的研发。虽然当前 BIM 技术造价应用仍未产生实质性突破，但随着工程项目 BIM 应用覆盖面的扩大和 BIM 造价软件功能的增强，我们仍然可以合理预期以下两个方面的发展趋势。

（一）设计 BIM 模型将被用于工程量清单自动编制且明显增效

当前阻碍设计 BIM 模型为造价业务所使用的关键障碍，一是缺乏设计模型，此种情形无须多言。二是模型构件的属性信息不能为 BIM 造价软件所识读并自动判别生成符合工程量计算规范的特定工程量清单项，而是需要造价人员手工对设计模型进行二次处理，这就面临两个问题：造价人员是否掌握 BIM 技能？二次处理的工作量与采用算量软件算量的工作量是否至少基本相当？前一个问题随着造价咨询企业 BIM 能力建设将逐步得到解决（就像算量软件取代手工算量的推行过程一样）。后一个问题也将随着 BIM 算量软件产品的开发推进，在不久的将来形成突破。

设计 BIM 模型可被用于工程量清单自动编制的时代终将到来，但绝不意味着工程量清单编制作业将从造价业务中消失。反而，工程造价咨询企业将因为这一转变而获益：低附加值的工程量计算作业量大幅减少，专业人才队伍将更加精干；经造价工程师认定的工程量、综合单价、构件合价等数据载入后，BIM 模型成本信息正式生效，造价咨询融入项目全过程 BIM 协同而稳固专业价值；全寿命周期成本管控的技术手段更加丰满，造价咨询服务链延长、成效提升。

（二）造价数据及关联信息结构化，支撑造价数字产品创新

半个多世纪以来，工程定额体系支撑了我国的工程造价业务，但其负面作用——造价人员、造价企业不善于建立自己的造价数据库——同样影响深远。传统的工具——估算指标、概预算定额显现出对于新建设模式、新服务需求下造价业务的不适应，特别是项目前期、初步设计阶段估、概算，全生命周期成本控制，EPC 等非传统发承包模式下的发包价格确定等。十余年来，行业中部分先行者一直在研究建立工程技术特征与造价关联的造价信息数据库，以此形成造价指标分析能力，用于快速而精准的估价，以及造价成果质量控制等。但由于造价数据必须与工程技术特征关联才有意义，而工程技术特征的提取及与造价数据的关联难以通过计算机辅助实现，导致了国内工程造价咨询行业普遍缺乏企业自有指标数据产品。而以 BIM 模型为核心的 BIM 信息集成一旦实现，这

一难题将迎刃而解，每一个项目均可快速提取造价数据和技术特征信息并相互关联，若干项目的数据集成即可支撑企业或行业数字产品的生成，直接助力行业数字化转型。

二、BIM 将引导造价咨询融入全过程工程咨询

近两年全过程工程咨询成为业内最受关注的关键词，在各层级政府文件、各专业论坛和专业文章、各企业发展规划中被反复提及，全国各地落地情况有所差别，但总体来看其推进仍需时日。但从西方工程咨询业的发展历程、全过程工程咨询的内涵、当前国内工程建设分专业咨询割裂实施带来的弊端等方面分析，可以预见全过程工程咨询必将成为国内工程建设咨询的重要模式。

工程建设咨询各分支领域中，造价咨询由于自身的专业特性，需跨阶段地与几乎所有参建方发生工作联系，相对而言更加容易适应这一模式。也正因此，一部分工程造价咨询企业正在积极筹划拓展全过程工程咨询牵头业务。

投资管控作为工程项目管理的重要工作内容，贯穿项目建设和建成设施运营全寿命周期；造价咨询团队参与项目管理，需同建设方、设计方、施工方、监理等其他咨询方保持密切沟通。因此，全过程造价咨询理念在国内工程造价咨询行业初创不久就被业内所重视，尽管仍然存在设计阶段造价管控介入缺失、管控方式偏于被动计价而少于主动控价、过分倚重定额而自有数据资源利用不充分、全寿命周期成本费用管控不深入等不足之处，但全过程咨询已成为当前工程造价咨询服务的主流模式。但是此全过程非彼全过程。从官方定义看，仅某个专业的多阶段服务并不能算作全过程工程咨询。除了强调多阶段服务，全过程工程咨询还强调各项专项咨询服务的整合实施。而如本报告第四章所讨论的，BIM 恰就是专项咨询服务整合实施的利器。

从 BIM 的概念和应用场景我们可以知道，一旦实质性应用 BIM，全过程协同的理念和方法就必然被引入工程项目管理中，而 BIM 就是全过程协同的数字化工具、信息通路和协同中心。BIM 应用在为项目建设各项管理、技术业务赋能的同时，将深刻地引领项目参与各方之间的作业配合、信息交互、管理联动等实现协同转变。

造价咨询企业借助 BIM 技术融入（甚至牵头）全过程工程咨询，可以形成一种以品质-投资平衡管理为核心的全过程工程咨询模式：

1. 项目策划阶段，造价咨询服务主要依托既往工程经验向业主方和投资机会、可行性研究等专业团队提供项目投资匡算、估算服务。BIM 技术将有助于造价咨询企业结构化具体项目工程投资数据，从而形成可分析、可复用的分类建设项目投资数据库。

2. 项目设计阶段，造价咨询服务主要开展全寿命周期费用测算、建设投资额度限定等工作，协助业主方和设计团队比选和优化设计方案。BIM 技术将在地形分析利用、土石方平衡、设计方案可视化比选、快速提取工程量，以及前述的分类建设项目投资数据库（如果有）等方面发挥强大的品质-投资平衡分析辅助作用。项目施工图设计完成，造价咨询服务即可形成精准的工程量清单以及工程预算，为工程发承包议价（包括但不限于工程招标）提供基础依据。BIM 技术将集成设计成果和进度、投资管控目标数据。

3. 项目施工阶段，造价咨询服务主要开展发承包合同价管理、施工过程造价管控、

工程计量支付等工作，将与业主方、施工承包人、设计团队、监理团队等多个参与方进行工作协同。BIM技术将辅助实现：①在建工程的实时动态仿真，支持依托模型开展计量工作，反映投资计划和实际进度；②建立信息集成平台和协同中心，确保信息统一和共享、管理有序、高效且有痕迹记录。

4. 项目竣工交付，造价咨询服务将完成工程结算鉴证，形成项目竣工造价成果文件。BIM技术将辅助实现：①依托模型开展竣工计量核实；②建立项目造价结构化数据成果文件，作为业主方和造价咨询服务方开展数字造价成果研发应用的基础数据积累。

5. 项目运营阶段，造价咨询可延展服务，利用BIM技术优化运营、维护管理，压减运维成本。

三、BIM将助力工程造价咨询行业持续发展

尽管BIM仍未被全面、高效地应用于工程造价咨询以及全过程工程咨询业务，但本课题开展的调查以及工程建设其他领域开展的调查表明，几乎所有的业内企业和专业人员均对BIM的潜力毫不怀疑，并且已有较多的企业和人员在学习和实践BIM，其中的一部分已经取得了可喜的进展。

在数字城市建设持续推进、建筑业信息化不断深入、全过程工程咨询服务被倡导、行业准入限制（双向）放宽等重大政府战略和行业政策背景下，工程造价咨询行业必将发生前所未有的变局，行业企业不得不主动进行升级转型，以应对客户日益提高的专业服务需求和来自同行甚至相近行业企业的竞争压力。在升级转型过程中，BIM技术将成为行业企业应对变局、变压力为机遇的重要"阶梯"和"桥梁"。

部分企业坚持在工程投资管理咨询领域精耕，通过做精做专造价主业以应对挑战，BIM将使它们能够在低端繁复的工程算量等业务上（部分）实现"机器替代"，提高业务效率；在工程投资信息数据采集、积累、传递、复用等核心业务上实现数字化，更好地聚焦于造价咨询的信息服务本质，并且更顺利地融入强调信息集成和管理协同的全过程工程咨询业务模式中去。BIM为做精做专的造价咨询企业提供技术和服务升级的强有力支撑，确保企业能够为客户提供更具价值的投资管控咨询服务，从而赢得市场。

也有一部分企业在长期经营工程造价咨询的经营活动过程中，已经拓展了其他工程咨询业务，积累了人才、项目经验和市场资源，并看好全过程工程咨询模式的发展前景，决定从人才队伍建设、项目协同管理技术开发引进、市场开拓等各方面多措并举，在造价咨询主业的基础上，更多向综合性咨询业务方向拓展。那么，BIM也能为此类企业转型发展提供如下支撑：①企业能够结合BIM技术应用升级工程投资管控技术；②企业能够利用BIM技术在工程设计、设计管理、工程监理等专项业务中快速建立起优秀的咨询服务能力，高起点拓展工程设计和施工管控类咨询业务，并且还能够做到技术、经济的合理结合，更加科学地向委托方提供工程项目品质平衡管控服务；③企业能够借助BIM技术强大的信息集成和多方协同功能，形成实施全过程工程咨询牵头业务的能力。

也存在不强调全过程工程咨询的多专业咨询业务拓展等其他类型的企业发展路径，但BIM同样能够为它们提供良好的工程技术、数字技术、信息管理技术支撑，助力企业

发展。

  总而言之，主动掌握和应用 BIM 技术，已经是工程造价咨询行业可持续发展所不可回避的重要抓手。课题组衷心希望业内企业、广大从业人员、行业协会和政府主管部门均予以重视，共同投入这一影响工程造价咨询行业地位、影响工程建设行业进步、影响数字城市和智慧社会建设未来的技术变革洪流中来。

附录 A　建设工程项目 BIM 技术应用典型案例

一、工程造价咨询企业目前 BIM 技术的应用实践

深圳市航建工程造价咨询有限公司

（一）项目概况

项目位于某大学北校区，用地面积 82190.4m²，拆除旧建筑约 36171.59m²，新建 2 栋学生宿舍、1 栋食堂和 1 座变电所，新建总建筑面积 108318m²。1 号学生宿舍建筑面积共 71355m²，其中，地上 18 层建筑面积 6218m²，地下 2 层建筑面积 7021m²，平时功能为地下车库、设备房，战时功能为人员掩蔽所；地下 1 层为半地下室，建筑面积 2153m²，功能设置均为学生宿舍。2 号学生宿舍 11 层，建筑面积 9400m²，首层架空，2～11 层均为学生宿舍。食堂地下 1 层、地上 3 层，建筑面积共 8388m²，地下 1 层为半地下室，功能设置为厨房、仓库等；地上 3 层均为就餐区。变电所 1 座，地上 1 层，建筑面积 204m²。该建筑结构安全等级为二级，抗震设防烈度为 7 度，设计使用年限为 50 年。计划总投资 47359 万元人民币（概算批复）。附表 A.1、附表 A.2、附表 A.3 分别列出的是项目的综合经济技术指标、1 号学生宿舍特征值和 2 号学生宿舍特征值。附图 A.1 列出了项目研究团队考察施工现场的真实场景。

附表 A.1　综合经济技术指标一览表

序号			名称		指标
一	1		规划总用地面积（m²）		82190.4
二	1		原总建筑面积（m²）		84885.67
		其中	保留建筑面积（m²）		48714.08
			拆除建筑面积（m²）		36171.59
			原容积率（%）		1.03
	2		规划总建筑面积（m²）		157032.08
		其中	保留建筑面积（m²）		48714.08
			新增建筑面积（m²）		108318
			规划容积率（%）		1.91

续表

序号					名称	指标
三	1				新增总建筑面积（m²）	108318
		其中			计容建筑面积（m²）	98744
			其中		规定计容建筑面积（m²）	95244
				其中	1号学生宿舍面积（m²）	71355
				其中	A座学生宿舍面积（m²）	23650.3
					B座学生宿舍面积（m²）	15125.6
					C座学生宿舍面积（m²）	27703
					宿舍配套用房面积（m²）	4876.1
					2号学生宿舍面积（m²）	9400
					学生食堂面积（m²）	8388
					新建变配电房面积（m²）	204
					校友广场面积（m²）	5897
				核增计容建筑面积（m²）	3500
			其中		宿舍地上架空空间面积（m²）	2900
					校友广场地上架空空间面积（m²）	600
			不计容建筑面积（m²）			9574
		其中			半地下层设备房与停车库面积（m²）	2153
					地下1层停车库面积（m²）	7021
					校友广场半地下层设备用房面积（m²）	400
	2				停车位（个）	120
		其中			地下室停车位（个）	105
					地面停车位（个）	15
四					覆盖率（%）	35.00
五					绿地率（%）	30.00

附表 A.2 1号学生宿舍特征

建筑性质	高层建筑
层数	地上18层，地下2层
设计使用年限	50年
建筑耐火等级	一级
建筑基底面积（m²）	7029
停车位（地下）（个）	120
建筑规模	大型
建筑高度（m）	65.30

续表

结构类型	框剪结构		
抗震设防烈度	7 度丙类		
防水等级	屋面 I 级		
隔声标准（dB）	分隔墙≥50		

1 号学生宿舍面积及分配

总建筑面积 83429m²	计容建筑面积 71355m²	其中	半地下 1 层面积 4876.1m²	宿舍服务配套	
				洗衣房	
			一层面积 2020m²	宿舍服务配套	
				消防控制室	
			2~18 层面积 64458.9m²	学生宿舍	
	不计容建筑面积 12074m²	其中	架空公共空间面积（m²）		2900
			地下车库建筑面积（m²）		7021
			半地下设备用房与停车库建筑面积（m²）		2153

附表 A.3　2 号学生宿舍特征

建筑性质	高层建筑
层数	地上 11 层
设计使用年限	50 年
建筑耐火等级	一级
建筑基底面积（m²）	847
建筑规模	大型
建筑高度（m）	42.6
结构类型	剪力墙结构
抗震设防烈度	7 度丙类
防水等级	屋面 I 级
隔声标准（dB）	分隔墙≥50

2 号学生宿舍面积及分配

总建筑面积 9400m²	计容建筑面积 9400m²	其中	1 层 870m²	门厅
				洗衣房
			2~11 层 8530m²	学生宿舍

附图 A.1　某大学宿舍楼拆建工程施工现场

（二）前期阶段 BIM 技术的应用实践

1. 掌握流动资金

1）要点：应用 BIM 系统强大的信息统计功能，在方案阶段可运用数据指标等方法获得较为准确的土建工程量及土建造价，同时结合现金的流入流出与贷款利息，可以快速得出成本的变动情况，权衡出建造过程中资金的运行状况，为项目决策提供重要而准确的依据。

2）价值：BIM 技术可运用计算机强大的数据处理能力进行现金流分析，这大大减轻了造价工程师的计算工作量，造价工程师可节省时间从事更有价值的工作如确定施工方案、评估风险等，进一步细致考虑施工中许多节约成本等专业问题，这些对于编制高质量的预算来说非常重要。

附表 A.4 和附表 A.5 分别为资金使用计划筹措表、借款还本付息表。

附表 A.4　资金使用计划筹措

资金使用计划筹措表				单位：万元					
序号	项目名称	分类	合计	计算期					
				1	2	3	4	5	6
1	投资进度	比例	1.00	48%	35%	17%			
		金额	33705	16179	11797	5730			
2	资金筹措		33705	16179	11797	5730			
2.1	有资金	66%	22245	10678	7786	3782			
2.2	银行贷款	34%	11460	5501	4011	1948			

附表 A.5　借款还本付息

单位：万元

序号	项目名称	合计	建设期			计算期									
			1	2	3	4	5	6	7	8	9	10	11	12	13
1	借款	11459.77														
1.1	当期借款		5500.69	4010.92	1948.16										
1.2	期初借款余额		5635.46	10020.78	12507.69	11256.93	10006.16	8755.39	7504.62	6253.85	5003.08	3752.31	2501.54	1250.77	
1.3	本年应计利息		134.77	374.41	538.75	612.88	551.59	490.30	429.01	367.73	306.44	245.15	183.86	122.58	61.29
1.4	当期还本利息		134.77	374.41	538.75	1863.65	1802.36	1741.07	1679.78	1618.50	1557.21	1495.92	1434.63	1373.34	1312.06
1.4.1	其中：还本		0.00	0.00	0.00	1250.77	1250.77	1250.77	1250.77	1250.77	1250.77	1250.77	1250.77	1250.77	1250.77
1.4.2	建设期利息（利率4.90%）		134.77	374.41	538.75	0.00	0.00	0.00	0.00	0.00	0.00	0.00	0.00	0.00	0.00
1.5	营运期利息（利率4.90%）		0.00	0.00	0.00	612.88	551.59	490.30	429.01	367.73	306.44	245.15	183.86	122.58	61.29
	期末借款余额		5635.46	10020.78	12507.69	11256.93	10006.16	8755.39	7504.62	6253.85	5003.08	3752.31	2501.54	1250.77	0.00
2	偿还借款资金来源														
2.1	利润														
2.2	折旧摊销费														
2.3	可利用销售收入														

2. 总图规划分析

1) 要求：根据现有的资料把现状图纸导入基于 BIM 技术的软件中，创建出道路、建筑物、河流、绿化以及高程的变化起伏，并根据规划条件创建出本地块的用地红线及道路红线，并生成面积指标。

2) 价值：在现状模型的基础上根据容积率、绿化率、建筑密度等建筑控制条件创建工程的建筑体块与体量模型，直观高效地完成总图规划、道路交通规划、绿地景观规划、竖向规划以及管线综合规划。

3. 环境评估

1) 要求：根据项目所处的地理环境，借助相关软件采集此地的环境数据，并基于 BIM 模型数据利用相关分析软件进行分析，对方案进行环境影响评估，包括日照环境影响、风环境影响、热环境影响、声环境影响等评估。

2) 价值：及时对建筑的环境性能进行模拟和分析，改善了传统设计中建筑环境性能分析滞后的状况，有助于建筑师在设计过程中及时了解建筑的各方面性能，在方案设计阶段就可以进行绿色建筑的相关决策。

（三）设计阶段 P-BIM 技术的应用实践

1. 协同设计平台应用现状

协同设计是指在计算机环境下，为完成同一设计任务，设计人员交互性地进行设计工作，最终得到符合设计要求的设计成果的设计方法。而三维协同设计是指以三维数字化技术为基础，以三维设计平台为载体，由不同专业设计者，包括建筑、结构、设备、机械、电器、管道等专业，为实现共同的设计目标而开展协同设计工作，是一个数据共享和集成的过程。在这个过程中，设计人员借用三维模型，实时、精确地共享项目过程中的设计信息。

根据市场调查，目前建筑领域应用较为普遍的是基于 CAD 工作平台二次开发的协同设计软件，如金慧系列协同设计产品和纬衡协同设计平台。而三维软件协同设计主要是基于 Revit、Bentley、Tekla 的三维 BIM 软件平台，如附图 A.2 所示。以基于 Revit 软件的协同设计平台为例，其主要通过工作集模式和模型链接式两种方法实现三维协同设计。

2. 基于 P-BIM 云平台实现模型数据交互的过程

以某大学宿舍楼拆建工程 2 号宿舍楼为例，项目基于 P-BIM 云平台的软件包括 P-BIM 客户端以及建筑、结构、暖通 3 个专业。以建筑专业、结构专业和暖通专业的信息交换阐述 P-BIM 云平台的数据交换流程。由于数据传递方式类似，所以主要介绍建筑专业的模型数据传递至结构专业、暖通专业。试验过程主要分为 3 个步骤，一是建筑设计专业上传模型数据，二是结构设计专业接收模型数据，三是暖通专业接收模型数据，交互流程如附图 A.3 所示。

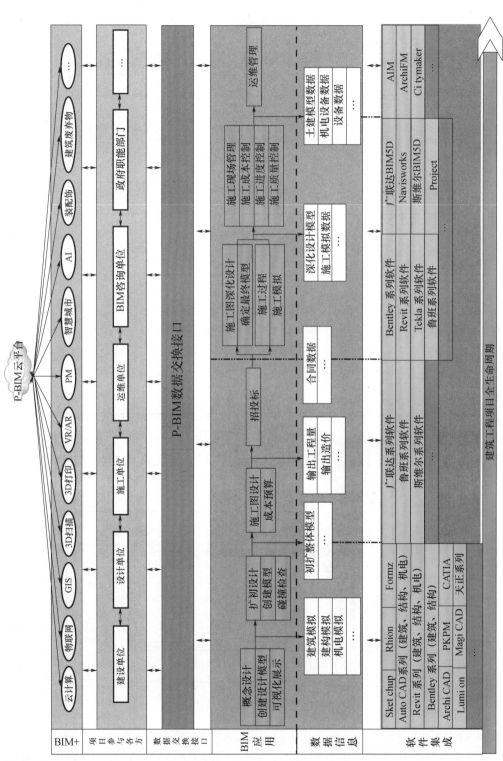

附图 A.2　P-BIM 云平台

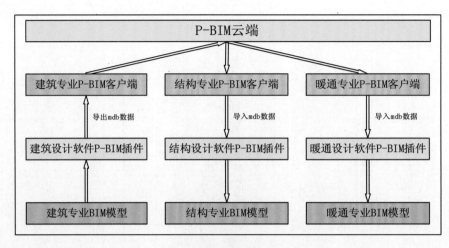

附图 A.3　数据交互流程

1）建筑专业上传模型数据

案例研究用 ArchiCAD 进行建筑专业建模，建成建筑模型如附图 A.4（a）所示。模型可通过 P-BIM 插件导出 9 个数据文件，文件根据《建筑工程设计信息模型分类和编码标准》命名，文件格式主要是".mdb"格式，实时传递过程中，数据根据需求进行结构专业、暖通、电气等专业的传递。登录建筑设计专业 P-BIM 客户端，导出的数据文件上传至 P-BIM 客户端，上传过程如附图 A.4（b）所示，上传完毕的结果如附图 A.4（c）所示。

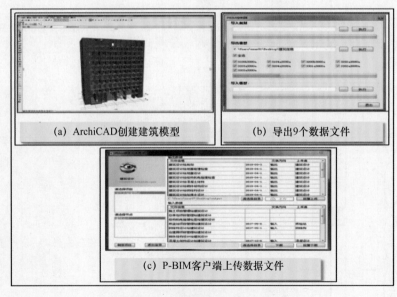

附图 A.4　建筑专业 BIM 模型

2）结构专业接收模型数据

案例研究用 PKPM 软件作为 P-BIM 云平台的 P-BIM 结构设计软件。首先，登录结构专业的 P-BIM 客户端，系统将自动提醒有新的任务待处理，如附图 A.5（a）所示。

单击"是"后，选择名称为"建筑设计给混凝土结构设计"的文件进行下载。其次，使用 PKPM 软件打开数据文件，软件将对数据进行自动读取，生成结构设计需要的模型，如附图 A.5（b）所示。

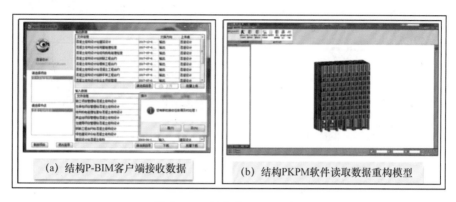

附图 A.5　结构专业 BIM 模型

3）暖通专业接收模型数据

案例研究用鸿业软件作为暖通专业的 P-BIM 软件。和结构专业类似，首先登录暖通专业的 P-BIM 客户端，系统将自动提醒有新的任务待处理，单击"是"后生成如附图 A.6（a）所示界面。其次，选择名称为"建筑设计给暖通空调设计"的文件进行下载，再使用已安装 P-BIM 插件的鸿业设计软件打开数据，软件将对数据进行自动读取并生成 BIM 模型，如附图 A.6（b）所示。

附图 A.6　暖通专业 BIM 模型

通过试验结果可知，基于 P-BIM 云平台可有效实现 BIM 模型数据的传递。仅从结构、暖通 2 个专业考虑，结构设计方可以基于其他方传递的模型进行设计，减少二次建模的时间。暖通设计方可以基于其他方传递的模型进行设计，减少因暖通专业设计产生的碰撞，进而减少最终各个专业的设计成果汇总后的修改时间。由此得出结论，基于 P-BIM 云平台进行协同设计不仅可使模型数据轻量化，降低对电脑硬件的要求，还可解决软件的"信息孤岛"问题（附图 A.7），减少数据需求方的重复性工作，缩短设计时间，从而达到提高设计效率的目的。

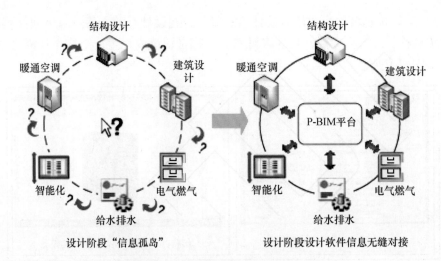

附图 A.7　P-BIM 解决"信息孤岛"问题

3. 基于 P-BIM 云平台实现协同设计的原理阐述

基于以上阐述，P-BIM 云平台的数据交换过程主要有以下三个特点。

1）设计人员不需改变作业习惯

基于 P-BIM 云平台进行协同设计，设计人员可以按照原有的设计习惯，使用自己熟悉的设计软件，不用为了实现模型数据交互而去学习相关 BIM 软件。这将节约设计人员学习 BIM 技术的大量时间，提高整个行业的绩效水平。

2）数据轻量化传递

P-BIM 标准根据领域工程特点，对数据交换参与方的数据需求进行细分，制定专业间的信息交互用标准。因此，根据《建筑工程 P-BIM 软件功能与信息交换标准合集》进行调试的软件在实现数据交互时，可以减少冗余数据的传递，实现轻量化传递，降低协同工作过程中对于计算机软件、硬件的要求，与此同时，还可节约数据接收方对数据的二次处理过程。

3）统一模型的信息交换格式

IFC-BIM 数据交换方式，需要对数据库的概念模式进行统一，即需要软件商对软件格式进行较大改造。而 P-BIM 数据交换方式，仅需采用插件的形式改变数据库的外模式，将传递数据文件格式统一为".mdb"格式，这种格式具有容量小、易于读取的特点，降低了软件商的开发难度。

（四）施工阶段 BIM 技术的应用实践

按照 2D 设计图纸，利用 Revit 系列软件创建项目的建筑、结构、机电 BIM 3D 模型，并对设计结果进行动态的可视化展示，使业主和施工方能直观地理解设计方案，检验设计的可施工性，在施工前能预先发现存在的问题，与设计方共同解决。将施工相关信息与模型数据信息整合，利用专业软件优化施工方案，对重难点的施工工艺和施工过程进行可视化施工模拟，对施工过程及重要数据进行实时管控，降低建造成本，提高工程项目管理水平，保障工程质量和综合效益。在施工阶段，主要展开以下几项研究：碰撞检查、施工模拟、三维渲染以及知识管理。

三维设计相较于二维设计最大的特点是能够立体查看设计，在平面上看不到的碰撞仍存在可能发生的情况，而 BIM 模型“碰撞检查”工具可以发现项目中图元之间的冲突。研究团队将所创建的建筑、结构、机电模型通过“. rvt”文件导入专业的碰撞检测软件（Navisworks Manage）中，进行结构构件及管线综合的碰撞检测（附图 A. 8）和分析，利用 BIM 技术在施工前对水、电、暖等专业进行管线优化设计。

Autodesk Navisworks 碰撞报告

电气VS建筑	公差	碰撞	新建	活动的	已审阅	已核准	已解决	类型	状态
	0.001m	150	150	0	0	0	0	硬碰撞	确定

								项目 1				项目 2			
图像	碰撞名称	状态	距离	网格位置	说明	找到日期	碰撞点	项目 ID	图层	项目名称	项目类型	项目 ID	图层	项目名称	项目类型
	碰撞1	新建	-0.269	B-9 : 1F	硬碰撞	2018/3/17 08:03.06	x:-53.982、y:-97.150、z:6.224	元素 ID: 1454735	1F	带配件的电缆桥架	实体	元素 ID: 251128	JG-2_2F	混凝土 - 现场浇注混凝土	实体
	碰撞2	新建	-0.248	2/A-9 : 1F	硬碰撞	2018/3/17 08:03.06	x:-53.982、y:-100.000、z:6.226	元素 ID: 1454348	1F	带配件的电缆桥架	实体	元素 ID: 250894	JG-2_2F	混凝土 - 现场浇注混凝土	实体
	碰撞3	新建	-0.229	B-10 : 1F	硬碰撞	2018/3/17 08:03.06	x:-48.484、y:-97.150、z:6.300	元素 ID: 1426155	1F	带配件的电缆桥架	实体	元素 ID: 251046	JG-2_2F	混凝土 - 现场浇注混凝土	实体
	[illegible]	新	[illegible]	2/A-6 :	硬碰	2018/3/17	x:-48.483、y:-100.000、	元素 ID:	[illegible]	带配件的电缆桥	[illegible]	元素 ID:	[illegible]	混凝土 - 现场浇注混	[illegible]

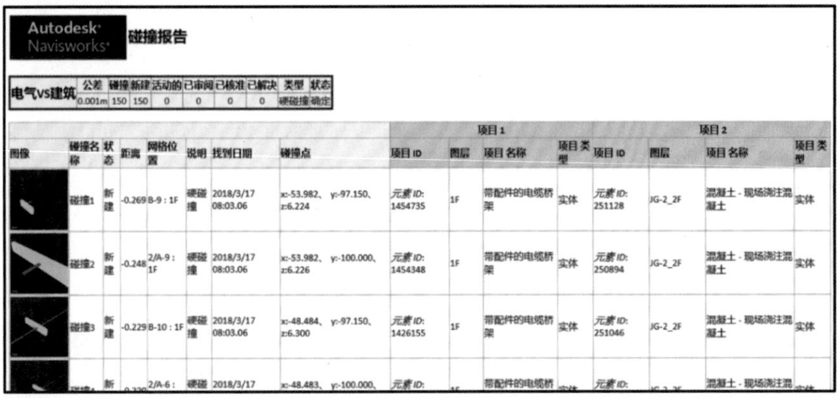

附图 A. 8 电气与建筑碰撞检测报告（部分截图）

1. 碰撞检查

“碰撞检查”预先解决设计隐存问题，包括图面表达、专业内与专业间的碰撞、不符合规范要求等问题。通过专业软件完成模型的碰撞检查，汇总问题形成碰撞检查报告后，为设计人员提供优化与调整的依据，为管理人员保存过程数据档案，便于后期检查和复验。在施工前尽早地发现未来将会面对的问题及难题，寻找出施工中不合理的地方及时进行调整，与相关人员商讨出最佳施工方案与解决办法，降低传统二维图纸的错、漏、碰、缺等现象的出现，防止冲突并可降低建筑变更及成本超限的风险，提高施工效率和质量，缩短工期。

1）碰撞问题汇总（附表 A. 6）

附表 A. 6 碰撞检查问题汇总

序号	专业	碰撞次数	备注
1	建筑与电气	150	
2	建筑与给排水	1272	

根据碰撞检查报告显示，建筑与电气发生的碰撞次数是 150 次，主要包括电缆桥架、电线管与结构主体的碰撞 77 处、灯具与结构主体的碰撞 68 处、单联开关与结构主体的碰撞 5 处。对“电缆桥架、电线管与结构主体间的碰撞”进行分析，原因如下：①设计阶段是否考虑主梁和次梁的高度，桥架无法按照设计图纸直线穿过；②在设计阶段，是否考虑墙面电线管的穿入情况；③如果桥架无法穿入主次梁的情况下，是否需要进行施工图纸的变更。其他诸如灯具和开关与结构主体的碰撞问题，需要注意的是，这部分的

碰撞在实际过程中并不存在碰撞的情况。

建筑与给排水的碰撞次数是 1272 次，主要包括冷水与结构主体的碰撞 142 次、废水与结构主体的碰撞 40 次、空调冷凝水管与结构主体的碰撞 214 次、雨水管与结构主体的碰撞 95 次、污水管与结构主体的碰撞 332 次、通气管与结构主体的碰撞 218 次、其他与结构主体的碰撞 231 次。给排水部分涉及的主要是给排水管道与结构主体间发生的碰撞，需要检查的是，设计图纸时是否已经考虑套管，这里的碰撞次数如此之多，分析得出主要原因在于设计施工模型时尚未绘制出穿越楼板面、墙面、梁面的套管。如果提前制定并改进施工方案，这部分的碰撞检测结果显示的碰撞次数将会大大减少。

2）BIM 发现问题的原因分析

传统 CAD 施工图有"二维表达三维""专业内及专业间不协同"的局限性，施工图"错、碰、缺"问题突出，这些原本应该在设计阶段解决的问题被推迟到施工阶段，会导致施工过程中变更不断、问题频出，影响施工进度，进而影响施工质量，增加施工成本，最终增加项目管理的难度。

3）BIM 解决方案

基于 BIM 模型对施工图的"错、碰、缺"问题进行检查的结果，以报告的形式对问题进行说明，对发现的问题分类统计，形成《"错、碰、缺"问题分级、分类统计一览表》（附表 A.7），召集参建各方集中讨论并提出处理意见，最后形成书面处理意见，反馈给设计单位，重新修改完善相关施工图后付诸实施。

附表 A.7　"错、碰、缺"问题分级、分类统计一览表

序号	问题名称	碰撞次数	备注
1	电缆桥架、电线管与结构主体	77	
2	灯具与结构主体	68	
3	单联开关与结构主体	5	
4	冷水管与结构主体	142	
5	废水管与结构主体	40	
6	空调冷凝水管与结构主体	214	
7	雨水管与结构主体	95	
8	污水管与结构主体	332	
9	通气管与结构主体	218	
10	其他	224	

2. 施工模拟

与传统的施工方案编制及技术措施选取相比较，基于 BIM 的施工方案编制与技术措施选取的优点主要体现在它的可视化性和模拟性两个方面。传统的施工方案通常采用文字叙述与结合施工设计图纸的方式，将施工的工艺流程和技术措施予以阐述，这样往往会造成因对文字的理解不充分而影响施工质量和施工进度，造成不必要的浪费。为了在施工阶段中充分应用 BIM 技术，研究团队在基于 BIM 3D 模型（附图 A.9）的基础上，将模型数据与其他施工有关的信息进行整合，通过相关 BIM 专业软件实现 BIM 4D 虚拟建造和 BIM 5D 成本管理。

附图 A.9　某大学宿舍楼拆建工程三维模型

1）BIM 4D 虚拟建造（Navisworks Manage）

通过 BIM 模型，不仅可以对建筑的结构构件及组成进行 360 度的全方位观察和对构件的具体属性进行快速提取，还可以将施工方案与进度计划进行关联结合，实现施工过程的虚拟建造。同设计阶段产生的模型相比，虚拟建造的模型还应该包括施工环境和措施项目，如支撑、脚手架、塔吊和其他主要与进度计划（附图 A.10）相关联的环境和设施设备，并展示应该如何进行施工。

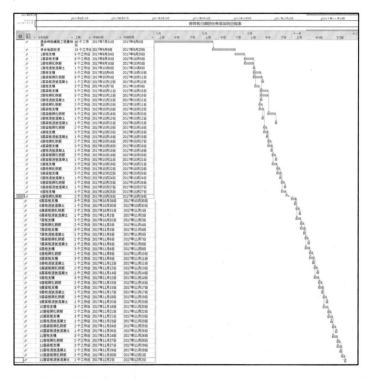

附图 A.10　2 号学生宿舍施工进度计划

在研究中，将所创建的建筑、结构、施工模型通过".rvt"文件导入施工模拟软件（Navisworks Manage）中，通过 Timeliner 将施工进度计划附加给模型中的各个构件进行 4D 施工模拟，直接将具体的施工方案以动画的形式予以展示。

（1）对于施工的重点难点，使用 BIM 模型予以详细深化模拟展示；

（2）施工实体模拟展示的内容，如节点大样、几何外观、内部构造等，可以是模型，也可以是任意剖面或视图，用于辅助施工人员理解设计要求；

（3）施工组织模拟展示的内容，如场地布置和垂直运输组织等，辅助施工人员选择最优方案；

（4）组织参与施工的所有管理人员和作业人员，采用多媒体可视化交底的方式，对施工过程的每一个环节和细节进行详细的讲解，确保参与施工的每一个人都要在施工前对施工的过程认识清晰；

（5）通过对施工过程的模拟，找出施工过程中的危险区域、施工空间冲突等安全隐患，提醒施工管理和作业人员提前制定相应安全措施，以最大限度地排除安全隐患。

通过 4D 虚拟建造对项目整个建造过程和重要环节及工艺进行模拟，可以清晰直观地了解各个时间节点完成的工程量和达到的效果，方便项目各参与方随时了解项目的施工进展情况；可以提前发现设计中存在的问题，减少施工中的设计变更，优化施工方案和资源配置；可以直观地反映施工的各项工序，方便施工技术人员直接看出方案是否可行、实施过程中会出现哪些情况、实施的具体工艺流程及方案是否可优化，从而保证在方案实施前排除障碍，协调好各专业的施工顺序，提前组织专业班组进场施工、准备设备、场地和周转材料等；可以做到防范于未然，避免盲目施工、惯性施工等可能遇到的突发事件，从技术方案上保证一次成活，减少返工造成的材料浪费。

2）BIM 5D 管理

BIM 5D 是基于 BIM 模型的施工全过程的管理，将施工进度和成本信息与模型图元的 3D 几何数据进行整合，通过 BIM 模型集成进度、成本、资源、施工组织等关键信息，对施工过程进行模拟及对施工关键数据进行管控，及时为施工过程中的技术、生产、商务等环节提供准确的形象进度、物资消耗、过程计量、成本核算等核心数据，提升沟通和决策效率，帮助客户对施工过程进行数字化管理，从而达到节约时间和成本，提升项目管理效率的目的。

项目研究团队结合项目特征、结合 BIM 5D 平台，主要进行以下几个模块内容的研究：

（1）项目资料分析：将项目基本资料上传到平台的"项目资料"模块中，如项目概况、项目负责人、建筑面积及项目的施工图图纸等；

（2）数据分析：将 BIM 3D 模型、1D 的成本预算文件、1D 的进度文件导入 BIM 5D 平台的"数据导入"中，并将模型与成本预算文件进行模型关联及清单关联。BIM 5D 平台可实现的数据对接格式见附图 A.11；

（3）流水段的划分（附图 A.12）：在 BIM 5D 软件中，依据本项目现场布置图，在模型上划分可以管理的流水段。同时，将进度计划、分包合同、甲方清单、图纸等信息按照工作流水段的维度进行组织管理，便于项目人员每天可以清晰地看到每个工作面上各个专业队伍的数量、工程量、所需的物资量、定额劳动力，帮助生产管理人员合理安排生产计划，提前规避工作面施工经常发生的交叉作业冲突；

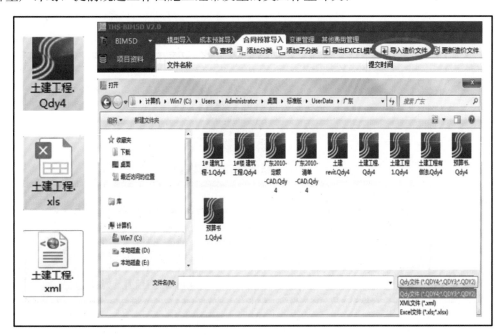

附图 A.11　清单数据格式

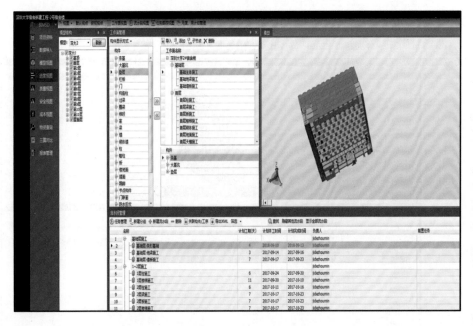

附图 A.12　施工流水段

（4）施工动态模拟（Navisworks Manage 软件中也同时制作了施工模拟，形成对比）：在项目上将进度计划文件导入 BIM 5D 软件中，并将模型与进度计划关联，在项目施工过程中从进度计划、楼层、流水段类型、专业构件类型、钢筋分类、构件工程量、资源类型、分包、材质等多个角度查询所需的工程量。每季度之前，可以通过施工的动态模拟，预判现场实际工况。施工模拟过程中，软件同时模拟这一季度的资金资源投入曲线，预计下一季度的资金与资源投入情况（附图 A.13）；

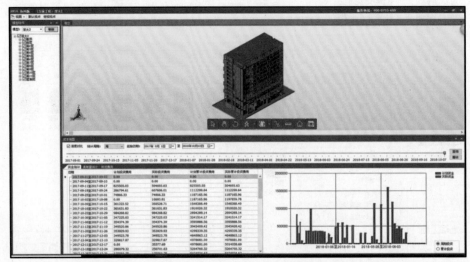

附图 A.13　BIM 5D 施工模拟

（5）进度管控（附图 A.14）：项目完成施工进度计划编制后，将 Project 文件导入 BIM 5D 软件中，与模型相关联，赋予模型中每个构件进度信息。在每周进度例会时，应用 BIM 5D 软件的进度视图模块，显示近一周任务的状态，发现滞后任务时，可对应任务可以看到相应模型，查看滞后任务的工作量，根据工作量重新编排下周计划，做到周计划的精确管控；

附图 A.14　任务追踪

（6）项目物资管理（附图 A.15）：在建模时，将定额资源信息，如混凝土、钢筋、模板等用量录入模型上，现场人员在项目上按照时间、楼层、流水段统计所需的资源量。项目管理人员安排项目总控物资计划、月备料计划和日提量计划、节点限额前，应用 BIM 5D 软件，精确地将所需材料量提取出来，快速形成报表，提交相应部门审核。

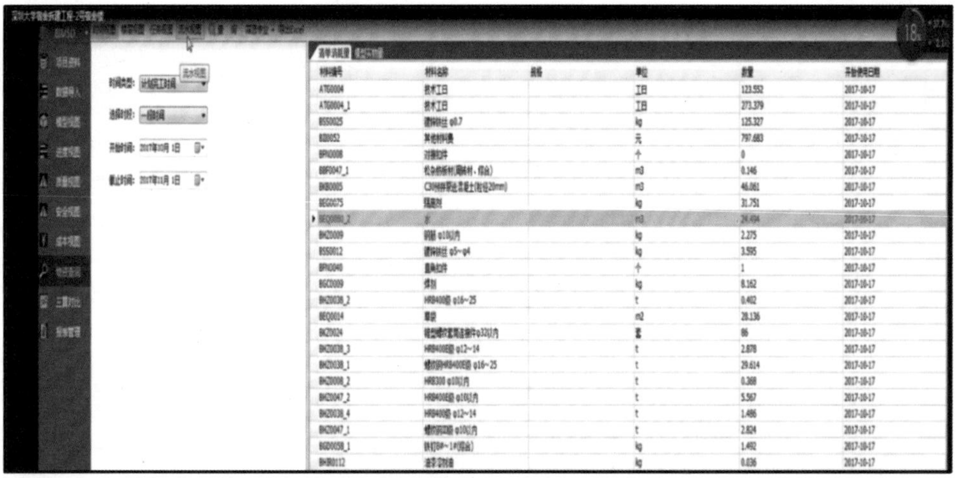

附图 A.15　物资查询

BIM 5D 平台为与施工有关的三维模型和各种信息提供了整合的平台，方便施工人员进行每一模块信息的查询及管控，大大提高工作效率和施工质量。与传统施工方式相比，施工信息的数字化也为企业提供了完善的项目施工数据库，为之后的项目提供参考标准且更加便于学习掌握施工经验。

3）应用问题

为了进行虚拟建造和 5D 管理，施工模型中的构件对象需要与进度计划中的作业活动相对应而进行细分。模型的细分和模拟过程密切相关，是进行虚拟建造的前提条件。

（1）建筑专业模型细分：按建筑分区；按楼号；按施工缝；按单个楼层或一组楼层；按建筑构件，如外墙、屋顶、楼梯、楼板。

（2）结构专业模型细分：按分区；按楼号；按施工缝；按单个楼层或一组楼层；按建筑构件，如外墙、屋顶、楼梯、楼板。

（3）施工模型与设计模型的区别：设计模型是以建筑构件为基础建立的，并没有考虑到构件的实际施工因素。而这不仅降低了虚拟建造在项目管理中的精确性，而且影响到 3D 模型与进度计划的链接。施工模型将工艺参数与影响施工的属性联系起来，以反映施工模型与设计模型之间的交互作用。例如一个分块浇筑的混凝土板在浇筑时都需要多个 3D 模型与其对应，而一般而言，在构建 3D 模型时，整个混凝土板是一个 3D 模型。

（4）施工模型的要求：虚拟建造所用模型需要针对施工阶段进行再加工，满足以下三个主要需求：

①满足工程计量的需求。包括：

a. 对重叠部分的几何形体（如混凝土现浇楼板和梁）需要做符合工程量计算规则的约定或处理；

b. 对材质、构件名称、参数名称等的规范化设置。

②满足施工工艺流程的需求。比如，墙体结构层和饰面层的分离；区分现浇部分和预置部分等。

③满足施工活动的需求。对施工场地、临时建筑、大型器械（进出场、使用）等进行建模。

3. 三维渲染

Lumion 可以通过导入 3D 软件创建的模型，增加 3D 模型和材质库，通过电脑进行虚拟场景的漫游。研究中制作的视频实时渲染效果好，可在短暂的时间内能够全面、清晰地展现项目内容，在工程交付时提供更直观、清晰的工程资料和良好的建筑可视化展示效果。

在本研究中，将所创建的建筑、结构、暖通模型通过".dae"文件导入 Lumion 中，选择合适的场景，载入内部模型，对场景进行模拟、美化以及完善场景内容，如增加花草树木、人物、车辆、路灯等。在模型及场景布置完后，对场景中的材质进行修改，以达到真实及美观的效果。进入天气系统，通过调节太阳方位和太阳的高度来控制太阳的亮度及时间段。通过调节云朵的大小和密度来控制云彩，让其更加真实，模拟出一年中的天气和一天中光线的变化，给人最直观的感受。进入视频界面，到漫游窗口，选取一个片段制定行走路径开始漫游。制作视频，根据项目的要求及电脑配置，选择画面的质量并导出视频。附图 A.16 展示的是 Lumion 中渲染的场景图片，附图 A.17 是研究团队结合施工现场进行的对比图。

附图 A.16　Lumion 渲染场景

附图 A.17　2 号学生宿舍现场与三维模型对比

4. 知识管理

知识管理融合现代信息技术，结合现代管理理念，利用在线系统实现对知识的整理分类、检索、共享、传递，形成不断反馈的循环，以此构建一个由量化到质化的知识系统，帮助企业在面对各种问题做出正确的决策，提高企业的工作效率和应变能力。

针对企业关心的如何有效地对隐蔽工程质量进行事前控制问题，可以将 BIM 等信息技术融入 PDCA 循环中，并在循环的每个环节中按照不同类别的隐蔽工程（包括钢筋、给排水、电气管线、基础等分部分项工程）进行具体分析，建立预防为主、纠正为辅的质量信息管理模式。例如对给排水管线的位置布局进行模拟时，施工相关负责人在可视化交底的情况下可以根据以往经验对容易出错的环节或细节提出疑问，比如给水管道的敷设高度、主管位置、支管走向等，并将各种注意事项和解决方法上传至 BIM 5D 平台中，形成初步阶段信息库。在施工过程中，施工员可以对各道工序进行实时跟踪检查。

基于 BIM 模型可在移动设备终端上快速读取，利用智能手机（如 iPhone）、平板电脑（如 iPad）等设备（附图 A.18），随时读取施工作业部位的详细信息和相关施工规范以及工艺标准，检查现场施工是否按照技术交底和要求予以实施、所采用的材料是否经过检查验收的材料以及使用部位是否正确等。若发现有不符合要求的，施工人员第一时间用移动设备拍照记录下来，上传至 BIM 5D 平台，关联模型和信息库，分析是否需要进行整改。若需要，则对比信息库中记录的事项，检查是否相似。若相似程度合理，则可以按照已有的方案进行解决。若吻合程度不符合要求，则需将问题关联到模型中，再次进行施工模拟，寻找解决办法。最后，还需对整改后的现场情况进行记录，以文字加图片的形式将问题、解决方法和整改现状上传至信息库，随工程进展不断累积，充实施工单位解决质量问题的信息资源库。

附图 A.18　知识管理

（五）运维阶段 BIM 技术的应用实践

建设项目运维阶段是指从项目竣工验收交付使用开始到建筑物最终报废的整个周期。因此，项目运维管理是指对整个建筑运营阶段生产和服务的全部管理。主要包括：①空间管理；②设备管理；③物业管理；④应急管理；⑤节能减排管理；等等。传统项目运维阶段一般由建设单位移交给新的物业公司，存在的问题是运维管理的信息保存度低，信息之间出现严重的信息链断裂情况。由此来看，运维阶段的信息化管理正当其时。根据项目课题的需要，结合团队研究方向，构建了运维系统总体构架图，如附图 A.19 所示。运维系统拥有三层架构，底层为数据层，包含了 BIM 模型数据、设施设备参数数据，以及设施设备在运维过程中所产生的运维数据；中间层为系统的功能层，是系统的功能模块，通过三维浏览查看 BIM 模型，单击模型构件可实现对设施设备基础数据、运维数据的查看；最顶层是管理门户，对系统所有业务数据进行整合处理。详细应用功能如下：

1. 空间管理：直观的三维动态建筑空间透视和整体布局展示，可以使业主全面掌握建筑空间使用情况，合理分配功能空间，杜绝空间浪费，确保空间资源最大利用率，满足各用户的空间调整和扩展。

2. 资产管理：大型公共建筑资产设施管理一直较为混乱，台账与实物出入较大。而在 BIM 模型中，建筑内的设备、办公家具等固定资产都可以基于位置进行可视化管理，固定资产在楼层和房间的布局可以多角度显示，使用期限、生产厂家等信息也可即时查阅，通过 RFID 标签标识资产状态，还可实现自动化管理，不再依赖纸质台账。

3. 维护管理（附图 A.20）：BIM 模型中建筑的水电气暖设备位置及隐蔽管路一目了然，电梯系统、消防系统、视频监控系统还可以动态显示，所有设施可以分专业浏览，单一专业显示的系统视图界面简洁清晰，维护人员对于设备的位置十分清楚，设备定位快速准确。BIM 承载着丰富的设备台帐信息，设备说明书、生产日期、生产厂商、使用年限等可随时调用，无须再翻找纸介的原始图纸、合同等资料。在系统中制订维护计划，系统会自动提醒启动设备维护流程，也可做出故障预判，降低设备突发故障次数，大大提高维护效率，降低维护成本。

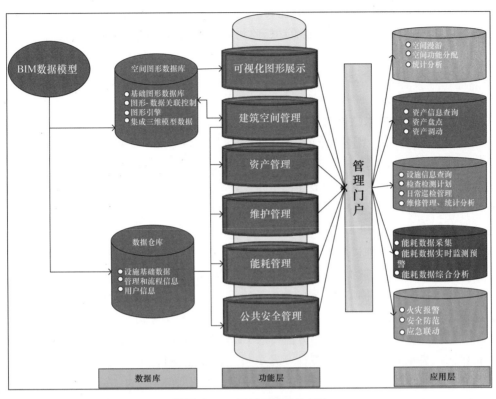

附图 A.19　运维系统总体架构

附图 A.20　EcoDomus 运维管理

4. 能耗管理：大型公用建筑是能耗大户。将通过各类传感器、智能仪表采集到的能耗数据可以接入 BIM 模型，实现能源动态监测，记录的历史数据可以作为能耗分析比对的基础，对异常能耗进行调整优化。

5. 公共安全管理：通过软件统一对建筑物内的设备进行综合监控，包括楼宇自控系统（BAS）、消防系统、视频监控系统（CCTV）、地下停车系统、门禁系统等子系统，实现建筑物空调、给排水、供电、防火等设备运行状态的实时监控和预警。安防系统可以利用 BIM 三维空间模拟调整监控摄像机监控区域，调整布局，防止监控死角产生。利用 BIM 模型的立体直观特点，可以进行火灾逃生演练培训，发生灾害后指挥人员疏散，也可以提供被困人员位置信息和最佳逃生路径，减少灾害造成的人员和财产损失。

结合大型建筑运维管理目标需求，在项目设计阶段和施工阶段就应将后期运维需求考虑进去，以充分发挥基于 BIM 技术的大型建筑运维管理系统的优势，其具体实施方案为：

第一，运维单位在项目设计阶段就开始介入，并组织对项目运维管理需求进行调研。

第二，对调研结果进行统计、分类，并由 BIM 及系统设计专业人员总结归纳出两个关键内容：①BIM 模型中所需体现的相应运维管理信息，同时在建模深度中进行补充说明；②设计的运维管理系统中需实现的运维管理功能，作为系统设计和开发的核心依据。

第三，在项目实施过程中，一方面要求 BIM 模型构建单位严格按照项目运维管理需求进行建模，另一方面要求系统设计开发单位严格按照项目运维管理功能需求进行系统设计与开发，对相关系统用户进行系统操作使用培训。

第四，运维管理系统投入使用后，系统操作人员通过系统相应功能模块对提交的 BIM 模型进行处理，以处理后的 BIM 模型为依托实现对大型公共建筑的综合信息、空间优化、维护维修、设备运行状态监测与控制、结构健康监测、能耗评估以及灾害模拟与应急决策等方面的管理，提高运维阶段的工作效率和信息化管理水平。技术路线如附图 A.21 所示。

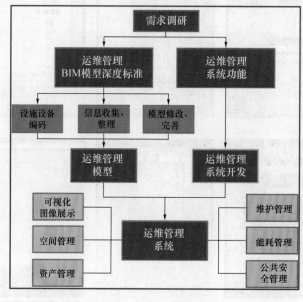

附图 A.21　技术路线

信永中和（北京）国际工程管理咨询有限公司总经理李淑敏点评意见

本案例为校区拆除重建项目，进行了设计阶段、施工阶段和运维阶段的 BIM 全过程实践研究，尤其是 BIM 模型跨专业碰撞检查的实践内容比较扎实，为建设方的成本管控具有很大价值。

在项目前期阶段，基于 BIM 和造价的历史数据，数据分析平台可以根据事前定义的指标体系，例如建筑类型、结构类型、地上地下建筑面积分布、建筑层数、抗震等级、装饰要求等参数进行指标分析，然后按照新建项目的参数输入进行比较准确的投资估算，此模式是行业未来的优化方向。

设计阶段建筑领域比较流行的全专业三维建模软件有 Autodesk Revit、Bentley Microstation 等，Tekla 为钢结构深化软件；基于 BIM 建模软件的协同平台有 BIM 360、Revit Server、ProjectWise 等，其中基于 Revit 的多人协同技术采用的是工作集管理和链接管理等方法。

本案例详细介绍了 P-BIM 协同平台如何通过统一接口格式的文件实现 Archicad 建筑建模、PKPM 结构建模、鸿业机电建模等软件间的数据传递；每个建模软件接收数据传递后在自身软件内部再重建其他专业模型。统一数据接口格式是软件间进行数据传递的基础。IFC 标准的实质是多软件间的数据接口，国外各大软件厂商在保留自身软件特有内容和数据格式的基础上，统一了软件间的数据交换标准。

本项目施工阶段 BIM 应用进行了碰撞检查、施工模拟、三维渲染以及知识管理等方面的研究和实践。完成各专业模型创建的同时，利用 BIM 模型的可视性特点，使各项目参与单位直观地了解设计成果，并检查设计成果的可行性，提前发现设计问题，协调设计在施工前解决。这些工作也可以理解为设计阶段的 BIM 应用，提前发现错、漏、碰撞问题，在施工前验证和校核设计成果，辅助设计成果的优化，避免和减少施工期间的变更签证，以此帮助建设方控制投资，降低项目风险。

基于 BIM 的精细化管理在目前的部分障碍是施工图设计成果（尤其是机电部分）空间深度不够，以 BIM 模型反映的设计成果需要以深化设计为基础，并由安装人员确认和用在实处。本项目实践分析碰撞的主要原因是"设计施工模型的时候尚未绘制出穿越楼板面、墙面、梁面的套管。如果提前制定并改进施工方案，这部分的碰撞检测结果显示的碰撞次数将会大大减少"，这是大多数项目开展 BIM 时的共同特征。在基于 BIM 的精细化管理大趋势下，未来可能会发生设计成果深度在项目周期时间线上的调整和深化设计在行业内分工的变化。

本案例在施工模拟中反映的应用问题比较客观，BIM 项目需要起始阶段制定管理标准和技术标准，体现了 BIM 项目标准管理的重要性。

总体来说，本案例通过 BIM 在建筑全生命周期各阶段的应用的详细介绍，完整体现了 BIM 如何发挥控制项目风险、降低项目成本、提高管理效率等价值，很好地为行业进行 BIM 全过程应用提供了参考。

二、全过程工程咨询项目的 BIM 应用实施案例

四川良友建设咨询有限公司

(一) 项目概况

1. 基本信息

建设工程项目为青羊区苏坡街道办事处万家湾社区 6 组、培风社区 10 组、文家街道红碾社区 1 组和 7 组新建商业用房及附属设施项目（青羊总部经济基地），位于成都市青羊区。本项目为商业综合体建筑，总建筑面积约 51 万 m²，地上 16/18 层，地下 2 层。地上底部 2 层商业裙楼为商铺、展示厅等；其余塔楼部分为办公区、酒店、公寓等；地下室为地下车库、下沉商场及设备机房等。

本项目分两期建设，一期建筑面积约 16 万 m²，建筑装配率为 30%，合同工期为 17 个月，目前一期已竣工验收；二期建筑面积约 35 万 m²，建筑装配率为 31%，分两个标段进行施工，合同工期均为 21 个月，目前二期已进入主体施工阶段（附图 A.22）。

附图 A.22　建筑整体效果图

2. 项目总体目标

本项目是建设规模较大的商业综合体项目，周边交通便利，为成都市青羊区重点建设项目。在项目的全生命周期中，通过应用 BIM、LOT、互联网等信息化技术，实现项目的精益建设管理、智慧运维，力争将项目打造为成都市具有代表性的智慧园区。

(二) 项目咨询服务概况

1. 项目咨询模式：全过程工程咨询服务模式。

2. 咨询范围：咨询范围包括建筑主体部分、总平面、景观及配套设施的建设工程全专业、全生命周期的全过程工程咨询（包括监理、造价及 BIM 咨询）服务。

---

3. 咨询阶段：项目建设实施全过程。

4. 项目实施组织架构和全过程咨询组织架构

1）项目实施组织架构

建设单位负责对项目的全生命周期进行总策划，建设期主要由全过程咨询单位协助业主对项目的工程建设进行决策、管理，形成项目的决策管理职能层；决策层指挥、协调、管理其他各参建单位来共同完成项目的建设目标，这些项目的实际参建实施者形成项目的实施层；要实现"精益建设管理、智慧运维"的项目目标，需通过搭建一个项目信息协同共享的交流管理平台，为项目所有参建单位提供统一的信息沟通渠道，实现项目信息的实时、高效传递和管理效率的提高，即项目的信息化管理层。管理全过程咨询单位的 BIM 咨询组负责项目全生命周期的信息管理（附图 A.23）。

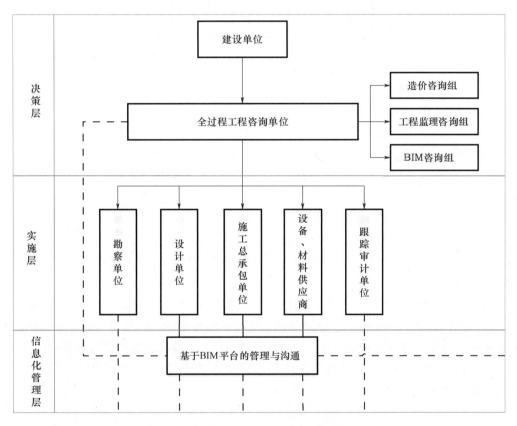

附图 A.23　项目实施组织架构

2）项目全过程工程咨询组织架构

本项目由四川良友建设咨询有限公司（下文简称四川良友）提供全过程工程咨询服务。四川良友是一家具备相关资质和咨询能力的单位，为项目决策、实施（设计、发承包、实施、竣工）和运营阶段持续提供工程监理、造价、BIM 咨询及全过程工程咨询解决方案和管理服务。项目咨询服务实施组织架构见附图 A.24。

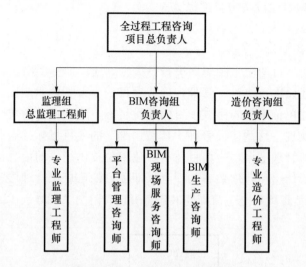

附图 A. 24 项目全过程咨询架构

（三）项目 BIM 应用实施规划

全过程工程咨询项目总负责人编制了《项目全过程工程咨询实施规划》，在此基础上 BIM 咨询组负责人对 BIM 咨询部分内容进行了细化，进一步编制了《项目 BIM 应用实施规划》，对项目 BIM 技术应用实施概况、BIM 应用技术标准、项目 BIM 实施管理保障制度做了详细规定。

1. 项目 BIM 技术应用实施概况

1）项目 BIM 咨询目标

项目各参建单位的工作均围绕项目总体目标开展。本项目应用 BIM 技术，旨在实现以下目标：

（1）将 BIM 技术视作先进的项目管理工作，提高项目的信息化水平和管理效率；

（2）在建筑全生命周期应用 BIM 技术，为项目各个阶段各参与单位的工作提供先进的技术解决方案，并提取有效信息，为项目管理、使用运维和决策提供数据基础；

（3）通过 BIM 技术为项目各参建单位提供 BIM 协同管理平台，提高项目的沟通、协调、管理效率，增大项目社会、经济收益。

2）各参建单位 BIM 应用实施职能分工

BIM 咨询作为全过程工程咨询服务内容之一。项目的 BIM 应用实施由业主牵头，全过程工程咨询项目总负责人进行整体策划。在项目的 BIM 应用实施过程中，BIM 咨询组主要负责本项目 BIM 工作的策划与实施，应用 BIM 技术为建设单位的项目信息化管理提供决策依据，编制本项目的 BIM 实施导则和 BIM 技术标准，为各参建单位的 BIM 工作进行指导、培训、支持，协助业主审核、考核各参建单位的 BIM 实施和工作成果。项目各参建单位 BIM 应用实施职能分工见附表 A. 8。

附表 A.8　项目各参建单位 BIM 应用实施职能分工

序号	职能层级	参建单位	职能分工	人员配置
1	决策层	建设单位	• 对本项目的 BIM 实施提出具体需求； • 审定本项目 BIM 实施方案、BIM 有关技术标准和工作流程； • 接收通过审查的 BIM 交付模型和成果档案； • 督促运行 BIM 技术应用的组织管理体系	
2		全过程工程咨询单位	• 根据业主方需求，成立 BIM 咨询组； • 根据项目的过程需求和应用条件进行一体化动态 BIM 管理； • 基于 BIM 技术信息平台，实现数据共享和信息化管理	BIM 咨询组
3	实施层	勘察、设计单位	• 建立基于 BIM 的工程勘察流程与工作模式； • 配置 BIM 人员同步组织设计阶段 BIM 的实施工作； • 完成本项目设计阶段的 BIM 建模及应用，并通过模型评审； • 确保成果符合实施方案规定的模型深度及建模标准要求； • 使用 BIM 技术与项目各参建单位进行设计交底并指导项目建设实施	勘察/设计 BIM 负责人
4		施工单位	• 配置 BIM 人员同步组织实施阶段 BIM 的实施工作； • 模型成果通过模型评审，确保符合实施方案规定的模型深度及建模标准要求； • 对分包进行管理； • 确保分包单位根据合同确定的工作内容，协调校核各自的施工建筑信息模型，将各自的交付模型整合到施工总承包的施工 BIM 交付模型中	施工总承包单位 BIM 负责人
5		跟踪审计单位	• 配置 BIM 人员同步组织跟踪审计单位的 BIM 实施工作； • 根据 BIM 实施方案，完成全过程相关工作和信息录入，服从全过程工程咨询单位的 BIM 应用实施管理	审计单位 BIM 负责人
6		设备、材料供应商	• 配置 BIM 人员同步组织供应商的 BIM 实施工作； • 根据 BIM 实施方案，完成全过程相关工作和信息录入，服从全过程工程咨询单位的 BIM 应用实施管理	供应商单位 BIM 负责人

2. 项目 BIM 应用技术标准

为保证项目信息能够在工程全生命周期各阶段、各参建单位流畅、有序传递，制定了一套 BIM 应用技术标准，包括项目管理信息标准、数据交互标准、模型创建标准、协同管理平台应用标准、成果交付和审核标准。

1) 项目管理信息标准

为达到项目精益建造管理、智慧运维目的，有效信息的采集、存储、处理、分析和应用是关键，因此在项目运行过程中，制定了通过 BIM 技术采集的项目管理信息标准。项目管理信息采集一览表见附表 A.9。

附表 A.9　项目 BIM 集成管理信息一览表

序号	工程阶段	项目 BIM 管理信息	内容	意义
1	设计阶段	工程勘察数据信息	地形数据、地下水信息、岩土参数、地基等级	充分发挥 BIM 技术设计参数化、模拟优化动态多维等方面的优势，尽可能满足施工要求，实现"照图施工"
2		各专业设计信息	建筑外观形状、各专业二维图纸信息	
3		项目各项指标信息	技术经济指标、绿色建筑设计、装配式设计指标	
4		设计概算信息	工程量、定额、材料设备选型及价格	
5		模型错漏碰撞信息	各专业模型碰撞信息、管线碰撞检测信息、优化后的各专业模型信息等	
6		建筑物内部竖向净高	机电管道、结构梁、顶棚设置等	
7		建筑物空间布置信息	建筑物整体布局、重要场所布置、设计效果	
8	招投标阶段	BIM 模型三维算量	模型实物工程量、工程量清单	通过 BIM 技术编制工程量清单、招标控制价，使成本处于受控状态
9	施工实施阶段	施工场地布局方案	办公与生活临时设施、生活加工区、机械设备位置、场地临时道路、水、电等管线的布置要求	贯彻设计意图，在确保工程各项目标的前提下，利用 BIM 可视性、可分析性，对施工方案、工艺、进度等进行模拟分析优化，提前发现问题，解决问题，从而指导真实施工
10		施工方案模拟信息	施工组织设计、复杂工艺、工序模拟等	
11		施工工艺模拟信息	基坑土方开挖模拟信息、复杂钢筋节点、顶棚施工模拟等	
12		施工进度控制信息	施工进度计划编制信息、进度计划调整信息、施工动态信息	
13		施工成本控制信息	阶段工程量统计表信息、进度支付报告单信息、变更、签证等单据信息、索赔管理报告信息、三算对比信息	
14		质量与安全管理信息	质量检查记录、工程质量检验评定、安全措施、安全检查、危险源等	
15		物料管理信息	物资采购信息、厂家参数	
16		合同及资料管理信息	索赔与反索赔记录、文档档案资料	
17		施工过程数据	施工记录、施工管理、技术资料	
18		项目竣工验收信息	单位工程竣工质量核定表、竣工验收证明书	
19		项目竣工结算信息	竣工结算报告、竣工结算资料	

续表

序号	工程阶段	项目 BIM 管理信息	内容	意义
20	运维阶段	建筑设备设施信息	设备设施基本规格、尺寸、参数、型号、规模参数、设备设施维护计划	该阶段的目的是管理建筑设施设备、保证建筑的功能、性能满足正常使用
21		建筑空间信息	照明、消防等各系统和设备空间位置信息、外部绿化、车辆管理信息	
22		建筑资产信息	资产报表、资产财务报告、资产更新替换记录	
23		建筑应急模拟	事前模拟、事中监控、事后响应	
24		能源数据信息	设备能耗使用计划、动态报表	

2）其他标准

项目 BIM 应用实施的数据交互标准、模型创建标准、成果交付均是依照国家和四川省/成都市标准、规范，并结合企业标准制定的。本项目在设计、施工实施阶段分别采用 Revizto、广联达 BIM 5D 平台，因此项目主要针对这两个平台制定了协同管理平台应用标准，包括平台应用各方职责分工、资料归档标准、应用流程标准等。

3. 项目 BIM 实施管理保障制度

为保障项目 BIM 应用的有效实施和应用效果，制订了一系列项目 BIM 实施管理制度，包括 BIM 应用实施流程、工作计划、技术培训、BIM 专题会议、应用效果考核制度。

1）BIM 应用实施流程

BIM 应用实施流程制度的制定，可保障项目实施工作的有序开展。BIM 应用实施流程制度分别对实施总流程和分阶段流程进行了规定（附图 A.25～附图 A.29）。

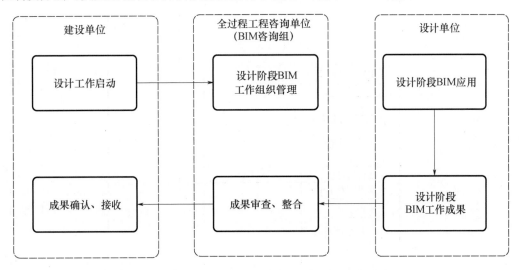

附图 A.25　设计阶段 BIM 应用实施流程

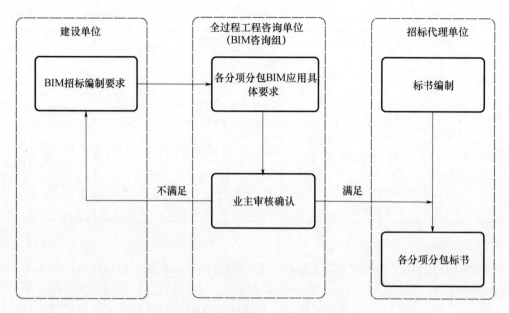

附图 A.26　招标阶段 BIM 应用实施流程

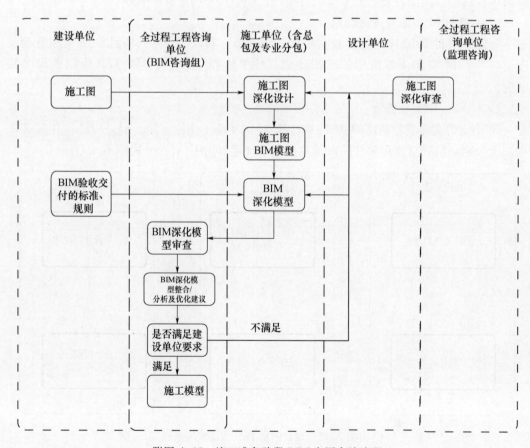

附图 A.27　施工准备阶段 BIM 应用实施流程

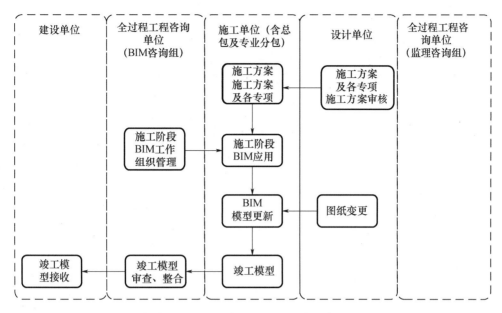

附图 A.28　施工实施阶段 BIM 应用实施流程

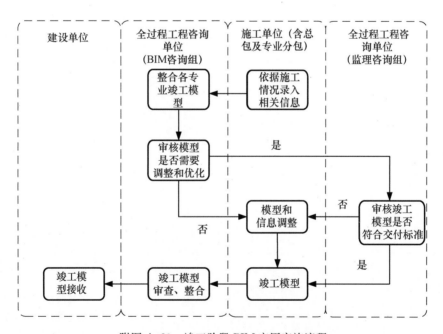

附图 A.29　竣工阶段 BIM 应用实施流程

2）各参建单位 BIM 应用考核

（1）考核方式

每月 25 日由设计、施工等参建单位汇报当月 BIM 工作情况，由考核小组全体成员按照考核标准表格进行评分。所有得分汇总后取平均值作为施工单位当月 BIM 工作考评得分。

（2）考核标准

BIM 咨询组协助建设单位对设计单位、施工单位等其他各参建单位的 BIM 人员到位情况、BIM 协助平台资料上传情况、BIM 工作流程审批、BIM 5D 平台使用、BIM 工作成效、BIM 指令执行等方面进行月考核。以对施工单位 BIM 工作考核标准为例，见附表 A.10。

附表 A.10　施工单位 BIM 工作考核标准

序号	考核项目	考核内容	该项总分	当月得分	备注
1	BIM 人员到岗情况	单位 BIM 负责人、BIM 联系人及 BIM 专职人员需按照业主单位要求于每日上午、下午规定时段于"协筑"平台打卡签到，旨在落实每日需处理流程	10 分		具体考核方式将以每日发布任务形式，于中午 12：00～晚上 12：00 间任务签到考核，未签到一次扣除 1 分，未在规定时间签到 2 次记作 1 次未签到，未签到一次扣除 1 分，该项考核不设扣分上限，扣完该项总分后，累计到总得分进行计算
2	BIM 协助平台资料上传情况	施工进度计划、施工周报、措施方案、专项方案、安全管理、质量管理、BIM 周报、BIM 成果	20 分		施工单位于每周六将相关资料台账发监理核实，转由咨询单位与平台上传资料进行核实。资料上传内容为已产生文件，每缺少一项扣 2 分，该项考核不设扣分上限，扣完该项总分后，累计到总得分进行计算
3	BIM 工作流程审批	BIM 工作流程审批：流程发起人根据工作要求，发起相关流程审批工作，并提出审批时间，审批人复核审批文件及发起人提出的时间后回复审批文件及审批时间是否符合要求。审批人自收到审批流程后 2d 内做回复。不符合退回审流程发起人，若符合则应在审查时间内完成审批	10 分		根据 BIM 协同平台运维情况报告中第 3 项目协同流程情况，每月按照四周进行加权平均以该系数作为百分数乘以总分（10分）最终结果即为该项最终得分

续表

序号	考核项目	考核内容	该项总分	当月得分	备注
4	BIM 5D平台使用	每天质量检查情况：根据现场发现的问题及整改的回复情况进行打分。监理咨询组发起问题时需明确问题整改时间，施工单位在整改时间内完成问题整改工作后报监理咨询组验收，施工单位申请问题验收由监理咨询组在 2d 内完成验收工作。若无问题时按实际情况上报	30 分		质量总分 10 分，安全总分 10 分，进度总分 10 分；每条路每个月质量得分＝该路每周得分加权平均即每条道路质量、安全、进度管理得分（备注：该项流程将不在 BIM 工作流程审批中进行考核，该项作为独立考核条款）
		每天安全检查情况：根据现场发现的问题及整改的回复情况进行打分。监理咨询组发起问题时需明确问题整改时间，施工单位在整改时间内完成问题整改工作后报监理咨询组验收，施工单位申请问题验收由监理咨询组在 2d 内完成验收工作。若无问题时按实际情况上报			
		每天进度检查情况：根据现场发现的问题及整改的回复情况进行打分。监理咨询组发起问题时需明确问题整改时间，施工单位在整改时间内完成问题整改工作后报监理咨询组验收，施工单位申请问题验收由监理咨询组在 2d 内完成验收工作。若无问题时按实际情况上报			
		进度照度上传情况：施工单位每天根据项目进度情况上传当天现场进度照片			

续表

序号	考核项目	考核内容	该项总分	当月得分	备注
5	BIM 模型维护与更新，应与现场施工进度对应	模型提交时间及内容：施工单位每月 25 日前将本月更新模型交监理及 BIM 咨询组审核，模型审核内容及数量以当月通过验收工作内容作为考核标准	10 分		模型提交时间延迟一天，扣 1 分，累计叠加；模型更新内容及数量根据当月监理验收工作内容及数量进行考核，缺少一项扣 2 分，累计叠加。累计超过 10 分时按实际统计分数扣除
		质量：更新模型应反映设计图纸全部内容并与现场一致。每月最后一周监理例会，BIM 咨询组将更新模型进行汇报展示，监理、设计单位对模型的完整性与一致性进行核对	10 分		监理咨询组复核模型与现场的一致性，根据更新模型与现场的一致性情况进行 0～3 分的考核；设计单位复核模型与图纸的一致性，根据更新模型与图纸的一致性情况进行 0～3 分的考核；BIM 咨询组复合更新模型的模型精度及建模要求等进行 0～4 分考核
6	BIM 工作成效	BIM 当月计划执行情况及当月 BIM 工作成果完成情况	10 分		该项考核将通过多方主体参与，包括设计单位、施工单位、监理咨询组、造价咨询组、BIM 咨询组，将通过统一打分表完成打分，打分标准参见具体打分表，最后得分为 3 家单位加权平均获得
7	总计		100 分		

（3）考核结果应用

BIM 应用合格标准分值为 80 分，当月 BIM 工作考评分数低于合格标准，当月对施工单位按照建设单位相关管理规定/合同执行相关处罚。

（四）BIM 应用实施

1. 全过程 BIM 实施应用点及成果

本项目在全过程工程咨询模式下进行 BIM 技术全过程应用实施，主要的项目 BIM 实施应用见附表 A.11。

附表 A. 11 项目 BIM 实施应用果一览表

序号	阶段划分	基本应用
1	设计阶段	图纸问题核查
2		BIM 模型创建
3		三维碰撞检查
4		管线综合优化
5		空间分析优化
6		虚拟仿真漫游
7	招标阶段	工程量统计
8		工程量及清单分析
9		协助招标文件编制
10	施工准备阶段	BIM 技术应用培训
11		管理协同平台搭建
12		施工场地布置模拟
13		三维图纸会审答疑
14		施工过程模型创建
15		专项方案模拟审查
16		预制构件加工
17	竣工阶段	施工驻场配合
18		模型更新深化
19		工程质量管理
20		工程进度管理
21		项目投资控制
22		工程安全管理
23		建造信息管理
24		竣工模型创建
25		运维方案编制

2. 设计阶段 BIM 应用实施

设计阶段对项目投资的影响最大，因此要对图纸质量进行严格把关。随着设计工作的推动，BIM 应用也随之展开。方案设计阶段，通过对建筑设计整体效果和精装修设计效果进行动画模拟及 VR 效果展示，虚拟直观呈现设计方案，对设计方案的合理性、设计意图、设计效果进行验证和优化；施工图纸设计阶段，通过建立全专业模型进行碰撞检查、设计问题查找、设计优化、管线综合优化及净高分析。

本项目设计阶段的应用均属常规应用，但在此基础上对一些应用点进行深化，挖掘更大的应用价值。

1）基于设计优化的经济价值测算

首先采用设计协同管理平台对构件碰撞、图纸问题进行分类统计（附图 A.30、附图 A.31 和附表 A.12、附表 A.13）。

附图 A.30　精装效果 VR 展示

附图 A.31　项目全专业设计模型（依次为建筑、结构、预制构件、机电模型图）

附表 A.12　设计图纸问题分类

问题分类	问题等级
Ⅰ　违反国家相关规范条文	1. 非常困难
Ⅱ　专业设计冲突	2. 比较困难
Ⅲ　图面显性问题	3. 一般困难

附表 A.13　设计碰撞、问题分类统计结果

序号	问题描述	问题数量（个）	比率（%）
1	净高不足，影响空间使用功能	25	11.0
2	墙体、楼板预留洞口与管线冲突	48	21.2
3	管道安装、检修空间不足	59	26.0

续表

序号	问题描述	问题数量（个）	比率（%）
4	非原则性综合专业冲突	34	15.0
5	各专业尺寸标注不明确或缺失	35	15.4
6	标准错漏，平、立、剖、详图不匹配	26	11.4
合计		227	100

其次，根据问题分类从造价角度对碰撞点、问题和优化建议以及对后期施工造成的直接成本影响及潜在风险进行可量化和非量化价值分析，结果见附图 A.32 和附图 A.33。

土建专业									
序号	经济价值点	BIM 发现问题数量		单位	计价原则	综合单价	工程造价		
		地上	地下				地上	地下	
9	设计错误	结构墙未开洞（增加开洞） 10	7	处	1. 新增洞口的开凿； 2. 工程量：混凝土为 2m³/个，模板为 11.67m²/个，钢筋为 0.546t/个	11160 元/处	111600	78120	
10		结构荷载不够，需增加结构墙厚度 15	13	处	1. 原墙体浇筑及拆除、模板安拆； 2. 新建墙体浇筑、模板安拆； 3. 建渣运输费； 4. 工程量：混凝土为 6m³/处，模板为 35.01m²/处，钢筋为 1.638t/处	35240 元/处	528600	458120	
11		地下室结构柱缺少独立基础 2	8	处	1. 新增独立基础新建及模板安拆； 2. 工程量：混凝土为 4.5m³/个，模板为 26.26m²/个，钢筋为 1.23t/个	23700 元/处	47400	189600	

附图 A.32　设计优化可量化经济价值分析成果

价值点	价值体现
质量安全问题实时跟踪反馈	1. 杜绝问题遗留影响后续工序开展； 2. 确保工程质量安全可控； 3. 权责明晰，可追诉性强
设计问题在线反馈及时解决	1. 施工问题得到及时解决； 2. 各方权责明晰； 3. 问题解决痕迹明显，可查
人、材、机数据信息及时采集	1. 对现场物资配备情况实时查询； 2. 为工期控制提供信息支持
为现场各类问题协调提供各种信息及证据	1. 规避现场各类非甲方原因而导制的索赔风险； 2. 为现场可能发生的潜在风险提供甲方免责证据
施工现场监控透明化	1. 施工现场各类问题的处理变得更为透明化； 2. 减少参建各方徇私舞弊的操作空间

附图 A.33　设计优化非量化价值分析成果

设计阶段对设计优化进行细致的经济价值测算，有利于引起建设单位对图纸质量的重视，加强对设计图纸质量的管控和对后期施工风险的预警以及防范，为招标清单的精准编制提供了高质量图纸，从而从设计阶段最大限度地对项目投资进行控制。

2）管线综合优化

项目 BIM 的管线综合优化的不同之处主要体现在：

管线综合优化的作业流程上，如附图 A.34 所示。

附图 A.34　管线综合优化流程

附图 A.34 流程中，关键步骤是要建设单位对不同建筑区域的净高、品质及后期使用要求进行充分调研，同时充分考虑施工时的安装、检修空间及综合支吊架的设计。这样能在设计阶段充分发现净高不足区域和施工的不可行性，提前在设计阶段用设计手段解决问题，避免施工过程的设计变更和对建筑使用功能及品质的影响。

同时，通过将各个功能区域的设计净高分析数据提供给精装修设计单位，方便精装设计单位进行顶棚高度和造型设计参考，规避建筑与精装修的设计冲突（附表 A.14 和附图 A.35）。

附表 A.14　建筑净高分析数据

区域		净高要求（m）	设计净高 （优化后最小净高值）（m）
1 号楼标准层	公区走廊	2.70	2.7
	电梯前室	2.70	2.7
	办公区域	2.70	2.85
2 号楼标准层	公区走廊	2.70	2.80
	电梯前室	2.70	2.80
	办公区域	2.70	2.80
3 号楼 1 单元	公区走廊	2.40	2.40
	电梯前室	2.40	2.45
	住宅区域	2.40	2.40
3 号楼 2 单元	公区走廊	2.70	2.70
	电梯前室	2.70	2.70
	办公区域	2.70	2.75

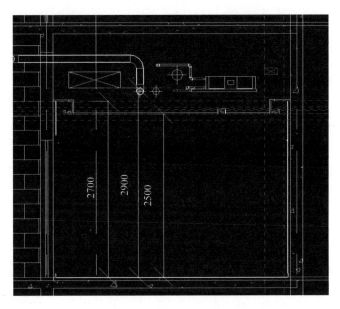

附图 A.35　精装设计方案建议图

3）Revizto 平台在设计阶段的应用

项目在设计阶段应用 Revizto 轻量化协同平台，与设计单位就施工图纸质量进行协同作业，在平台上设置的实施流程见附图 A.36。

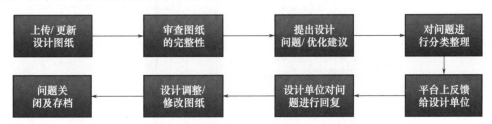

附图 A.36　基于平台的协同作业流程

整个协同作业过程是一个 PDCA 循环。同时，通过前期的《BIM 应用实施规划》培训，明确设计单位的职责及分工，并通过考核标准对设计单位的月度 BIM 配合实施情况进行考核，设计图纸问题的沟通和反馈才能顺利、高效进行，从而有利于全过程工程咨询总控单位以及业主对设计图纸质量及设计进度的把控。

3. 招标阶段 BIM 应用

1）工程量清单对比分析

对清单编制单位编制的工程量清单进行审查，主要包括清单项目的核查（主要是错、漏项以及项目特征描述检查）以及通过 BIM 模型输出主材量与清单相应清单项目的工程量进行对比。本项目通过对编制清单进行审查，共发现错、漏工程量清单项 20 余项和工程量差异在 1% 以上的清单项目 30 余项，通过清单审查分析，最终建设单位决定对项目一期工程增加投资 1420.65 万元。

2）在工程量审核 BIM 应用方面，由于三维算量技术的限制，尚存在以下问题：

（1）通过多项目的三维算量清单项目分析，目前 80％三维算量插件对结构工程量及机电安装主材量的计算结果比较精确，可通过多算对比量差基本控制在 1％以内，但这些工程量清单项目占清单总项目不到 50％。从计算结果的偏差和工作量方面进行分析，其余清单项目的计算主要存在量差在 1％以上或者模型创建的工作量是传统算量软件的数倍；

（2）目前，三维算量与其他传统算量软件（如广联达、斯维尔等算量软件）输出的工程量核查对比，工作量巨大，是传统方式对量时长的 3 倍多（附图 A.37）。

BIM模型与造价模型分部分项工程清单工程量对照表

工程名称：　青羊区苏坡街道办事处万家湾社区6组、培风社区10组、文家街道红碾社区1、7组新建商业用房及附属设施项目-2#栋【建筑与装饰工程】

序号	项目编码	项目名称	项目特征描述	计量单位	造价模型工程量	BIM模型工程量	误差百分比	原因分析	图片实例
1	0104010032987	页岩耐火砖	1、砖品种、规格、强度等级：页岩耐火砖 2、墙体厚度：综合 3、墙体类型：混水墙 4、砂浆种类、强度等级：耐火砂浆，强度满足要求 5、按设计及规范配置的附卡件由投标人在报价中综合考虑 6、其他：满足设计及施工验收规范要求	m3	183.66			1、BIM模型暂时没有绘制构造柱（造价模型构造柱有223m3）；2、BIM模型暂时没有绘制圈梁（造价模型圈梁有145m3）；3、零星构件绘制方法与计算方法不同（BIM模型绘制、造价模型手算）；4、无法区分造价模型砌体墙类型；5、扣除构造柱圈梁后误差在正常范围	
2	0104010042988	页岩多孔砖墙 M5干混砌筑砂浆	1、砖品种、规格、强度等级：页岩多孔砖 2、墙体厚度：综合 3、墙体类型：混水墙 4、砂浆种类、强度等级：M5干混砌筑砂浆 5、按设计及规范配置的页岩实心砖、附卡件由投标人在报价中综合考虑 6、其他：满足设计及施工验收规范要求	m3	1007.24	1632	-21.52475		
3	0104010052989	页岩空心砖墙 M5干混砌筑砂浆	1、砖品种、规格、强度等级：页岩空心砖 2、墙体厚度：综合 3、墙体类型：混水墙 4、砂浆种类、强度等级：M5干混砌筑砂浆 5、按设计及规范配置的附卡件由投标人在报价中综合考虑 6、其他：满足设计及施工验收规范要求	m3	89.816				
6	0104020013584	装配式石膏空心条板隔墙 100mm厚	1、墙体类型：装配式石膏空心条板隔墙 2、隔墙材质、规格、强度等级：石膏空心条板，规格综合 3、墙体厚度：100mm厚 4、装配式石膏空心条板墙包含石膏空心条板、钢构件、钢柱、矩管梁、矩管柱、钢拉结、角钢加固件、螺栓、射钉、扣件等所有内容 5、装配式石膏空心条板隔墙连接预用专业粘结料、灌浆、座浆、接缝处理、板缝修补、二次勾缝、墙体清理及构件运输、吊装、安装、支撑等所有工作内容综合考虑在综合单价中 6、钢构件的油漆、镀锌、防火、防腐处理等综合考虑在综合单价中 7、本项目若需按单位综合化设计，设计必须满足相关规范及施工要求，设计费用及相关费用包含在综合单价中，深化设计增加所有费用，结算时不再调整 8、其他：满足设计及施工验收规范要求	m2	461.04	570	-19.11579	1、1/4-2（右侧）、4/4-C（上方）处预制隔墙楼层为100，造价模型实例为200；2、调整误差数据（136.675m2）后，误差为4%	
7	0104020013584	装配式石膏空心条板隔墙 200mm厚	1、墙体类型：装配式石膏空心条板隔墙 2、隔墙材质、规格、强度等级：石膏空心条板，规格综合 3、墙体厚度：200mm厚 4、装配式石膏空心条板墙包含石膏空心条板、钢构件、钢柱、矩管梁、矩管柱、钢拉结、角钢加固件、螺栓、射钉、扣件等所有内容 5、装配式石膏空心条板隔墙连接预用专业粘结料、灌浆、座浆、接缝处理、板缝修补、二次勾缝、墙体清理及构件运输、吊装、安装、支撑等所有工作内容综合考虑在综合单价中 6、钢构件的油漆、镀锌、防火、防腐处理等综合考虑在综合单价中 7、本项目若需按单位综合化设计，设计必须满足相关规范及施工要求，设计费用及相关费用包含在综合单价中，深化设计增加所有费用，结算时不再调整 8、其他：满足设计及施工验收规范要求	m2	9901.78	9880	0.2204453	正常误差范围！	
60	0108020033046	成品丙级钢质防火门	1、门类型：成品丙级钢质防火门 2、门代号及洞口尺寸：详设计 3、开启方式：综合 4、油漆、门架、拉手、闭门器等五金件及所有相关内容，综合考虑在综合单价中 5、耐火极限满足设计及规范要求 6、其他：满足设计及施工验收规范要求	m2	73.44	69.12	6.25	1、一层4-6（右侧）、4-C位置处，图纸问题造成误差；2、二层电井、桩梯图纸问题；3、扣除差异量误差为零	

附图 A.37　清单工程量对比分析结果

4. 施工过程 BIM 应用

1）施工 BIM 应用实施

本项目的施工方案 BIM 优化应用实施过程中，全过程工程咨询的 BIM 团队在 BIM 施工方案模型创建和动画模拟过程中提供技术培训和支持，施工总包单位结合项目施工方案、施工工艺流程，通过制作专项施工方案模拟、重难点施工方案模拟动画和对相关施工方案关键参数进行计算验证，后由 BIM 团队对成果进行审核，提交监理对施工方案进行审核确认。

本项目主要对施工场地布置、场地扬尘治理规划方案，基坑支护、高大模板、脚手架专项施工方案的可行性进行了 BIM 论证、优化。其中，在高大模板专项施工方案论证时，利用某 BIM 模板计算软件，自动判断危险性大的部位，对照施工组织设计及施工专项方案，对梁支模体系的材料力学负荷、模板悬挑长度、支撑形式等参数进行验算、校核，对施工方案进行全面验证，编制《高大模板专项施工方案 BIM 论证意见书》。后根据监理签字确认的施工方案进行施工模拟视频制作，对现场施工进行三维交底（附图 A.38～附图 A.40）。

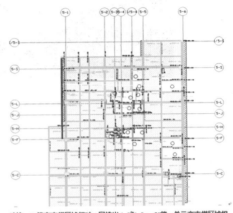

青羊区苏坡街道办事处万家湾社区 6 组、培风社区 10 组、
文家街道红碾社区 1、7 组新建商业用房及附属设施项目
（青羊总部经济基地）一期工程
高大模板专项施工方案 BIM 论证意见书

一、方案建议

1、本方案支撑架体验算主要依据为《建筑施工脚手架安全技术统一标准》（GB51210-2016），建议施工方案编制依据此规范编制，进行支撑体系施工方案设计。

2、计算书中提及的模板、木方力学参数，应有相应材质证明，建议与材质证明及检验报告中的参数一致，否则应根据木材种类查印规范取偏下限值进行保守计算。

3、针对部分悬挑长度不长且超高的梁板建议采用斜撑支架，应对悬挑部位的支撑体系进行工况设计及构造说明。

4、建议增加梁限位施工措施。

5、应急预案中缺失应急救援预案图，应增加。

6、建议考虑高支模的搭设与拆除的施工作业平台布设等相应施工措施。

7、计算书中板模板支架验算中，12mm 厚模板力学参数及小梁截面尺寸、力学参数与梁支模方案所述及梁支模体系材料计算参数不一致。（按）

8、建议增加大梁的侧模计算内容。

根据梁支模体系材料进行复核后，即：

面板类型	覆面木胶合板	面板厚度t(mm)	12
面板抗弯强度设计值[f](N/mm²)	15	面板抗剪强度设计值[τ](N/mm²)	1.5
面板弹性模量E(N/mm²)	5400	面板计算方式	简支梁

建议：2#楼高支模区域相对一层挑出 1.2~1.8m，3#楼一单元高支模区域相对一层挑出 0.6m，挑出长度小，架体高宽比不易满足规范要求，故建议不按高支模考虑，建议采用悬挑斜顶支撑方式进行模板支设，施工方案应考虑与架体的连接、连墙件设置、斜杆底部位置措施及架体稳定性验算，如下图示意：

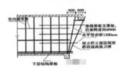

附图 A.38　《高大模板专项施工方案 BIM 论证意见书》

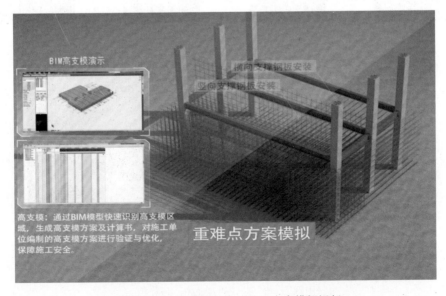

附图 A.39　高大模板专项施工方案模拟视频

附图 A.40　施工方案三维交底

2）施工管理 BIM 应用

施工阶段主要应用广联达 BIM 5D 平台对项目进度、质量安全、投资控制、施工信息等进行管理。

（1）进度管理

在施工开工前，BIM 工程师通过进度计划数据与工程构件的动态关联，直观、动态地模拟施工进度过程，预测施工方案和工艺的可实施性，为多方案的选择提供支持。在工程实施期直观地按照周、月、年的形象展示项目的具体实施情况。通过计划进度与实际进度的对比从而分析出工期偏差和资源消耗情况，发生偏差时 BIM 进度管理系统会自动发出预警。相关人员通过分析偏差原因采取相应的纠偏措施及时进行调整，从而保证项目实际进度与计划进度趋于一致（附图 A.41 和附图 A.42）。

附图 A.41　基于平台的进度管理流程

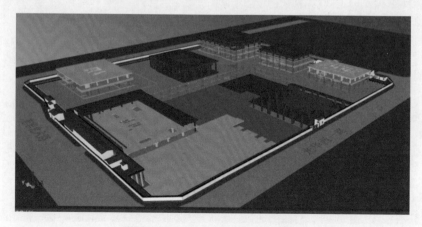

附图 A.42　施工进度 BIM 4D 模拟

在项目实施过程中实时录入实际进度数据，通过项目 4D 施工模拟发现实际进度与计划进度的偏差，通过对偏差原因分析进行施工方案调整，从而保证工程总工期的顺利完成。

（2）质量、安全管理

项目管理人员（监理人员、项目质量安全管理人员等）现场巡视发现质量安全问题，通过手机端进行图纸定位，问题拍照录入，设定整改期限，然后反馈给相关整改责任人。相关责任收到消息后对相应问题进行整改，如未在整改期限内完成整改系统会自动提醒处理。整改完成通过移动端进行拍照回复。发现人员进行整改验收"合格"问题闭合，"不合格"的退回要求重新整改直至验收合格（附图 A.43 和附图 A.44）。

附图 A.43 基于平台的质量、安全管理流程

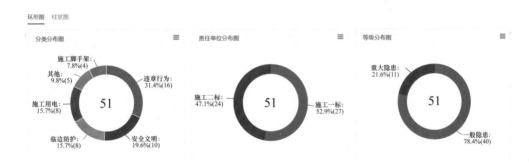

附图 A.44 项目质量、安全管理数据统计分析图

通过 BIM 技术对收集的质量安全问题进行汇总分析，对出现较多的问题进行分析，找出问题所在，加强施工安全与技术交底工作，从而减少类似问题的再次出现。通过手机端 App 的运用能保证问题反馈的及时性、准确性及处理过程的可追溯性，避免工程质量安全问题的发生。

（3）投资控制管理

①辅助施工进度款审核及施工资源管理：将项目的 BIM 模型与现场实际施工进度相关联，创建实际成本 BIM 5D 模型，输出月度实际完成工程量统计表，并将其与施工单位上报的施工进度工程量进行对比分析，用于辅助施工进度款审核。

根据定额对预算成本 BIM 模型输出的工程量清单项目进行人、材、机分解，并依据施工组织计划对 BIM 模型进行施工流水段划分，将工程量清单项目按施工工序、某施工面进行人、材、机分解，编制相应工序或施工面的物资供应计划和资金计划，辅助施工物资采购、制订材料堆场计划及劳务安排等。

②施工成本动态管控：将施工计划进度与 BIM 模型、成本信息相关联创建预算成本 BIM 5D 模型，输出计划工作的预算成本（BCWS）。同时，将合同、消耗、费用等成本信息与实际成本 BIM 5D 模型相关联，输出实际完成工作的实际成本（ACWP）。最后，利用挣得值法将计划工作的预算成本（BCWS）与实际完成工作的实际成本（ACWP）

进行对比，对项目施工进度、成本进行综合分析，发现偏差并及时采取纠偏措施以满足进度和成本计划的要求（附图 A.45）。

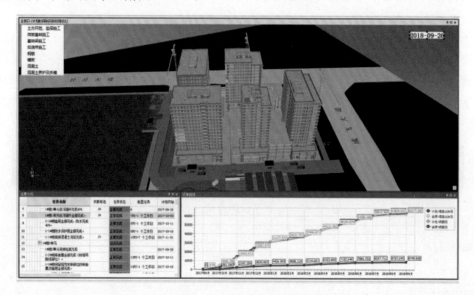

附图 A.45　BIM 5D 模拟成果

（4）项目信息管理

实际工程应用中信息管理主要体现在两个方面：1）工程资料信息。项目的每个阶段都会产生大量的工程资料，涉及很多工程资料的查阅。通过创建 BIM 的云平台，建立标准的资料归档目录，然后在施工阶段根据实际情况上传相应资料信息从而使工程资料归档电子化，大大提高资料的管理和查询效率。2）模型信息。传统的施工图纸不能直接反映构件的详细参数信息。而通过 BIM 模型可直接在模型视图上查看某块构件的具体参数（如混凝土的强度、标高、尺寸、变更信息等）。

通过相应数据的录入能准确实现后期实时查看与调取，并保证资料的及时性、完整性、可追溯性，为施工复核及后期运维提供技术上的保障（附图 A.46）。

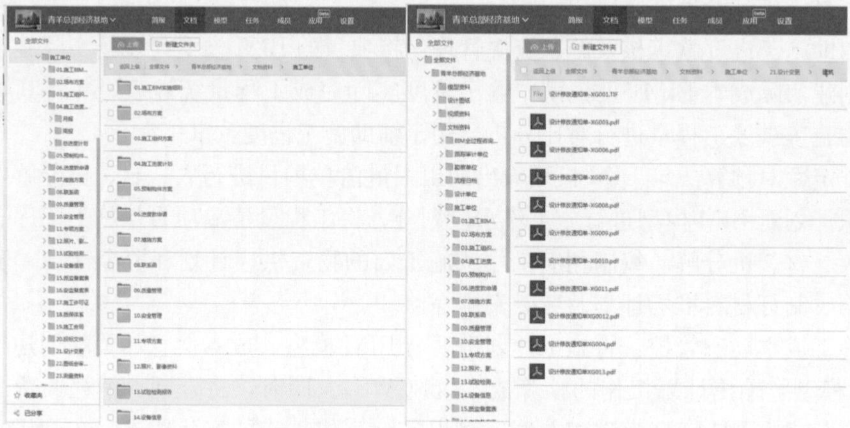

附图 A.46　平台资料管理图

5. BIM 运维管理应用实施

BIM 模型作为信息的载体，主要为运维管理提供三维可视化图形及与建筑运营维护相关的信息。为实现项目智慧运维的目标，由建设单位主导，全过程工程咨询单位在建设期围绕建筑后期的运维管理工作对各参建单位进行协调、指挥和管理。本项目的运维管理工作内容如下：

1）项目前期：（1）对项目的运营维护需求进行充分调研；（2）编制项目的《全生命周期的运维实施方案》，对运维实施的目的、组织架构、职能分工、技术路线、运维系统的开发方案、运维信息采集、应用标准等做了详细规划；

2）工程建设期：（1）运维系统开发单位：根据项目运维管理功能需求进行系统设计与开发；（2）其他参建单位：设计单位对满足后期运维管理需求的物理环境（如弱电、智能建筑系统等）、建筑布局等进行建筑设计；在 BIM 应用实施方面，在建设期依据运维管理的模型及信息需求，不断调整、完善 BIM 模型及对有效的运维信息进行整理；

3）运维阶段：承载运维需求信息的 BIM 模型与运维系统相结合，进行建筑设备、设施管理、空间管理、应急管理、能源消耗管理等。

具体的运营管理实施过程见附图 A.47。

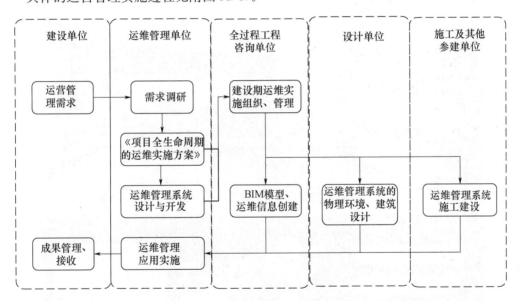

附图 A.47 运营管理实施过程

（五）BIM 应用总结思考

1. 经验推广

1）BIM 实施模式推广

本项目实施的是全过程工程咨询，因此在项目前期，总牵头单位对项目管理进行了总体策划，并对 BIM 实施团队进行了清晰定位和职责确定。且就项目的 BIM 应用实施，BIM 团队进行了总策划，其中规定了其他参建单位的职责分工、BIM 应用实施标准、BIM 模型创建标准、平台应用标准及考核标准、保障措施等；招标文件及合同中，对

BIM 的应用实施进行相关条款约定；实施过程中，每一项应用都按实施规划的标准流程进行 PDCA 循环应用，并按照考核标准对职责单位进行严格考核。在整个项目的建设全过程 BIM 应用实施工作中，由建设单位主导，BIM 咨询团队牵头负责，其他参建单位全面参与。这种全过程工程咨询下的 BIM 应用实施模式，保证了以提高项目管理水平为应用目的 BIM 应用实施工作的顺利开展。

2）项目宣传推广

本项目设置了 BIM 应用体验展示厅，利用 BIM 成果驾驶舱和展板的方式对 BIM 应用模式、应用成果及 BIM 5D 平台施工管理数据进行汇总展示，同时提供模拟视频沉浸式 VR 体验。通过展示厅，一方面可以使得项目所有参与人员全面了解 BIM 应用成果和施工现场管理情况，促进 BIM 技术对项目信息化的应用水平和项目管理水平；另一方面，通过这种方式对项目的 BIM 应用模式和内容进行宣传推广，可以提高社会关注，加速项目 BIM 开展模式和效益的推广、孪生和升级（附图 A.48）。

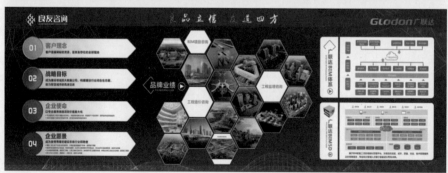

附图 A.48　项目 BIM 应用体验展示厅

2. 总结思考

本项目属于一个全过程工程咨询下的 BIM 应用实施典型案例，将 BIM 技术视为有效的项目管理工具，大大提高了项目的信息化水平和管理效率。现将项目的 BIM 应用实施经验总结为以下两点，供大家参考：

1）全过程工程咨询服务下的 BIM 工作开展方式：以项目的 BIM 咨询工作为线索，建设单位提出应用需求、要求和目标，同时主导全过程，全过程工程咨询单位对项目不同咨询服务内容进行统一策划、协调、管理，BIM 咨询组组织、管理、考核项目全过程各参建单位的 BIM 工作；

2）BIM 技术的应用实施成效：主要体现在两方面（1）通过 BIM 技术，为项目各方工作提供高效的技术解决方案；（2）通过 BIM 平台的应用，不仅保证了各参建单位间信息的共享和实施传递，同时对项目运行过程的有效信息进行采集，形成数据样本，随着海量数据样本的累积，可以进行建筑大数据分析和数据应用，用于项目决策、建设、运维的建筑全生命周期管理。

上海申元工程投资咨询有限公司董事长刘嘉点评意见

四川良友建设咨询公司对于大型商业地产综合体项目实施 BIM 咨询服务，从设计、施工、管理等各个环节，基于 BIM 技术的数据平台对建设项目全过程各阶段的数据进行统筹协同应用，起到了较好的示范作用。

数字建造的核心是基于 BIM 技术构造的数字化建筑信息底层基础平台，参与项目建设的各方（包括业主、设计、咨询、管理以及施工各方）通过 BIM 平台进行数字化的沟通与交流，以达到建造过程各方的协同，从而提升项目建设的管理能力，提高项目的投资效益。良友咨询在本案中实际担当的是 BIM 总咨询的角色，从项目实施组织构架、应用实施概况、BIM 应用标准以及具体 BIM 咨询模式，通过项目数字孪生，及时动态地发现在设计、招标、造价、施工以及管理上存在的问题。对设计阶段：基于设计优化的经济价值测算、管线综合优化，招标阶段的工程量清单对比分析，施工过程场布、专项施工方案模拟等不同阶段来分享应用点，另外通过 BIM 5D 平台搭载进度管理、质量安全管理、投资动态管理等来展现共享平台应用，基本上实现了基于 BIM 平台的各种软件的数字化应用，总体效果应用不错，但是在造价管理上由于目前的软件还存在缺陷加之设计的深度还达不到应用的水平，因此在全过程造价咨询 BIM 应用方面还需更深入研究。

三、某商业地产项目 BIM 成本管控应用

四川开元工程项目管理咨询有限公司

（一）项目简介

本项目业主为全国知名地产开发商，以住宅及商业项目开发为主，其以精品项目打造及精益化项目管理著名。项目位于 C 市，项目作为大型地产商开发的大型商业项目，在商业项目领域具有非常大的代表性。项目为大型商业综合项目，占地面积约 200 亩，总建筑面积约 50 万 m^2。项目极致化打造建筑、景观、动线和商铺，以多元空间的动态互联，实现多个互动式、个性化、开放灵动的体验场景。其中 BIM 实施区域为地下室和商业裙房，建筑面积共计约 20 万 m^2，其中地下室共计三层，面积合计约 9 万 m^2，裙房

面积合计约 11 万 m²。

项目从开始基础施工至完成消防验收，工期不到 15 个月。此外项目业态非常复杂，可以细分为新兴娱乐、潮流风尚、亲子空间、创意生活、游逛意趣 5 大主要板块。齐全的业态导致项目内部功能复杂，包含大型地下停车场、餐饮娱乐、大型主力店、面积超 5000m² 的室内花园、近 20000m² 的亲子互动空间等。工期紧、功能复杂等因素使项目存在较大的建设风险，对项目设计管理、施工管理及成本管理均提出了非常高的要求。

鉴于本项目边设计-边深化-边施工已成定局，基于集团公司采用 BIM 的总策略，项目所在地城市公司决定在本项目中采用 BIM 技术，辅助开发管理。

本项目属于早批业主驱动型 BIM 项目，与主流精益化管理开发思路相吻合，可以为类似项目 BIM 应用提供比较好的借鉴作用。项目在进行设计、施工、成本控制、供应商选择过程中，均进行了 BIM 工作谈判，明确各自职责和要求。业主方以研发为牵头，设计、造采及工程等主要职能部门均有专人对接和管理 BIM 工作。该项目 BIM 工作成果一方面用于指导项目建设，另一方面形成数据源，用于研发集团层面标准范式，为全面推广 BIM 应用作支撑。

(二) 项目 BIM 应用目标

本项目 BIM 应用目标包含以下三个方面：一是完成主要专业 BIM 正向设计，并形成正向设计方法；二是以 BIM 施工深化指导现场施工；三是以 BIM 技术进行成本管控。

(三) BIM 成本管控理念与成果

本项目属于 BIM 试点项目，业主期望基于此项目 BIM 应用探索在区域范围内推广 BIM 应用。

1. BIM 成本管理理念是逐步强化设计职能，以 BIM 模型为唯一数据源，指导设计、施工的成本管理，其前期方案包含：

从 BIM 设计入手，设计总包单位负责完成 BIM 模型搭建与设计优化（设计分包，如景观、标志等专业模型也由设计总包具体负责统一输出）；造价单位负责 BIM 模型造价信息添加。施工单位负责施工阶段具体的 BIM 应用实施。

根据前期方案，BIM 工作划分成三部分：①设计 BIM，其对应责任主体为设计总包；②造价 BIM，其对应责任主体为造价咨询单位；③施工 BIM，其对应责任主体为施工单位。各部分相对割裂，未能形成有效的连接。根据初期设想，各单位各阶段紧密配合，共同推进 BIM 工作开展。但由于缺乏统一的模型标准和验收传递标准，并且各参与单位水平参差不齐，导致在实际过程中，各单位之间的 BIM 工作开展脱节严重，模型传递混乱，模型唯一性得不到保证，更不能满足实际使用要求，BIM 工作一度陷入僵局。

针对于上述情况，经过多次沟通协调，大家一致确定，为保证 BIM 有序开展，项目需求一个 BIM 总控单位和统一的规范标准。业主决定在现有单位中挑选 BIM 总控单位，综合考虑相对于其他单位，造价咨询单位有全过程介入的特殊性，因此选择造价咨询单位为 BIM 总牵头单位。

在新的模式下，造价 BIM 团队变成 BIM 总牵头单位，除了完成与造价相关的 BIM 工作外，还负责牵头完成 BIM 标准制作，BIM 总进度计划制订，主持每周 BIM 例会的开展以及 BIM 绩效考核。通过每周 BIM 例会，设计、施工总包、分包 BIM 团队向业主及 BIM 总牵头单位进行 BIM 工作汇报，并进行阶段性 BIM 成果验收，输出阶段性唯一模型。经过一段时间工作磨合，BIM 工作逐步进入稳定阶段。

2. 基于此 BIM 模式和理念，本项目主要成果包含：

1）建立基于 BIM 的精益项目管理模式，完成对传统项目管理流程再造；在项目高峰建设阶段，各级管理人员已经认为 BIM 是协调问题的有效手段，并且主动基于 BIM 解决实际问题。

2）完成 BIM 模式下工程计价规则梳理，形成新版的标准清单编号、建模与信息标准表；此部分成果将进一步整理为类似项目开展提供数据支撑。

3）为项目带来管理效率提升和经济节省。现场协调会议时长明显减少，问题周期明显缩短，有效地减轻了管理人员压力。

（四）项目成本管控实践

1. 项目组织

本项目为房地产开发项目，业主组织架构与传统开发项目组织模式相似，与项目建设管理相关的包含研发部、成控部及工程部。业主方的 BIM 由研发牵头实施，成控及工程部配合执行。

在项目层面，BIM 总牵头单位充当联系和协调业主与各参建方的纽带，专职辅助开展本项目整体 BIM 工作的策划、标准制定、模型搭建与优化、实施管理、协调、成果审查、施工过程中各单位 BIM 成果和最终交付竣工模型。其组织架构如附图 A. 49 所示。

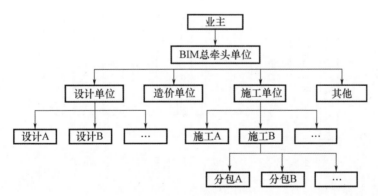

附图 A. 49　项目组织架构

针对于 BIM 成本管控服务团队，即 BIM 总牵头单位。因为 BIM 总牵头单位由造价单位演化而来，因此其组织参考了原造价单位组织模式，并根据 BIM 特殊性进行了相应的调整，其共计划分为 4 个层级，5 个职能。具体如附表 A. 15 及附图 A. 50 所示。

附表 A.15　各层级人员职责

各层级人员职责	
项目负责人	按时优质地领导项目小组完成全部项目工作内容，参与项目实施策划、现场组织与协调，使客户满意，并对整个项目 BIM 实施成果负全责
项目经理	协助项目负责人开展项目管理工作，参与项目实施策划、现场组织与协调，对计划工作进行安排、贯彻、跟踪、落实；协调联合体各单位间的工作开展
管理团队	负责项目 BIM 策划、标准制定，并进行项目运行的协调管理，负责信息和文档管理，现场组织与协调，以及工程量及材料统计审查及提交优化建议。管理团队包含方案、标准编制人员、现场工程师以及造价工程师等
模型团队	按照 BIM 标准建立各专业模型，碰撞检查与综合优化；检查整个施工过程各分包单位的模型；进行施工模型维护，形成竣工模型。模型团队内包含模型负责人、建筑 BIM 工程师、结构 BIM 工程师、机电 BIM 工程师、装饰 BIM 工程师以及幕墙 BIM 工程师等
协同团队	负责协同管理平台的部署、开发工作。BIM 协同团队包含硬件维护工程师、软件维护工程师及数据分析工程师等

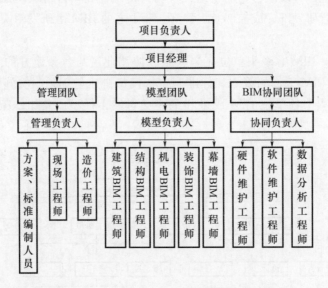

附图 A.50　BIM 成本管控服务团队的组织模式

2. BIM 成本管控过程及核心工作

项目本项目 BIM 成本管控工作主要由造价咨询单位完成，其工作内容包含配合甲方按预定建设周期、质量标准和建造预算，全部完成本项目建设，并完成所有施工合同的工程结算，包括方案设计阶段、初步设计阶段、施工图设计阶段、招标和签约阶段、施工阶段、竣工结算阶段等方面全过程工程造价咨询服务，其具体工作如附表 A.16 所示，根据上述 BIM 成本管控工作内容，形成附图 A.51 所示 BIM 技术应用流程。

附表 A. 16　咨询服务的具体工作内容

编号	项目阶段	工作目标	咨询服务的具体工作内容	完成时间
一	设计阶段	BIM 策划及标准制定	完成 BIM 应用策划，形成《BIM 应用实施方案》，牵头设计、造价及施工单位共同编制本项目 BIM 实施标准，形成《BIM 模型标准及规则》	BIM 工作启动两周内
		协助业主编制整体项目的目标成本	根据甲方提供的方案设计编制整个项目的工程成本投资估算（成本规划）。从成本控制角度对不同阶段设计方案的建造成本进行量化评估和分析，提出降低成本优化建议。审查设计概算并调整投资估算，动态分析和调整整体项目的投资估算，使项目投资总额控制在计划预算内	收图后两周内
		方案评估	根据业主提供的图纸、文件等资料进行针对不同设计方案、设计节点做法、不同材料设备选型的成本分析比较；对比业主的成本控制目标，提出设计优化及综合性成本建议，以使日后完成的施工图设计符合业主的造价控制指标。 根据不同阶段的图纸，更详细地评估项目成本，对整个项目的工程成本预算做出跟进和修改，并向业主提出合理化建议且对各项主要指标限额设计提出专业意见	根据设计进度随时跟进
		支付计划	协助业主制订分期支付计划，并根据业主的要求定期修订施工期间的分期支付计划、资金计划	
		计量规则	综合考虑 BIM 实施应用，提供各工程合同的工程量计算规则和计价原则专业建议，并按业主要求或施工需要做出必要说明	
		BIM 培训	向各参建单位宣传、培训 BIM 方案与规则，统一执行模式	
		BIM 模型审核与信息添加	根据 BIM 实施标准，审核设计团队 BIM 模型，包含模型合规性检查、模型完整性检查以及图纸一致性检查，并根据计量规则，进行 BIM 模型信息添加	
二	招标和签约阶段	图纸会审	基于 BIM 三维可视化协助审查施工图纸的完整性/图纸之间一致性/与成本估算建造标准符合性；以 BIM 碰撞报告的形式提出施工图内存在的影响工程量清单编制的待完善内容，供业主协调设计单位作出澄清回复	
		招标清单	随施工图的逐步深化，分部、分阶段编制完成相关工程的工程量清单；编制完整的清单说明、报价要求；在招标文件条款内协助业主编制完成经济条款文辞修订	

续表

编号	项目阶段	工作目标	咨询服务的具体工作内容	完成时间
二	招标和签约阶段	工程招投标	审查及分析收到的全部投标，并提供造价事项的评标分析报告。必要时，协助业主与投标单位进行议标，以商订合同总价	
		合同签订	整理资料编制所有项目合同的合同文件（包括合同图纸）；协助业主完成各工程合同的谈判、签约	
		招标采购计划	根据项目进度配合业主调整招标采购计划	
		界面划分	进行各参建单位 BIM 界面划分	
三	施工阶段	合同管理	按业主的要求对合同条款的条文规定进行解释。建立和维护合约及成本管理动态资料库和台账。提供反映各工程合同已完部分实际支出及未完部分估算支出的中期财务报告。及时向业主汇报超出预算的情况，并提供相关的分析及建议。及时发现和判断各施工单位的违约情况，合理预见各施工单位可能出现的潜在违约风险，验收时根据收到的质量评定资料计算质量缺陷扣款	根据业主要求
		制订 BIM 施工深化计划	根据现场总进度、界面划分要求，制订施工阶段 BIM 深化及出图计划。并根据计划考核各参建单位实施情况	根据业主要求
		参加例会与 BIM 例会主持	参加业主召开的工程例会，并于会前及会后提供相关的书面回复意见。主持每周 BIM 工作例会，审查各单位 BIM 参与情况，制订下一阶段 BIM 工作计划	根据业主要求
		采购对接	分包招标和采购招标的对接工作	根据业主要求
		动态成本管理	协助业主编制动态成本报表及动态成本报告；汇总各工程合同已签合同金额、已审定洽商变更金额，并预估待签合同金额、待发生洽商金额；提出动态成本控制建议；并出具咨询日志、周报、月报	每天或每月
		变更洽商管理	统筹 BIM 优化与深化，避免因技术原因导致的变更的发生；按原因分类归档所有设计变更、工程洽商等；评估设计变更的经济性和合理性，以提供业主执行变更决策的参考；现场计量并附完整的计量资料，审核施工方报送的变更或洽商，并给出审核意见；跟踪变更洽商的执行情况，并跟踪工程变更之工程指示的发出	根据甲方《工程变更管理办法》
		支付管理	根据各工程合同的支付办法计算相关各期的中期付款建议估值；审核各施工单位报送的进度付款申请；每月汇总月度付款	每月或按合同规定

续表

编号	项目阶段	工作目标	咨询服务的具体工作内容	完成时间
三	施工阶段	索赔与反索赔	在合同安排和招标阶段做出统筹考虑，基于 BIM 进行索赔仲裁，以尽量减少对业主不利的任何索赔机会，从合同上保护业主利益。协助业主审查、评估施工单位提出的索赔，并形成分析建议报告。协助业主对施工单位提出反索赔	
		工程质量管理	根据现行设计规范及施工合同、图纸，对工程做法、隐蔽资料进行独立取证，并分析对成本变动影响	
		其他服务	根据甲方管理办法完成需询价材料价格的确定、新增工程项目综合单价的确定及新技术、新工艺项目综合单价的确定；对重大变更、新技术、新工艺、新材料提供造价分析报告	
四	竣工结算阶段	结算组织与竣工模型制作	根据业主的要求对按合同需进行的所有结算文件进行工程量及单价核对；根据业主的结算程序及相关规定审核总包、各分包工程及材料设备合同的竣工结算书；提供结算审核报告，审核报告的结果必须以业主书面确认为准。以合同为依据，对各施工单位的保修金实施扣留与支付管理。提供竣工模型标准，搜集总包、各分包对应竣工模型，进行整合与调整，形成终版竣工模型	总包工程的结算时间自总包上报结算资料起四个月内，出具结算审核报告及合格的过程资料
		后评价报告	收集项目整体造价资料，编制建安总成本分析，对比前期规划阶段成本控制目标，分析成本控制工作的成败及原因。 对比本项目与同类其他项目的各类造价指标，为业主提供类似经验积累的资料，以便为业主的未来开发项目起到指导作用	
		造价数据库的整理	按照业主要求总结分析造价指标、建筑形体及品控标准等数据	
		其他服务	甲方要求在其服务范围内的其他工作	

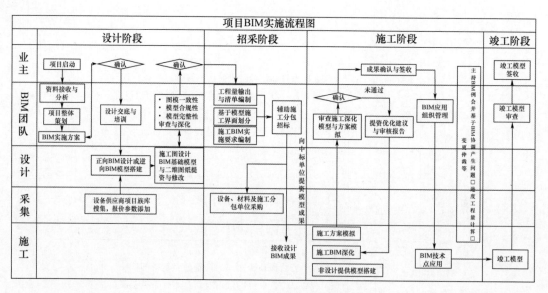

附图 A.51　项目 BIM 实施流程

1）设计阶段 BIM 成本管控

（1）BIM 策划及标准制定

为保证 BIM 技术的应用和实施，模型可以在项目建设各阶段传递，达到一模多用的目的，在项目启动时需进行 BIM 策划及标准制定，此部分工作主要形成两个成果：《BIM 应用实施方案》及《BIM 模型标准及规则》。

①《BIM 应用实施方案》包含以下内容：

a. 项目 BIM 实施流程及组织架构（上文已经表述）。

b. 各参建单位 BIM 责任矩阵（附表 A.17）。

附表 A.17　各参建单位 BIM 责任矩阵

序号	项目阶段	具体工作内容	业主	BIM	设计	业主集采	施工	其他
1	设计阶段	项目 BIM 实施框架建立及策划	审定	策划	执行	—	—	—
2		设计 BIM 模型交付标准建立	审定	编制	配合	—	—	—
3		设备设施族库搜集与提供	组织/审定	配合	配合	执行	—	—
4		设计 BIM 模型制作	组织/审定	配合	执行	—	—	—
5		设计 BIM 模型过程管理及优化建议	审定	执行	配合	—	—	—
6		设计 BIM 模型审核及验收整合	提资/审定	审核	提交	—	—	—
7		基于 BIM 模型进行设计概算	提资/审定	编制	配合	—	—	—

续表

序号	项目阶段	具体工作内容	业主	BIM	设计	业主集采	施工	其他
8	招采阶段	根据合约规划分别编制施工图预算及招标清单	提资/审定	编制	配合	—	—	—
9		基于 BIM 模型招标合同界面划分	审定	执行	配合	—	—	—
10		施工单位 BIM 招标条款编制	参加	编制	配合	—	—	—
11		BIM 模型与招标过程文件合同集成管理	提资	管理	配合	—	—	—
12	施工阶段	编制项目施工阶段 BIM 应用框架体系	审定	编制	—	执行	执行	执行
13		协助各参建单位 BIM 技术应用方案建立	参与	执行	—	执行	执行	执行
14		协助施工前各方图纸会审工作开展	参与	执行	参与	参与	参与	参与
15		项目 BIM 管理平台建设	提资	搭建	使用	使用	使用	使用
16		BIM 模型传递与技术体系培训	确认	培训	参与	接受	接受	接受
17		审查各参与单位 BIM 模型深化及应用情况	确认	审查	—	执行	执行	执行
18		BIM 模型 4D 进度管理	参与	管理	参与	执行	执行	执行
19		基于 BIM 模型和平台的质量安全管理	确认	管理	参与	执行	执行	执行
20		专业模型 3D 交底及现场组织与协调	确认	组织/协调	—	执行	执行	执行
21		辅助变更工程量统计	提资/审定	执行	配合	配合	配合	配合
22		辅助结算工程量统计	提资/审定	执行	配合	配合	配合	配合
23		BIM 施工模型更新维护	确认	维护	执行	执行	执行	执行
24	竣工阶段	竣工模型交付标准编制	审定	编制	—	执行	执行	执行
25		竣工 BIM 资料收集与管理	提资/审定	执行	配合	配合	配合	配合
26		竣工模型创建及信息录入,辅助竣工验收	提资/审定	协助/审查	—	执行	执行	执行
27		竣工模型审查与整合,归档交付	确认	执行	—	配合	配合	配合

　　c. BIM 工作计划及成果提交时间节点。

　　在本项目 BIM 实施之前,业主并没有开展 BIM 工作,相关参与单位对 BIM 的实施能力也较弱。因此在项目初期需根据总工期和里程碑计划制订具备实施性且详细的 BIM

工作计划。基于工作计划督促各参建单位及时完成相关工作。

出于对于商业项目保密性考虑，本文截取部分工作计划供与参考（附表 A.18）：

附表 A.18　工作计划

序号	楼层	平面管线实施时间	设计 BIM 模型移交时间	施工 BIM 模型深化时间	备注
1	B3F	×××年××月××日	×××年××月××日	×××年××月××日	含签字出图完成
2	B2F	×××年××月××日	×××年××月××日	×××年××月××日	2018.7.24 开始做样板
3	B1F	×××年××月××日	×××年××月××日	×××年××月××日	2018.8.8 开始做样板
4	1F	×××年××月××日	×××年××月××日	×××年××月××日	
5	2F	×××年××月××日	×××年××月××日	×××年××月××日	2018.9.4 开始做样板
6	3F	×××年××月××日	×××年××月××日	×××年××月××日	
7	4F	×××年××月××日	×××年××月××日	×××年××月××日	
8	5F	×××年××月××日	×××年××月××日	×××年××月××日	
9	6F	×××年××月××日	×××年××月××日	×××年××月××日	
10	RF	×××年××月××日	×××年××月××日	×××年××月××日	

d. 针对项目就各阶段 BIM 应用点内容及成果描述（上文已经表述）。

e. 预期 BIM 应用目标及保障措施。

目标：完成主要专业 BIM 正向设计，并形成正向设计方法；以 BIM 施工深化指导现场施工；以 BIM 技术进行成本管控。

保障措施：BIM 技术应用作为业主对各参建方主要考核指标，实施优异单位优先考虑入围下一年度战略供应商。

实施方案充分考虑项目类型与特点及目前 BIM 开展现状，旨在通过方案为项目的高效实施和项目目标的实现提供规范性保障。

② 《BIM 模型标准及规则》包含以下内容：

a. 建模构件、精度及信息粒度要求。

出于对商业项目保密性考虑，本文截取部分建模构件要求与参考：

示例：管道：除 DN65 以下的喷淋管外的所有管道建模（含管井内，机房：伸入机房内 1m 处截止），包含材质、管径、坡度、保温标示；管道按不同系统建立族库，并按 BIM 建模标准区分颜色（管道直径按外径建模，管道及配件连接形式与设计图纸一致）。

b. 构件命名规则。

命名作为造价软件对 BIM 模型识别的重要信息参数，需要造价单位与设计单位密切配合完成。出于对于商业项目保密性考虑，本文截取部分构件命名规则供与参考，示例见附表 A.19。

附表 A.19　构件命名规则

构件	编码	构件名称
矩形梁	A040302	LH-S-现浇混凝土矩形梁-矩形梁
		LH-S-现浇混凝土矩形梁-矩形压顶梁

续表

构件	编码	构件名称
异型梁	A040303	LH-S-现浇混凝土异型梁-矩形顶切角梁
		LH-S-现浇混凝土异型梁-T 形梁
		LH-S-现浇混凝土异型梁-竖向加腋梁
		LH-S-现浇混凝土异型梁-水平加腋梁

c. 模型交付及验收规则。

出于对商业项目保密性考虑，本文截取部分模型交付及验收规则供与参考，示例见附表 A.20。

附表 A.20 模型交付及验收规则

验收控制项	主要验收内容
设备房	1）管线按管线综合要求验收外，还应注意吸水母管安装高度、出水管与主管连接是否按要求采用了 R 角，水泵吸水大小头是否采用偏心大小头及大小头安装方向等细部做法； 2）管道附件（如阀门、软接）外形尺寸是否与实物吻合；是否能安装和便于检修、维护； 3）设备基础、减振布置是否符合要求； 4）仪表安装位置是否符合规范要求； 5）所有设备排水是否接至排水沟，是否按要求与排水接入点断开等； 6）支吊架设置是否合理、美观、简单，承重力是否达到要求
设备运输模拟	1）是否所有大型设备均做了运输路线模拟； 2）运输线路是否合理，吊装、转运是否能按模拟实施； 3）设备体积、质量是否与实际相吻合； 4）吊装、运输设备型号和设备选用是否准确； 5）设备运输模拟是否将设备运至设备房内
竣工模型修正	1）是否所有的设计变更均修正在模型上； 2）由现场实际施工与模型有出入的地方，是否进行了模型修改； 3）设备参数是否与现场设备实际参数一致； 4）自控系统是否标示在模型上

无论是设计院、BIM 咨询单位（造价单位）还是施工单位在进行模型创建、修改和验收时，均需要参考本标准执行。

（2）计量规则及清单优化

因为本项目涉及 BIM 工程量计算，因此需要对计量规则及清单进行相应的合理优化。出于对商业项目保密性考虑，本文截取部分优化内容供与参考，示例见附表 A.21。

附表 A.21 清单

设计分类				成本算量分类						建模方式			
一级分类	二级分类	三级分类	四级分类	一级分类	二级分类	算量元件名称	算量元件编码	是否遵循扣减优先级	扣减优先级	建模命令	族类型	使用元件	插入方式
建筑	砌块墙	烧结多孔砖	200	结构	现浇混凝土基础	独立基础	A040103	√	13	墙：建筑	系统族：墙	LH-A-砌块墙-烧结多孔砖-200	标高
		混凝土小型空心砌块	200									LH-A-混凝土小型空心砌块-200	
		蒸压加气混凝土砌块	200									LH-A-蒸压加气混凝土砌块-200	
	内隔墙	轻质条板内隔墙	增强水泥隔墙条板；增强石膏隔墙条板；增强混凝土隔墙条板									LH-A-内隔墙-轻质条板内隔墙-增强水泥隔墙条板	
												LH-A-增强石膏隔墙条板	
												LH-A-增强混凝土隔墙条板	
		轻钢龙骨石膏板隔墙	100										
		玻镁板隔墙	100										
	玻璃隔断	玻璃隔断墙	明框										
		玻璃隔断墙	隐框										
	建筑装饰柱	方柱										LH-A-建筑装饰柱-方柱	
		圆柱										LH-A-建筑装饰柱-圆柱	
		壁柱										LH-A-建筑装饰柱-壁柱	
		塔斯干柱										LH-A-建筑装饰柱-塔斯干柱	
		多立克柱										LH-A-建筑装饰柱-多立克柱	
		爱奥尼柱										LH-A-建筑装饰柱-爱奥尼柱	

续表

| 各阶段模型要求 | | | | | | 各阶段属性要求 | | 3D阶段
信息-研发
勾选 | 4D阶段
信息-成本
勾选 |
3D是否建模	3D阶段模型要求	4D是否建模	4D阶段模型要求	5D是否建模	5D阶段模型要求	参数分组	参数名称		
√	1. 砌体墙底部应在结构板上，顶部应在结构板底或梁底，局部接触梁底的情况无须再向上延伸至板底； 2. 不应将墙体附着在楼板或屋顶底部； 3. 不应使用叠层墙； 4. 不同材质的墙体不应连接	√				材质和装饰	材质		
						分析结果	耐火极限		
				√		材质和装饰	玻璃材质		
							五金材质		
						分析结果	耐火极限		
√						材质和装饰	材质		

（3）BIM 模型审核与信息添加

BIM 总牵头单位根据《BIM 应用实施方案》和《BIM 模型标准及规则》审查土建模型（附图 A.52）和机电模型（附图 A.53）是否达到要求，优化模型质量。模型审查主要从三个方面进行。

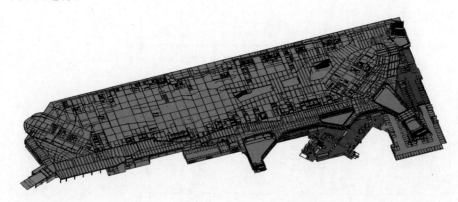

附图 A.52　土建模型

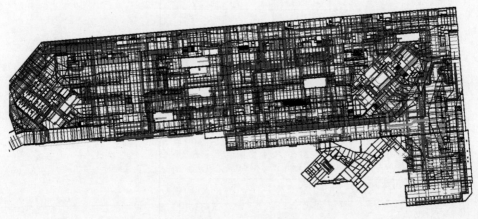

附图 A.53　机电模型

①模型合规性检查：模型命名规则性检查、系统代码应用规范性检查、专业代码应用规范性检查、楼层代码应用规范性检查、模型配色规范性检查、常规建模操作规范性检查、技术措施建模规范性检查、构件参数信息检查、构件编码信息检查。

②模型完整性检查：专业涵盖是否全面；专业内模型装配后各系统是否完整；各层之间空间位置关系是否正确，有无错位、错层、缺失的现象发生；全部专业模型装配后，各专业之间空间定位关系是否正确，有无错位、错层、缺失的情况发生。

③图模一致性检查：在模型中建立平面视口进行切图，与 CAD 设计图进行比较，核查图纸与模型的一致性；核查构件信息是否符合设计、成本算量的需求；核查是否符合模型管控要点。

在完成模型审查后形成《BIM 模型错误报告》（附表 A.22）发与设计 BIM 团队用于

校正错误与修改，并填写《BIM 模型审查要点表》（附表 A. 23）发与业主与设计 BIM 团队，用于绩效考核。

附表 A. 22 BIM 模型错误报告

专业	建筑，结构	模型名称	×××项目 _ CD _ MEP _ B2 ×××项目 _ CD _ STRU _ B2
图纸名称	AC－DXS－P02（负二层平面图）－BD、P05～P08 地下室负一层结构平面布置图（一）～（四）0503		
问题位置	(45－46) (G－H)	涉及专业	建筑，结构
问题描述	B2 层高 3900，建筑图纸中此处为 FJM 特 5525，卷帘盒高度考虑 600 高，考虑建筑面层 70，建筑此处降板 200，卷帘盒顶标高为 2900，此处梁尺寸为 400×800，此处结构降板 200，梁底标高为 2830。梁与卷帘盒发生碰撞		
优化建议	建议将卷帘高度控制到 2400 或将梁高控制到 730 以下		

问题截图

平面图	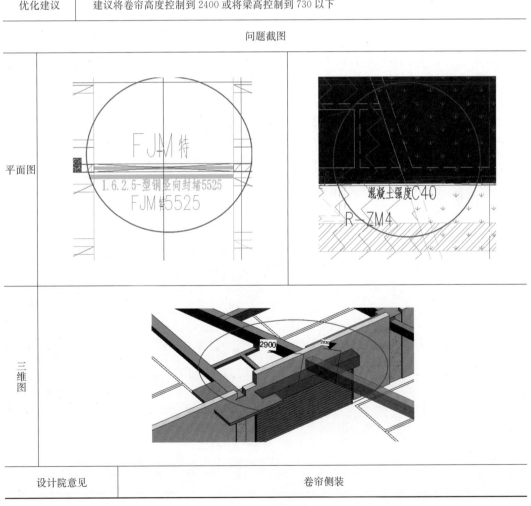
三维图	
设计院意见	卷帘侧装

附表 A.23 BIM 模型审查要点表

序号	审查内容	问题类别	施工图完成情况评定
2.9	排水沟		
2.9.1	排水沟应与集水坑相通	E	□是□否□优化
2.9.2	排水沟长度、位置应能完全满足排水区域位置的分区排水需求	E	□是□否□优化
2.9.3	构造做法结构降板、宽度、深度应与 2D 施工图工程做法一致，且不应和结构专业模型构件重叠交叉	E	□是□否□优化
2.10	集水坑		
2.10.1	集水坑构造、深度、大小应与设计图纸表达一致，且不应与结构模型构件重叠交叉	C	□是□否□优化
2.10.2	降板区域集水坑连接应正确	D	□是□否□优化
2.10.3	集水坑位置、数量应与设计图纸表达一致	E	□是□否□优化
2.10.4	配套盖板大小及盖板材质应与设计图纸表达一致	E	□是□否□优化

在完成模型审查及优化后，需根据清单计价规范进行相应的造价信息添加及模型调整。此部分工作通过 BIM 插件与人工辅助并行完成。

出于对于商业项目保密性考虑，本文截取部分造价倒模信息供与参考，示例见附表A.24。

附表 A.24 造价倒模信息

清单编码	清单名称	计量单位	项目特征	工程量计算规则	计算公式	清单父编码	算量类型
A2202	管道附件					A22	
A220201	阀门					A2202	AZ_JPS_GDFJ
A220201001	阀门	个	族名称；材质；规格；压力等级；连接形式	按设计图示数量计算	GS	A220201	
A220202	管件					A2202	AZ_JPS_GDFJ
A220202001	管件	个	类型；材质；规格；压力等级；连接形式	按设计图示数量计算	GS	A220202	
A220204	雨水斗					A2202	AZ_JPS_GDFJ
A220204001	雨水斗	个	类型；材质；规格；安装位置	按设计图示数量计算	GS	A220204	
A220205	透气帽					A2202	AZ_JPS_GDFJ

续表

清单编码	清单名称	计量单位	项目特征	工程量计算规则	计算公式	清单父编码	算量类型
A220205001	透气帽	个	类型；材质；规格；安装位置	按设计图示数量计算	GS	A220205	
A220206	止水节					A2202	AZ_JPS_GDFJ
A220206001	止水节	个	类型；材质；规格；安装位置	按设计图示数量计算	GS	A220206	

2）招标和签约阶段 BIM 成本管控

（1）基于 BIM 模型的三维图纸会审

基于 BIM 模型，辅助各方参与图纸会审工作，根据设计阶段 BIM 的应用管理，施工图纸的大部分问题已经提前得到解决，图纸会审工作主要集中于施工措施、安全、质量等问题的讨论，通过三维 BIM 模型，更加直接快速地进行问题的讨论，增加图纸会审的效率。通过三维图纸会审，及时消除各类图纸缺失、界面划分问题、图纸表述不清晰问题，多分包沟通问题，防患于未然。

（2）招标清单及工程量计算

基于模型映射的原理，将 BIM 模型导入算量软件中（本次主要基于斯维尔算量软件），进行工程量计算。本项目的工程量计算算量采用传统电算与 BIM 算量相结合的形式进行。工程量可以划分为构件算量（基于 BIM 模型实体算量）和非构件算量（基于传统模式计算）两部分。非构件算量主要包含钢筋工程量、电缆电线、措施工程量等。根据审核通过并优化后的模型进行计量计价，并抽取造价高的项目通过传统计量方式进行校核，以保证工程量的准确性。

在工程量的统计上，严格按照业主要求格式填写，工程量均分层、分构件、分规格、分型号统计，防止多算或漏算。

在本项目中，根据多次测算在保证模型精度的情况下，BIM 土建工程量、机电点位工程量与传统电算工程差异可以保证在1%以内（附表 A.25）。机电电线电缆工程量尚无较好的解决方案。目前算量大多是基于图形算量的形式进行，BIM 模型的介入，较大减少了土建建模的工作量，造价人员可以将更多的精力投入与成本管理有关的其他工作中去。

（3）参建单位 BIM 界面划分

随着各参建单位的陆续介入，为保证施工阶段 BIM 工作开展的有序性，需制定出施工阶段各参建单位的 BIM 界面，使大家有明确的责任界面（附表 A.26）。

3）施工阶段 BIM 成本管控

进入施工阶段，由于本项目体量大，参建单位数量多，各总分包单位 BIM 实施水平参差不齐，为保证施工阶段 BIM 的顺利实施，BIM 总牵头单位需要制订出相关的 BIM 实施计划和检查措施，配合业主推进 BIM 工作的开展。

（1）制订施工阶段BIM深化计划（附表A.27）

附表A.25 BIM工程量与传统电算工程量对比

清单编码	名称	计量单位	属性（清单描述）	使用部位	传统电算工程量	4D工程量（BIM算量）	差量	差量幅度	差异原因
010403003	混凝土梁 C30	立方米 (m³)			143.80	143.80	0.00	0.00%	Revit模型中扣减了小于0.3m²烟道楼板工程量，而广联达计算规则不扣除小于0.3m²的楼板工程量。Revit模型中未建设备管道洞口，所以未扣除该部分分工程量
010405001	混凝土板 C30	立方米 (m³)			264.88	265.16	0.28	0.11%	
010402001	混凝土柱 C30	立方米 (m³)			1.55	1.55	0.00	0.00%	
010404001	混凝土墙 C30	立方米 (m³)			238.66	238.66	0.00	0.00%	
010406001	混凝土楼梯 C30	立方米 (m³)			10.17	10.17	0.00	0.00%	
010407002	零星混凝土	立方米 (m³)	1. 构件类型：零星 2. 混凝土类别：商品混凝土 3. 混凝土强度等级：C20 4. 地上/地下：如实描述	节点大样、挑拨等混凝土	25.90	25.92	0.02	0.07%	广联达模型与Revit模型在厅处节点有微小差异；广联达模型节点处理方式不如Revit精确
010411001	预制平板	立方米 (m³)	1. 图代号 2. 单件体积 3. 安装高度 4. 混凝土强度等级 5. 砂浆强度等级、配合比		0.26	0.26	0.00	0.00%	
010411003	飘窗预制板	立方米 (m³)	标号、厚度		15.44	15.44	0.00	0.00%	

附表 A.26　参建单位 BIM 界面划分

实施方	工作内容	工作要点	模型精度要求	移交条件	备注
设计 BIM 团队	初始模型 建立	1. 初始模型建立，并达到规定模型精度。 2. 截止模型移交时，所有设计变更均更新完成	给排水： 1) 管道：除 DN65 以下的喷淋管外的所有管道建模（含材质、管径、坡度、保温）标示，管道按不同系统建立族库，并按 BIM 建模标准区分颜色；（管道直径按外径建模、管道及配件连接形式与设计图纸一致） 2) 阀门，附件及仪表：按设计图分类建模完成； 3) 卫生器具：此阶段不建模； 4) 设备：用与实际设备应一致尺寸体量的模型表示，不同设备应进行区分；（设备参数、接口位置、系统分类要明确） 通风与空调： 1) 风管：所有风管建模，含外形尺寸、保温（厚度及材质、含风口类型）、风口（风口类型）、风阀（名称及参数建立族库，并与图纸一致）标示；风管按不同系统建立族库，并按 BIM 建模标准区分颜色；（风管连接形式与设计图纸一致） 2) 末端：按设计图分类建模完成； 3) 设备：用与实际设备应一致尺寸体量的模型表示，不同设备应进行区分；（设备参数、接口位置、系统分类要明确） 电气： 1) 母线、桥架：所有桥架、母线建模（含型号规格，伸入配电房内 1m 处截止），含型号型规格，外形尺寸标示，桥架、母线按不同系统建立族库，并按 BIM 建模标准区分颜色；（电井内，伸入配电房内 1m 处截止） 2) 配电箱：按设计图分类建模完成； 3) 设备：用与实际设备一致尺寸体量的模型表示，不同设备应进行区分；（设备参数、接口位置、系统分类要明确）	1. 分楼层移交。（机电总承包 BIM 团队）应提前安排人插入和配合模型审核，以保证模型移交的及时性； 2. 机电总承包 BIM 团队在收到图纸后，应安排足够人员及时将模型问题反馈给设计 BIM 团队； 3. 设计 BIM 团队对模型进行修改后，基本达到要求后，机电总承包 BIM 团队及时复审，并进行图纸深化设计的工作开展	模型精度只要达到模型精度要求的 90% 左右，机电总承包 BIM 团队就应承接手进行下一阶段的工作开展

续表

实施方	工作内容	工作要点	模型精度要求	移交条件	备注
设计BIM团队	一次管线综合完成	1. 在考虑管线布置合理、检修方便、预留支吊架、设备、阀部件等安装空间的基础上，满足业主的净高要求。 2. 当原设计无法满足以上要求时，需与业主、设计协商确定。局部仍无法满足业主要求时，单独出具该处的书面说明。 3. 使用软件碰撞检查功能，显示机电与建筑结构、机电专业之间的碰撞，并解决相应的碰撞	1. 管线排布位置（含平面、分层）应符合规范和行业通常做法； 2. 管线水平间距、分层间距应合理，能满足管线安装及附件安装需求；（有保温的管道应考虑保温层厚度） 3. 管线综合完成后，对重点部位净高进行分析，保证净高满足××常规要求，当不能满足时提出合理化建议。 4. 防火卷帘应按设计完成，管线合理避开防火卷帘； 5. 排水管道应考虑管道坡向、坡度；以节约工程成本； 6. 管线异型转弯，应考虑标准配件的向角度，尽量少交叉翻弯，翻弯尽量少使用非标件； 7. 所有碰撞解决完成，翻弯尽量合理	1. 分楼层移交； 2. 只要达到模型和设计图纸一致，机电总包与BIM团队就应接手图纸，对图纸进行深化设计	由于机电图纸全部进行深化设计，故对图纸进行深化设计意义不大，管线的管径、路由、管径等保证正确，无错、漏即可
机电总包承包BIM团队	预留预埋出图	1. 分专业出各机电单位预留预埋图； 2. 机电总包需提供预留洞尺寸要求参数，BIM咨询单位按对应机电总包提供的参数出图	1. 预留预埋图纸按各专业绘制，预留预埋图纸必须与交付的深化设计图纸一致； 2. 预留预埋洞口，套管的名称、型号规格、安装位置标示清晰	1. 在预留预埋工作开始前7天内提供给机电总包单位； 2. 电总包承包与BIM咨询单位相互交付的资料均为书面签字资料、电子文档只作为参考； 3. 预留预埋洞口、套管图与交付机电安装的管线综合图纸吻合度为100%	机电总包单位过程配合，完成图纸审核、完成部分图纸的修改
设计BIM团队	初步净高分析完成	出具重点部位的管线净高分析书	1. 重点部位，如商业公区、中庭、卫生间、车库出入口、车行道、车位等应有相应的净高分析报告书，此报告书应图文并茂。 2. 净高不能满足××要求的，只提供净高分析报告。净高不能满足××要求的，要提出相应的解决方案（如更改结构梁形式），并反馈设计进行变更，以达到满足××要求。 3. 如无法解决的，应进行标示	1. 在移交管线综合图时，并提交机电安装总包单位； 2. 净高分析准确	

续表

实施方	工作内容	工作要点	模型精度要求	移交条件	备注
机电总承包 BIM 团队	管线综合深化完成	1. 根据 BIM 咨询单位提供的管综模型、机电总包单位单位的经验，对管综进行更细致的深化。在确保满足功能净高的同时，最大限度地争取净高，兼顾观感效果； 2. 完善 BIM 咨询单位未完成的所有明装管线及明装设备； 3. 对所有的附件（如：风阀、水阀等），按实际外形尺寸进行修正，并修正附件的信息参数； 4. 检测和解决碰撞	1. 所有的明装水管、车库电气明装管线建模完成；开关、插座、灯具、探头、手报、喇叭等建模完成； 2. 所有管线的路由、型号规格准确，管线间距美观，排布合理并满足安装准确；族定义和颜色准确，并符合 BIM 制图标准要求；不同系统、不同用途的管线应能准确筛选； 3. 所有附件无缺漏，并按实际尺寸和参数标示，并保证附件便于安装和满足维护要求； 4. 吊顶内的管线排布时，应考虑检修口的设置、维修进出通道的留设； 5. 管线结合深化图经多方认可后，将 BIM 模型导为 CAD 二维平面图，并出图、签字完善	1. 在管综施工前 10d 分楼层完成管线综合深化图纸的出图； 2. 移交成果必须为各方签字完善的纸质图纸	机电总包单位安排专业工程师配合
机电总承包 BIM 团队	管道支吊架深化	1. 所有风管、桥架、成排管道、大口径管道应进行支吊架布置； 2. 所有的机电设备进行支吊架布置	1. 机电管线、设备的支吊架表示应清晰、不限于利用 BIM 软件进行支吊架布置； 2. 除 DN100 以下的单根水管支吊架外，其余所有管线均应完成支吊架的布置； 3. 支吊架尽量采用综合支吊架，支吊架的设备间距应满足规范要求，支吊架形式美观，大口径部位、重点部位、成排管线支吊架承载力应经过验算，采用非固定支架时，应按规范要求布置固定支架； 4. 不同支吊架应在平面图上应分类表示，并将所有不同规格的支吊架绘制大样图，大样图对支吊架的材质、外形尺寸、开孔尺寸及抱箍规格均应表示清楚	1. 在管综施工前 7d 完成管线综合深化图纸的出图； 2. 移交成果必须为各方签字完善的纸质图纸	机电总包单位安排专业工程师配合，并提供支吊架采用形式和材质等

续表

实施方	工作内容	工作要点	模型精度要求	移交条件	备注
机电总承包BIM团队	二次净高分析完成	1. 完成管综深化及支架布置后，再次对管线净高进行复核； 2. 出具净高分析报告及图纸	1. 此净高分析部位主要为所有精装区域，净高分析报告书应配图文并发； 2. 净高应能满足××要求，如不能满足应提出合理方案，并与业主协商解决，最后进行管综调整，以达到满足××要求； 3. 绘制精装区域净高分析图纸	1. 在管综实施前7d内提交完整的管综净高分析报告； 2. 净高分析报告、净高分析成果均应为签字的纸质质量文档	
机电总承包BIM团队	管井电井深化	1. 水井固定支架、管线完成； 2. 电井设备（配电箱）、支架、管线完成； 3. 水电井建筑尺寸、管线、附件安装位置、附件、设备参数标注完整清楚	1. 水电井管线的支架建模完成，保证安装位置完成，接口位置准确，并绘制大样图； 2. 所有管线、附件、设备等位置布置模型建模完成，位置准确；管线布置应参考实际安装和维护，同距满足操作时的同时做到美观； 3. 附件、设备参数标示完善，清晰； 4. 提取全方位剖面图，指导现场施工	1. 在水电井实施前7d内完成出图及签字手续； 2. 所有成果均应为签字的纸质图纸	机电总包单位安装专业工程师配合
机电总承包BIM团队	机房深化	1. 机房设备、管线、附件、支架等模型建立； 2. 进行管线布排和附件安装深化； 3. 截取全方位剖面图纸	1. 所有设备按实际形状、安装位置便于操作和检修，维护； 2. 所有的管线排布应合理、美观，路由正确，紧凑、量尽最大化； 3. 法兰片等配件排布示清楚，安装高度均匀，设备参数，附件参数按实际出示清楚； 4. 支吊架形式简单、美观，承载力满足要求，并出具承载力验算书，型材选用节约； 5. 阀门等装操作空间，并留有安装附件尺寸与实际附件一致，并便于检修，维护； 6. 机房除出具平面图外，还应出具全方位剖面图，保证能指导现场施工； 7. 制作大型设备组装模型及设备房内的漫游，转运路线模拟及设备的运输； 8. 制作机房漫游模型，支吊架的剖示图纸合进行机房管线、设备、支吊架的绘制	1. 在机房实施前90d内完成出图及签字手续； 2. 除运输模拟、漫游为电子文档成果外，其余成果均为签字纸质成果	机电总包单位安装专业工程师配合；机电总包单位应找厂家提供设备模型族（如厂家有）

续表

实施方	工作内容	工作要点	模型精度要求	移交条件	备注
机电总承包 BIM 团队	出图	1. 分机电专业（同设计院专业划分）出单专业施工平面图； 2. 出机电综合施工平面图； 3. 大样及剖面图	1. 分机电专业（同设计院专业划分）出单专业施工平图、并对管道、桥架、风管及设备、附件参数、同距、翻弯、平面位置等信息标注清晰； 2. 机电综合施工平面图应标示清楚支吊架位置及大样图； 3. 管线密集区、设备房、水电井出剖面图并标注清晰	1. 分楼层出图，并签字完善； 2. 图纸甲方、监理、分包单位、施工单位（如需）各一份，两份； 3. 所有图纸出图完成后，分专业装订，并移交甲方、监理及分包单位	出图费用由机电总包单位承担
机电总承包 BIM 团队	模型一致性调整	1. 根据施工过程的设计变更，调整模型； 2. 当现场与模型不一致，且无法整改时，按现场调整模型	1. 模型的管线路由、安装位置、标高等应与现场一致； 2. 模型的设备、附件数量、安装位置、标高等应与现场一致； 3. 设备、附件实物数图纸与现场实物一致	1. 工程竣工前移交物业、甲方； 2. 移交电子文档； 3. 含消防分包单位的设计变更	消防分包单位的设计变更调整

附表 A.27　施工阶段 BIM 深化计划

序号	工作内容	开始时间	过评审时间次数	过程审核时间	成果交付时间	计划节点时间	需要解决问题	总包解决问题	解决时间	备注
1	BIM进场	××××年××月××日								××××年××月××日
2	B3层接收模型	××××年××月××日								
3	B3层墙体、顶板预留洞固化图	××××年××月××日	评审4次		××××年××月××日					
4	B2层接收模型	××××年××月××日								
5	B2层墙体、顶板预留洞固化图	××××年××月××日	评审1次	2018年8月6日	已经滞后	××××年××月××日				砖墙体风洞、顶棚未完成
6	B3层综合管综调整完成		初步形成未评审			××××年××月××日				确保预留预埋准确
7	B2层综合管综调整完成					××××年××月××日				确保预留预埋准确
8	B2、B3层支吊架建模调整布置完成					××××年××月××日				满足三方（业主、设计、施工）会审
9	B2层样板段综合管综调整完成（支吊架）					××××年××月××日				满足三方（业主、设计、施工）会审
10	B2、B3层电井水井机房建模调整完成					××××年××月××日				
11	B1层接收模型	××××年××月××日								
12	B1层墙体、顶板预留洞固化图					××××年××月××日				

续表

序号	工作内容	开始时间	过评审时间次数	过程审核时间	成果交付时间	计划节点时间	需要解决问题	总包解决问题	解决时间	备注
13	B1 层样板段综合管综调整完成（支吊架）					××××年××月××日				
14	1F-3F 接收模型									
15	1F-3F 墙体、顶板预留洞固化图					接收后 5 天				
16	1F-3F 综合管综调整完成（支吊架）					接收后 20 天				
17	4F-RF 接收模型									
18	4F-RF 墙体、顶板预留洞固化图					接收后 5 天				
19	4F-RF 综合管综调整完成（支吊架）					接收后 20 天				
20	整体 BIM 工作评审（地上）					2018 年 10 月 15 日				满足三方（业主、设计、施工）会审

根据计划，参建单位可以清楚地了解工作节点安排，保证工作井然有序地开展。

（2）施工 BIM 例会

每周五下午召开项目施工 BIM 例会（附表 A.28），会上各参建方就现阶段 BIM 相关工作的进展情况及所遇到的问题进行汇报与交流，以便于业主对项目 BIM 实施现状的了解及解决各参建方 BIM 实施过程中所遇到的难题；同时 BIM 总控单位通过会议组织和督促各参建单位相关模型的创建与相关 BIM 成果的提交，以达到提高各参建单位 BIM 工作效率与质量的管理目标。

附表 A.28　施工 BIM 例会

与会人员	会议议题
各参建方相应 BIM 团队	BIM 工作汇报
	上周会议纪要工作落实情况跟踪
	本周新增问题讨论
	BIM 模型问题讨论
	下周工作计划

（3）施工 BIM 深化成果审查与协调

施工阶段是本项目 BIM 工作的重要阶段，各项 BIM 落地化应用均发生在施工阶段，因此在施工阶段基于 BIM 技术的专业协调，减少变更与返工是本项目成本管理的关注重点，主要工作内容包括：事前分析与预警、基于模型和平台的专业协调会、现场探勘及技术指导、专项问题协调会。

①事前分析与预警

在项目施工阶段，BIM 总控单位将组织施工单位根据项目实际情况及项目 BIM 实施方案确定施工过程中的各项 BIM 工作内容及相应的 BIM 专项应用点实施细则，在经过审查批准后，将开展 BIM 模型的二次深化工作，通过 BIM 技术进行专项模拟和各类分析，提前暴露可能的深化设计、施工方案、施工进度、工程质量和安全等各类潜在问题与风险，根据分析结果指导和管理现场施工。

②现场技术指导与模型协调

施工单位将根据各类 BIM 工作成果开展现场工作，BIM 总控单位将提供现场技术指导与模型协调工作，辅助施工单位解决现场实际问题，辅助业主进行各项管理决策，主要协调管理内容包括：协调管理各参建方施工模型的创建与应用，协调各参建方的现场 BIM 技术应用，解答和指导 BIM 现场实施的相关问题等，以提高各参建方 BIM 相关工作效率与质量。对于施工现场发现的各类冲突和现场问题，由施工单位或监理单位进行记录，通过会议的形式进行讨论和协调。

③深化模型审核

BIM 模型是 BIM 项目实施的基础，由于本项目体量大、难度高、异型复杂区域多等特点，导致本项目模型深化工作烦琐。BIM 总控单位将从现场可实施性、美观性以及经济合理性三个角度进行审核，主力商区模型检查原则见附表 A.29，主力商区后勤通道模型示例如附图 A.54 所示。对于不符合要求的深化模型，将反馈给业主并要求相应单位在规定时间内完成修改，二次报审。

附表 A.29　检查原则

部位	检查原则
主力商区	管线可穿越防火卷帘顶部安装，在空间不足时，桥架需穿梁敷设（桥架不穿商铺）
	若无法满足管线安装原则和层高，管线需避让防火卷帘安装
	虹吸雨水支架，一般布置在最上层，其他管线与虹吸雨水管交叉时，需避让虹吸雨水管，在梁窝内进行翻弯
	送风主管排布在中间，方便两侧开口接支管，利于风量平衡，对于顶送风口较多的区域，风管尽量布置在最下层，对于有较多送风口的空调系统，其送口宜采用均匀成排布置，防排烟管道较大，在进入超市后尽量靠墙安装，不进入中心位置，减小与其他管道交叉，提升室内净高
	管线与梁平行安装时，管线与梁之间需为其他管线预留≥350mm 的翻越空间，消火栓、喷淋主管尽量靠边墙安装，以减少交叉，从而提升净高
	对于无顶棚的后勤通道，防排烟风口宜安装在侧墙上，减少排烟风口安装所需空间，提高通道净空

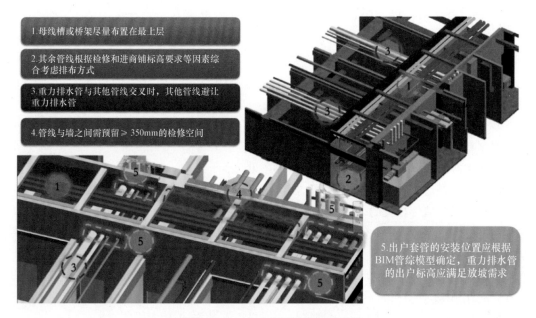

附图 A.54　主力商区后勤通道示例

3. 主要管理方法的应用及其成效

截至目前，项目仍处于建设阶段，诸多 BIM 管控应用点正属于应用或准备应用环节，仍有待实践的检测与验证。项目整体 BIM 开展遵循 PDCA（计划—执行—检查—修正）的管理方法，以保证 BIM 管控的顺利实施。BIM 工作开展至今已经半年，除了早期磨合时间，参建单位出现协调困难外，整体 BIM 工作开展顺利，按照既定目标进行。目前项目已经进展至 B1 层施工二次深化工作。

（五）体会与心得

本项目正在进行施工阶段 BIM 实施，工作节奏较为紧张，落地化效果较为理想。目前受制于 BIM 软件工具的一些限制及缺少前人的经验，很多 BIM 工作仍需要组织大量的人力进行完成，仍存在劳动密集型现状，这也使得部分分包对 BIM 的效益比存在质疑。但目前无论是业主还是总包，对本项目 BIM 工作开展均给予较高的评价，整体 BIM 工作开展也较为井然有序。

现把本项目的 BIM 成本管控思想大致总结为以下几点供大家参考：

1. 制定 BIM 作业指导、实施精细化管理：通过详细的前期策划，明确组织架构、明确各阶段工作重心和内容，避免工作开展混乱。在前期为保证参建单位的思路一致，通过统一的培训交底，尤其针对施工总、分包开展有针对性的专业培训，使大家融入整体工作中来。

2. 以主动控制取代被动核算：通过强调 BIM 设计优化与审查、BIM 施工深化与审查，在每一阶段工作，优化模拟在前，实施在后。将原来大量投入算量、变更处理等精力，用于前期控制，将人为因素、技术因素造成的无效成本降至最低。

3. 以目标管理、动态控制为重点：通过制订总目标计划、里程碑计划及各分项工作计划形成各级目标。BIM 总控单位基于计划对各参建单位进行目标管理，力保工作的落地。此外造价过控单位与 BIM 总控合为一体，通过每周 BIM 工作例会，模型及应用审查，进行过程风险控制，及时分析实际值与目标偏差值，采取措施调整偏差，保证目标实现。目前项目实施至今未造成因技术过失导致的成本上升或工期延误。

商业地产项目 BIM 成本管理路线仍存在诸多需要优化的地方，仍需要各位同行不断地进取创新。

浙江省建筑设计研究院院长张金星点评意见

本项目选择造价咨询单位为 BIM 总牵头单位，实施了 BIM 全过程管理。造价咨询单位除了完成与造价相关的 BIM 工作外，还负责牵头完成 BIM 标准制作，BIM 总进度计划制订，主持每周 BIM 例会的开展以及 BIM 绩效考核，并进行阶段性 BIM 成果验收。

这是一次对 BIM 应用模式的全新的探索，其中涉及大量的标准的制定和实施，这些标准要能让 BIM 应用和算量结合起来。让 BIM 的算量成果能在设计图纸招标预算、施工采购、施工结算中应用起来，模型算量的成果得到各方的认可。

BIM 总牵头单位要配备有经验的 BIM 技术力量，对 BIM 的各类成果进行审核，保证图模一致，从而保证算量的可靠性。

本项目做了很好的 BIM 实施规划，但业主必须有一定的投入，才能保证后期 BIM 模型的足够精度和能配合施工修改，最终能达到一个能做结算的竣工模型。

本方案组织架构划分合理，各实施单位工作分配清晰、职责明确，各类标准和计划可落地性强。目前项目刚刚开始实施，但真正要做好基于 BIM 的造价控制，最终成本控制实施的效果怎样，还有待观察。

四、基于 BIM 技术的某地铁线路全过程工程管理项目

北京中昌工程咨询有限公司

(一) 项目基本概况

1. 工程概况

项目为城市轨道交通工程，全长约 70km，包含 9 座地下站 (含 3 座地下换乘站)、14 座高架站 (含 1 座地上换乘站)，22 个区间，2 处停车场，1 处车辆段。2015 年 1 月 9 日开工建设，计划于 2018 年 10 月 28 日竣工。

2. 全过程工程咨询特点

1) 全过程 BIM 技术系统性应用

贯穿于建设项目全生命周期和覆盖项目管理各个方面，且做到信息共享、数据传承的 BIM 应用模式。其特征表现为统一性、延续性、全程性、全面性、广泛性。通过 BIM 技术系统性应用实施，可以避免重复投资、重复建模，可以实现信息共享、数据传承，可以降低成本，提高效益，体现价值。

2) 基于 BIM 技术的平台化和全过程管理

BIM 平台化应用与项目管理信息化两者相结合，实行一体化集成管理，使 BIM 技术在投资、进度、质量、安全、运维等方面发挥重要作用。打破信息孤岛，实现集成管理、信息交互、数据共享等，提高工作效率和管理水平。

(二) 咨询服务范围及组织模式

1. 咨询服务的业务范围

1) 服务范围

项目 BIM 技术全过程应用。

2) 服务内容

(1) 提供全线 BIM 咨询服务，协助建设单位进行 BIM 应用的组织管理，搭建 BIM 综合管理平台、编写 BIM 应用相关管理类与技术类标准文件、进行结构文件及信息管理、组织 BIM 应用培训、提供 BIM 应用技术支持与系统集成 (软件系统、硬件系统、网络系统)，协助组织各类 BIM 会议、BIM 应用专题汇报、阶段性 BIM 应用及最终成果验收、BIM 应用考核管理等。

(2) 创建 BIM 模型，进行设计、施工阶段模型动态管理和竣工模型交付管理，组织创建设备构件库，制作视频动画，组织技术交流与专家评审等。

3) 服务目标

通过 BIM 技术应用，利用 BIM 模型的可视化、信息化等特点，提高项目建设管理水平、减少设计变更数量、节约工程投资、提高设计质量、节省建设工期、积累设计施工过程信息、交付三维竣工模型及相关数据库，保证轨道交通工程项目数据的准确性、协同性、可追溯性，实现项目全生命周期的数字化建设管理。

(1) 利用 BIM 技术的模拟性、可视化、协同性特点，创建三维模型进行模拟建造、

查找发现存在的问题、优化设计、减少现场签证和设计变更、节约工程投资、提高设计质量、节省施工工期。

（2）实现设计阶段基于 BIM 咨询的精细化管理，包括方案比选、设计优化、三维管线综合设计及出图、三维施工图交付等。

（3）基于协同管理平台进行 BIM 技术数据集成，包括设计阶段信息、施工阶段数据流转、模型传递、变更管理、竣工图交付管理、设备编码信息等，形成完整建设模型数据库。

（4）通过 BIM 技术在项目设计、建造、运营全过程、全生命周期的应用，保证城市轨道交通工程项目数据的准确性、协同性、可追溯性，实现项目数字化建设管理。

2. 咨询服务的组织模式

1）组织原则

（1）统一领导原则

城市轨道交通工程项目参与单位众多，职能各异，受各种因素影响，对 BIM 技术的认识、掌握程度、应用理解与实践经验差异较大。

为实现有效管理，保证项目有序、科学地开展，成功达到既定建设目标，必须由建设单位统筹计划、组织、领导、控制项目进程，协调各参与单位工作，为 BIM 技术成功应用创造良好环境和平台。

（2）领导决策原则

BIM 应用是"一把手"工程，各级应用部门应由建设单位主要领导或领导小组直接领导，明确各方职责、分工，建立例会制度、工作调度和问责制度，及时沟通交流信息、汇报阶段进展，协商解决问题，系统部署任务。

2）组织模式（附图 A.55）

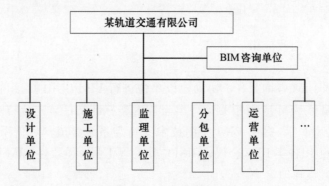

附图 A.55　组织架构图

作为 BIM 咨询单位，主要工作是协助建设单位组织实施并管理全线建设的 BIM 应用。在项目的实施过程中通过 PW 平台及 BIM 综合管理平台使建设单位、咨询单位、设计单位、监理单位、施工单位在一个统一的平台上进行协同工作，实现从勘察设计、施工到运营阶段的信息传递。

3）各方职责

（1）BIM 咨询单位职责

①制订 BIM 技术总体规划、应用标准及管理办法；

②搭建并维护 BIM 综合管理平台（含 PW）；

③负责示范站及所有区间的建模及优化；

④负责软硬件集成、BIM 应用等技术支持；

⑤负责组织相关 BIM 人员的培训及过程指导；

⑥负责信息数据存储、安全管理；

⑦协助建设单位进行过程审核、模型管理、成果验收、数据集成；

⑧协助建设单位检查、组织、考核各方 BIM 应用工作；

⑨初级阶段协助管线综合优化。

（2）建设单位职责

①全面负责 BIM 的交付管理；

②管理协调 BIM 实施各参与单位；

③审核、批准交付方案、程序和标准；

④监督、检查信息数据存储，保证信息安全；

⑤监督、检查、验收各单位各项 BIM 应用成果。

（3）设计咨询单位职责

①参与 BIM 各项标准的编制；

②参与 BIM 模型建立与移交。

（4）设计总体单位职责

①参与 BIM 各项标准的编制；

②参与 BIM 设计阶段相关信息录入；

③组织 BIM 设计模型建立与移交；

④参与 BIM 竣工模型建立与移交。

（5）工点设计单位职责

①完成本单位三维设计任务；

②实施基于 BIM 的各项设计优化；

③实施 BIM 设计阶段相关信息录入；

④交付 BIM 设计模型、图纸及设计阶段相关文档；

⑤审查施工阶段模型深化及优化；

⑥审核竣工模型。

（6）施工单位职责

①根据要求深化完善 BIM 模型内容；

②竣工模型整理，资料收集；

③录入模型施工阶段属性信息、设备设施编码及二维码信息；

④交付竣工模型及施工阶段资料文档。

（7）监理单位职责

①运用 BIM 技术实施监理；

②审核竣工模型，审核施工单位录入的属性信息、设备设施编码及二维码信息；

③参与验收竣工模型。

（8）运营单位职责

①提出 BIM 应用运营需求；

②参与验收并接收 BIM 竣工模型；

③参与验收并接收施工单位录入的属性信息、设备设施编码及二维码信息。

（三）咨询服务的运作过程

1. 实施模式

由建设单位牵头管理，BIM 咨询单位提供总体咨询（平台、标准、技术支持、成果验收），各设计、施工单位共同参与的 BIM 实施模式。

具体应用包括土建建模、方案比选、设计优化、投资优化管理、管线综合排布、技术交底、方案模拟、进度管理等工程管理工作。

1）初步阶段：由 BIM 咨询单位建立协同管理平台、统一集中培训、协助三维设计，统一过程应用，总结形成相应实施标准。

2）深入阶段：BIM 咨询单位总体管理、提供技术支持，各参与单位依据统一标准、管理要求系统开展 BIM 应用。

2. 实施路由（附图 A.56）

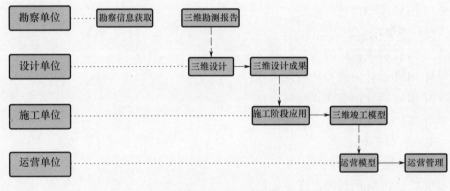

附图 A.56　实施路由

3. BIM 总体管理

1）制定标准

为指导工程各参与方的 BIM 应用，规范设计、施工、运营等各阶段数据的建立、传递和交付，规范项目各参与方的协同工作，实现各参与方的数据统一、无缝整合、资源及成果分享，在国家相关 BIM 标准的基础上，建立完整的 BIM 技术应用标准体系（附表 A.30）：

附表 A.30　BIM 技术应用标准体系

序号	标准名称	数量
1	某轨道交通有限公司 BIM 技术应用考核奖惩管理办法	1
2	某轨道交通有限公司施工阶段 BIM 模型协调管理办法	1
3	建筑工程模型创建作业指导书	1

续表

序号	标准名称	数量
4	安装工程信息模型创建作业指导书	1
5	三维管线综合作业指导书	1
6	某轨道交通有限公司设施设备二维码管理系统应用管理办法	1
7	某线路 BIM 管线综合施工图设计阶段管理办法	1
8	BIM 应用总体规划	1
9	建筑信息模型应用导则	1
10	BIM 协同管理平台管理规定	1
11	建筑信息模型交付管理办法	1
12	建筑工程信息模型创建与交付标准	1
13	安装工程信息模型创建与交付标准	1
14	BIM 构件库构件创建标准	1
16	BIM 构件库应用管理规定	1
17	BIM 技术应用指南	1
18	BIM 应用文件档案管理办法	1

2）搭建平台

（1）搭建 PW 协同管理平台

建设单位委托公司搭建了 PW 协同管理平台，所用数据通过 PW 平台进行储存、调用，实现了 BIM 技术信息集成管理，避免由于文件储存不当而造成的文件丢失、信息不对称等问题。通过在 PW 平台托管工作环境，统一了各单位、各人员的模型创建标准，确保后期模型顺利传递和应用。

①文档管理：检索、预览、批注、版本管理；

②数据安全管理：权限设置、角色管理；

③协同管理：统一储存、异地协同。

（2）搭建 BIM 综合管理平台

平台功能模块如下：

①总体概览：项目架构、模型浏览、模型剖切管理；

②项目 OA：公告栏、会议通知、我的任务、任务进度追踪、组织结构、流程管理、表单管理；

③设计管理：计划管理、图纸管理、设计协同管理；

④信息管理：各类标准、构件库、二维码；

⑥投资控制：投资统计管理、概算管理、招标管理、中期支付、结算管理、竣工管理、投资管理、合同管理；

⑦进度控制：总体进度、形象进度、实物量进度、进度模拟、偏差分析；

⑧安全管理：风险监控、监控量测（对接既有模块）；

⑨质量控制：质量问题统计、追踪记录、资料管理、检验批管理（对接既有模块）；

⑩BIM 综合项目管理平台可与现有的各类项目信息化管理系统对接。

3）构件库的建设

（1）实施过程

公司具有自主独立开发的构件库管理系统，构件库管理系统中构件模型已涵盖轨道交通工程所有专业。

基于此系统，可实现对各类构件的上传、审核、验收、入库、调用及修改，同时构件库管理系统可基于网页端对构件进行动态调整。构件库使用人员可直接将所需构件调用至模型文件中。

（2）构件库分类

按系统专业可以分为供电、专用通信、公安通信、信号系统、综合监控、通风空调、给排水及消防、动力照明、火灾自动报警系统、气体灭火、环境设备与监控、自动售检票系统、门禁、站台门、安检、安防和电扶梯等专业的构件。

（3）构件库建设

公司负责配备轨道交通建筑基本构件库，根据建设单位要求，更新和完善 BIM 模型构件库，确保各设计单位统一调用。

①设计阶段：结合工点对 BIM 标准化模型构件库的使用情况及反馈的相关意见，对 BIM 标准化构件库进行维护、更新和完善，满足各设计承包商的 BIM 技术应用需求，设备及系统供应商确定后，施工准备开始前，发布设备厂商 BIM 构件库验收标准，负责协调各设备及系统供应商提供与所供设备一致真实的 BIM 模型，并基于设备厂商 BIM 构件库验收标准，补充完善 BIM 标准模型和非几何参数，形成统一归档的可用于施工的 BIM 标准模型构件库。

②施工阶段：结合施工承包商对施工阶段 BIM 标准模型构件库的使用情况及反馈的相关意见，负责对施工阶段的标准 BIM 构件库进行维护、更新和完善，以不断满足各施工承包商的 BIM 技术应用需求。

③竣工阶段：负责收集和整理设计、施工阶段所使用的所有标准 BIM 构件库模型，形成完整的 BIM 模型标准化构件库，并完善 BIM 模型构件库的使用说明后，作为 BIM 技术应用成果，提交建设单位。

（4）构件库审查流程

①自建模型构件库审核流程

BIM 模型构件库验收标准→BIM 项目组自审→BIM 咨询单位终审→BIM 咨询单位分类、归档入库。

②厂商模型构件库审核流程

制定发布设备厂商 BIM 构件库验收标准→厂家单位自审→监理单位复审→BIM 咨询单位终审→BIM 咨询单位分类、归档入库。

（5）构件库验收标准

①验收要求

a. 构件库构件成果资料文件夹名称为某模型及技术支持资料，文件夹下需包含模型和技术支持资料。

b. 模型格式为.dgn。

c. 技术支持资料内容包括主要技术参数表（设计属性信息、施工属性信等）、空间尺寸及关键参数尺寸平剖面图、实物图片、资料来源等，格式为.doc。

②验收标准（附表 A.31）

附表 A.31　构件库验收标准

构件	阶段	
	设计阶段构件模型	施工阶段构件模型
设备外观尺寸	根据实物具体外观尺寸建立构件外观尺寸	根据实物具体外观尺寸建立构件外观尺寸
设备接口	按照实物接口样式，建立模型接口	按照实物接口样式，建立模型接口
细部结构（螺栓、按钮等）	不需要	按照实物细部机构情况，创建模型细部结构，保证外形美观
设备内部构件	不需要	根据具体情况，需要表现内部结构时建立，不需要表现内部结构的不需要建立
技术资料	需提供实物照片、模型照片、属性信息、技术参数、二维平剖图等完整技术资料	需提供实物照片、模型照片、属性信息、技术参数、二维平剖图等完整技术资料

（6）构件库调用

①构件检索：利用构件库的快速检索工具可以在大量的构件库文件中查找出所需要的构件文件。快速检索方式可以通过关键字检索、名称检索等。

②构件下载：系统管理员对使用构件库的使用人员需分配下载构件种类及数量的权限，减少越权下载和构件的流失。构件的下载不仅仅是将构件下载到本地，同时也要建立合理的缓存空间，提高下载的速度和质量。

③构件使用：各设计单位在创建 BIM 模型时，可以随时进行构件的导出并放置在需要的位置。

（7）构件库维护管理及完善

①构件库的功能

主要实现基本操作功能、属性信息添加、参数检索、快速查找、权限分类管理等。

a. 基本功能操作：删除、复制、剪切、构件导入、构件导出、预览。

b. 编制属性信息：分类、定义、属性模板定制、属性编辑。

c. 参数检索：查询、筛选。

d. 权限管理：对使用构件库的人员所拥有的权限进行管理，配置系统管理员，系统管理员可以对使用构件库的人员分配查看、编辑、删除、上传、下载等操作权限。

②维护管理

构件库统一由公司进行管理，包含模型及属性信息的修改、更新、完善等。设专人负责构件库的管理工作。

在 BIM 协同管理平台创建构件库文件夹，文件夹分设计阶段构件库和施工阶段构件库两个阶段。对单个构件按专业进行分类存储，审核完成后的构件统一由我司进行上传归档。

③构件库更新完善

由于设计变更、招投标等原因造成进场设备型号等相关参数与构件库内构件型号参数不一致时，公司系统管理员及使用人员应及时督促创建单位进行构件的修改、重新创建并及时对构件库进行更新，及时完善构件的各几何信息和属性信息，为后续的管理奠定基础。

4）组织培训

（1）培训目标

①建设单位受训人员或建设单位安排的受训人员能正确了解 BIM 基本原理及 BIM 技术相关知识。

②建设单位受训人员或建设单位安排的受训人员掌握基本的 BIM 建模软件操作、使用方法。

③工程技术人员掌握 BIM 系统软、硬件的维护。

④工程技术人员基本掌握三维建模软件初级、中级操作应用。

⑤工程技术人员掌握模型浏览软件进行模型浏览、检查、标记等，处理常见问题。

（2）培训要求

培训对象为建设单位受训人员、建设单位安排的受训人员和 BIM 相关技术人员，确保受训人员能够正确了解 BIM 技术相关知识，掌握基本的 BIM 建模软件的使用，BIM 应用技术人员熟练掌握 BIM 相关软件操作。

在培训实施 15d 前，编制详细的培训方案提交给建设单位审核确认，包括培训课件、培训讲义、各类培训手册等与培训相关的材料。

培训方案应明确培训目标、培训内容、培训范围、培训方法、考核方式、考核结果等。

培训后通过考核巩固学习内容，检验学习效果。

本项目所有 BIM 技术培训由建设单位统一组织、安排。

（3）培训内容

BIM 技术培训按 BIM 实施时间计划表在项目的前期、中期、后期各有侧重的、不定期地安排各种培训，具体时间由建设单位安排落实，培训内容为 BIM 技术应用专业基础理论、BIM 技术应用软件操作、BIM 相关标准、BIM 技术应用实务。

（4）培训考核

培训效果评估采取实际操作考试方式进行，根据受训人员掌握的情况进行综合评估，根据评估结果采取相应的调整措施以满足项目实施的需求。

培训结果经建设单位抽查后，对每次培训情况进行总结并将结果反馈给培训讲师。

4. BIM 技术应用

1）方案编制

（1）BIM 技术应用总体实施方案；

（2）不同阶段应用点的交付成果及其要求，包括模型深度和数据内容等；

（3）单专业工作计划方案（如：结构、建筑、轨道等业主认为必要的专业）；

（4）定义工程信息和数据管理方案，以及管理组织中的角色和职责；

（5）运营阶段的 BIM 应用方案（按照公司管理要求提出建议）。

2）实施流程（附图 A.57）

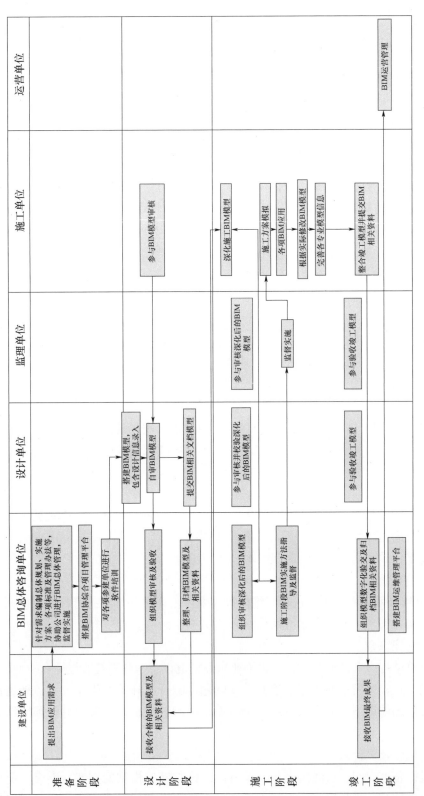

附图 A.57   项目实施流程

3）模型创建

创建 BIM 三维数据信息模型。包括但不限于以下内容：

（1）车站模型：整体方案、周边环境、建筑、结构、风水电及系统工程等；

（2）区间模型：建筑、结构、轨道、机电等全部系统工程；

（3）地下环境模型：地下管线、人防结构、地下商业结构、建筑地下室等；

（4）周边建筑物：对本项目有影响的周边建筑物。

4）模型应用

（1）设计阶段

①三维数字化模型创建与设计协同

综合建筑结构模型、机电设备模型和装修模型，建立集建筑、结构、机电设备、通信信号、装修、导向等多专业于一体的综合性 BIM 模型，进行设计"错、漏、碰、缺"综合性检查，开展建筑净空检查、碰撞检查、消防疏散检查、无障碍通道检查、设备通道检查、配合装修效果模拟、环境漫游等应用，并出具相关检查报告及配合设计单位进行优化设计，最后形成无"错、漏、碰、缺"的专业完整的综合性 BIM 模型。

②水文地质环境模拟

根据地勘资料，利用 BIM 软件建立地质模型，区间隧道超前水文地质进行模拟，指导施工进行预加固及预支护，减少隧道施工风险。

③三维场地分析

利用 BIM 模型对生活区、钢筋加工区、材料仓库、现场道路等施工场地进行科学的规划，可以直观地反映施工现场布置情况，减少现场施工用地，保证施工现场畅通，有效减少二次搬运。

④设计方案比选

在设计阶段，利用 BIM 三维可视化特性对设计方案进行对比。能直观展现各备选方案特点及其与周边环境的位置关系，方案对比效果明显，并能依据实际需求面对面修改模型，提高工作效率，大大节约时间成本。

⑤虚拟仿真漫游

通过 BIM 技术以乘客视角进行三维模拟换乘，验证换乘方案的可行性和便利性，并优化换乘方案，实现了换乘方案可视化。

⑥三维管线综合

建立建筑结构（含商业开发、上盖物业）及机电设备、各系统管线综合模型。

检查设计过程中发现的碰撞及检修空间问题，配合设计单位优化方案，满足设计规范及施工要求的前提下，形成完整的三维模型，同时可配合设计单位进行管线综合图纸的输出。

⑦空间优化及设计协调

通过对设备区房间、房间内设备及设备区装修方案等模型的创建、整合，配合建设单位、设计单位检查设备房间内空间是否合理、顶棚净空控制是否满足要求，并配合设计进行方案审核、优化。

⑧装修方案优化、比选及设计协调

BIM 咨询单位将管线综合三维模型（含各专业设备终端）提交至公共区装修设计单位，并配合装修设计创建装修方案模型；

基于 BIM 模型，检查各设备终端与公共区装修方案的冲突问题，并协调设计单位进行布局优化，通过 BIM 技术的可视化应用，配合建设单位、设计单位进行装修方案的比选。

⑨工程量计算

利用基于 Bentley 技术平台的 QTM 算量系统软件，通过定制本项目的工程量计算规则，能够从 BIM 模型中快速、准确地提取结构工程、防水工程、模板工程的工程量，并生成符合计算规则的工程量清单，为造价管理提供数据信息。

⑩造价管理

利用 BIM 模型和 BIM 技术，进行设计"错、漏、碰、缺"综合性检查、安装工程的三维管线综合设计优化等应用，解决了传统二维设计难点问题，极大地减少了设计变更和施工返工，使项目的造价管理真正在设计阶段发挥重要的作用。

（2）施工阶段

①交通导流模拟

通过交通导流方案模拟，提前预演，掌握车流、人流动向，分析不同的交通导改方案对周边环境以及行驶车辆、人员的影响，优化交通导流方案确保方案最优，避免由于施工建设等原因造成的交通瘫痪、拥堵等问题。

②市政管线迁改模拟

通过对现有管线迁改方案进行模型创建，掌握市政管线、周边建筑跟车站结构的关系，检查设计方案漏洞，避免市政管线与车站结构间的碰撞。

模拟管线迁改的过程，配合管线迁改，实现车站顶部市政管线覆土厚度满足规范要求以及车站内管线与市政管线的无缝对接。

形成迁改后的与现场情况一致的模型，达到三维报建要求的模型。

③安全管理

利用 BIM 模型对土建施工现场的危险源、安全隐患进行标识，提前发现并排除隐患，制订相应的安全措施。同时借助 BIM 技术进行安全交底，让施工现场人员了解现场现阶段的风险类型，便于辨析风险源，提高施工作业安全保障。

④4D 施工进度模拟

利用 BIM 技术辅助进度管理，通过先模拟后施工，能有效避免或降低因施工设计图纸缺陷，设计变更，进度计划中遗漏工作项、逻辑错误、动态碰撞等问题造成的进度延误。本项目通过模拟从进场、临建、竖井及连通道、初支、二衬到回填等阶段的施工内容，实现了基于 BIM 模型编制进度计划、实施进度计划、施工过程中动态调整进度计划。

⑤三维可视化施工技术交底

借助 BIM 软件，技术人员利用三维 BIM 模型进行仿真施工工艺模拟，并对施工人员进行三维技术交底，同时利用 BIM 技术标注施工质量控制点，明确施工工序衔接，进而规范施工作业流程，提高施工效率和施工质量。

⑥管道工厂化加工

通过不断努力，解决了 BIM 技术与生产脱节的问题，真正实现了 BIM 技术与机电安装、工厂化加工的完美结合，利用施工深化后的风管、水管 BIM 模型进行加工编号，按照设计出图标准，创建加工平面图、剖面图、大样图、材料清单，以风管为试点，进行 BIM 技术指导工厂加工，将标准风管加工图纸输入数控机床生产线，自动完成压金、剪板、咬口、翻边等工序，经合缝、法兰铆接后形成标准尺寸风管，将异型风管加工图纸展开后输入等离子切割生产线进行自动切割，经咬口、折翻后形成异型风管。该生产线操作界面简单，加工精度高，生产效率是手工加工的十倍以上。

⑦竣工模型检验校核

工程竣工后，施工单位对竣工模型进行修改、完善后提交至公司。由公司负责对竣工模型进行检验、校核，确认完善无误后，将竣工模型移交建设单位。

（3）数据传递

在 BIM 应用各阶段过程中，将运营阶段所需数据进行整理录入数据模型，并利用二维码实现设备构件的生产和安装信息的实时录入，与竣工模型一并交付运营单位维护使用，实现了机电专业从生产安装到运营维护的信息更新与传递。

（4）造价管理

利用 BIM 模型和 BIM 技术，进行市政管线拆改模拟、施工进度模拟、管道工厂化加工等应用，提前发现施工过程问题，做到提前预防、事前控制，有效降低了施工成本，缓解了投资控制在施工过程支付阶段和竣工结算阶段的管理压力。

5. BIM 竣工移交

收集、整理施工阶段各专业 BIM 模型，为运营维护系统提供详细、全面的数据信息，支撑运营管理系统的开发与使用，减少运营阶段数据录入工作量，提高机电系统设备的移交速度和运营信息化水平。

依据 BIM 成果验收相关管理办法，由建设单位对 BIM 应用成果文件验收，包括 BIM 总体管理及 BIM 技术应用成果文件。

6. 质量控制组织

1）建设单位牵头，BIM 咨询单位推动实施

成立 BIM 质量管控小组，由建设单位指派专人作为组长，我司指派专人作为副组长，各参与方需有至少两名 BIM 协调人员参加。

各协调人员作为本参与方的 BIM 质量负责人，对内管理、协调本方的 BIM 工作。协调人需要在本单位内部拥有一定话语权，能推进 BIM 进程，以免造成协调会议精神不能很好的贯彻实施。

公司主要负责对系统建设进行总体策划，协调各方进度，统一资料，控制模型等成

果质量和时间，对遇到的重大事项进行分析解决，并每月组织召开 BIM 协调会。

2）各方内部管控

BIM 成果在项目各参与方共享或提交审核验收前，各方 BIM 协调人应对 BIM 成果进行质量检查确认，确保其符合要求。BIM 成果质量检查应考虑以下内容：

目视检查：确保没有多余的模型构件，并检查模型是否正确表达设计意图；

检查冲突：由建模软件的冲突检测命令检测模型之间是否有冲突问题；

标准检查：确保该模型符合相关技术标准；

内容验证：确保数据没有未定义或错误定义的内容。

3）工程项目例会制度

BIM 实施过程中每周及重要特定时期、重点任务、关键节点开展前（后）召开例会制度，进行 BIM 工作的质量管控。例会由建设单位牵头，各设计单位、施工单位、BIM 咨询单位和设备供应商等参加协调会。

4）质量保证其他措施

①建立沟通制度由专人负责及时沟通情况，解决项目进展中的问题。

②严格执行文字确认制度。任何与项目各参建方交流并确认的 BIM 技术应用问题，采用以文字形式加以确认。

③项目部成员的服务工作质量纳入公司绩效考评体系。

④出现质量事故需填写纠正/预防措施处理单报主管经理和公司总经理等。

（四）咨询服务的实践成效

1. BIM 应用技术创新

通过本项目的研究与实施，总结经验，在 BIM 技术的实施过程中实现了以下创新：

1）基于 BIM 的管理模式创新

建立了由建设单位牵头管理，BIM 总体咨询单位提供总体咨询（管理平台、技术标准、过程管理、技术培训），设计、施工等单位有序参与的 BIM 实施模式。

2）基于 BIM+GIS 的综合管理平台创新

公司研发了"BIM 综合管理平台"。该平台采用互联网、大数据、云计算、人工智能、GIS、BIM、AI 等一系列先进信息技术。打破 BIM 软件不统一的问题，实现了模型融合等功能，同时集成了项目信息管理、设计管理、投资管理、进度管理、质量管理、安全管理、协同平台数据转换等模块。使建设单位、咨询单位、设计单位、监理单位、施工单位、专业承包单位等在一个统一的平台上共享成果、协同工作，实现 BIM 应用与项目管理一体化。

3）基于 BIM 的工程量计算创新

公司长期从事轨道交通工程造价咨询工作，研发了基于 BIM 技术的工程量计算软件，实现了土方工程、混凝土工程、防水工程、模板工程等工程量计算。

2. BIM 实施阶段性成果展示

1）标准体系建设

BIM 建模标准、文档管理标准、成果交付标准等（附图 A.58）。

附图 A.58　标准体系的建立

2）平台建设

搭建 PW 协同管理平台及 BIM 综合管理平台，保证各参与方在统一的环境下工作（附图 A.59～附图 A.64）。

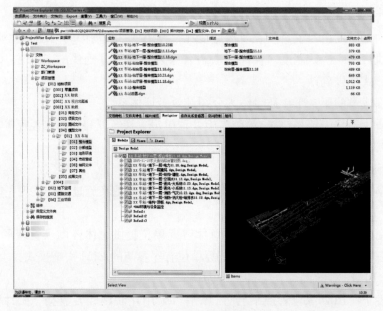

附图 A.59　PW 协同管理平台

附图 A.60　投资管理

附图 A.61　设计管理

附图 A.62　安全管理

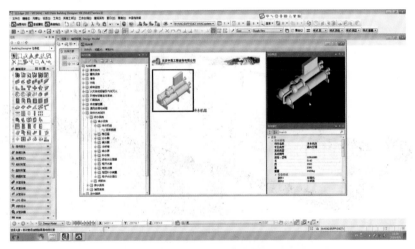

附图 A.63　构件库管理

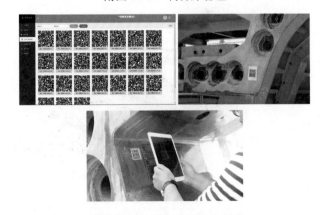

附图 A.64　设备设施信息管理

3）设计阶段 BIM 应用（附图 A.65～附图 A.70）

在勘察设计阶段，通过 BIM 技术模拟场地及地下环境，比选、优化设计方案，快速计算工程量。

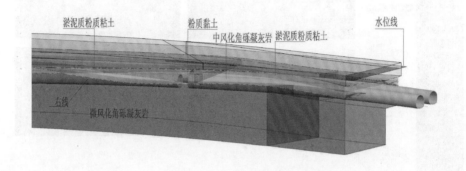

附图 A.65 水文地质环境

附图 A.66 三维场地分析

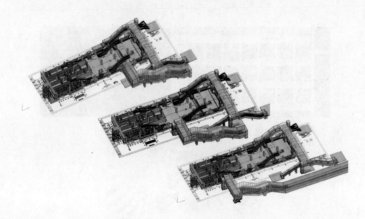

附图 A.67 设计方案比选

附图 A.68 虚拟仿真漫游

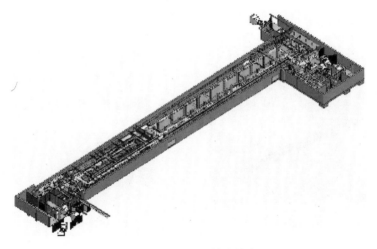

附图 A.69 三维管线综合

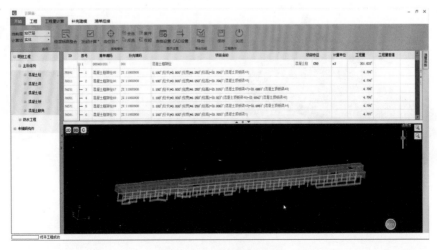

附图 A.70 工程量计算

4）施工阶段 BIM 应用（附图 A.71～附图 A.78）

在施工阶段模拟交通导流、管线迁改、专项施工方案等临时设施及工程实体的建造，减少返工。通过基于 BIM 的机电管道工厂化加工，在轨道交通工程机电安装工业化方面迈出了重大一步。

附图 A.71　交通导流模拟

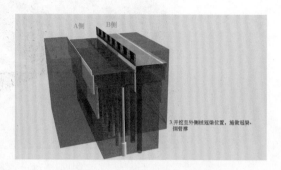

附图 A.72　盖挖施工模拟图

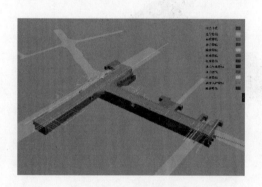

附图 A.73　市政管线改迁

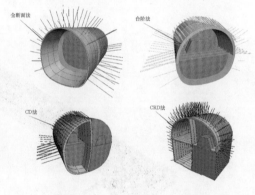

附图 A.74　暗挖区间工法模拟

附图 A.75　三维场地布置

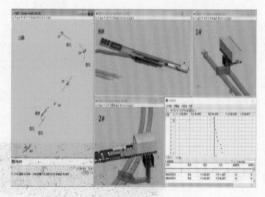

附图 A.76　4D 施工进度模拟

附图 A.77　安全防护模拟

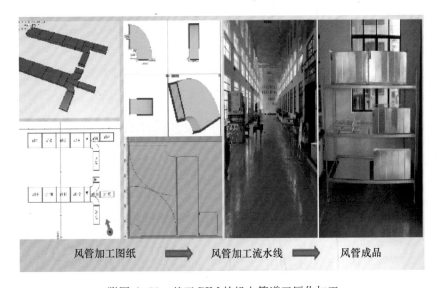

风管加工图纸　➡　风管加工流水线　➡　风管成品

附图 A.78　基于 BIM 的机电管道工厂化加工

3. 实施效益

本项目实施全过程、全系统的 BIM 应用,在建设过程中取得了可观效益。通过优化建筑方案、优化综合管线、模拟施工、机电设备装配式施工。与传统管理模式比较,减少现场协调工作量约 60%,减少变更返工量约 90%,节约了 10% 的机电安装工程材料,同时提高了工程质量,降低了安全风险。大大提高了项目管理的信息集成度。

本项目 BIM 技术工作得到了建设单位的高度重视,是某地地铁示范线路,并入选为本省首批 BIM 技术应用试点项目。

北京中交京纬公路造价技术有限公司董事长刘代全点评意见

1) 项目亮点

(1) 本项目建立由建设单位牵头管理,BIM 总体咨询单位提供总体咨询(管理平台、技术标准、过程管理、技术培训),设计、施工、监理等单位有序参与的 BIM 实施模式,为 BIM 全过程实施应用提供技术保障,理念先进。

（2）采用互联网＋、大数据、云计算、人工智能、GIS、BIM、AI 等一系列先进信息技术的综合管理平台，打破 BIM 软件不统一的问题，实现模型融合等功能，同时集成项目信息管理、设计管理、投资管理、进度管理、质量管理、安全管理、协同平台数据转换等模块，使建设单位、咨询单位、设计单位、监理单位、施工单位、专业承包单位等在一个统一的平台上共享成果、协同工作，实现 BIM 应用与项目管理一体化，技术先进。

（3）研发了基于 BIM 技术的轨道交通工程工程量计算软件，实现了土方工程、混凝土工程、防水工程、模板工程等工程量计算。

（4）与传统管理模式比较，减少现场协调工作量约 60％，减少变更返工量约 90％，节约了 10％的机电安装工程材料，同时提高了工程质量、降低了安全风险。大大提高了项目管理的信息集成度。

2）几点不足

（1）作为全过程的应用，设计阶段信息模型和施工阶段信息模型是具有一定技术要求差别的，利用设计信息模型进行深化设计（施工组织设计）以适应施工阶段各项业务要素关联应用，本案例没有体现二者差别及工作内容的衔接关系。

（2）本案例做了很多 BIM 的协同应用功能，但未能涉及日常施工管理过程中各业务数据如何与模型对接，模型中动态实时的施工过程数据是实现 BIM 协同管理的基础。

五、BIM 技术在安装工程项目的应用实践

云南建投安装股份有限公司

（一）BIM 团队组建历程

根据云工通〔2013〕15 号《关于创建"云南省职工'创新工作室'和'技师工作室'"的通知》，云南建投安装股份有限公司"BIM 创新工作室"于 2013 年 12 月正式成立。

经过几年发展，技术人员不断增加，BIM 应用技术不断成熟，创新能力不断提高，于 2015 年 1 月成立公司"BIM 中心"。目前，中心具有各专业高技能人才 32 人，自中心成立以来，组织完成了八十余个项目的 BIM 应用，制定并发布了企业 BIM 标准，建立了 BIM 云管理平台，BIM 中心对下属子公司项目通过云平台实时管理及追踪，实现对项目云端掌控（附图 A.79～附图 A.82）。

附图 A.79　BIM 创新工作室

附图 A.80　中心办公室

附图 A.81　中心服务器

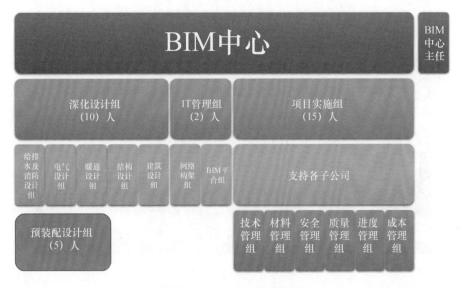

附图 A.82　中心组织架构

（二）BIM 在试点项目中的应用

1. 项目信息

1）基本情况

某心血管病医院项目是云南省委、省政府确定的民生工程，是云南省迄今为止投资规模最大的医院建设项目，占地面积约为 105 亩，总建筑面积 22.59 万 m^2，设计床位1000 张（附图 A.83）。

附图 A.83　某心血管病医院

某商务大厦项目位于昆明市、西山区人民西路与西园路交叉路口，是某集团总部（A1 塔楼）与某银行总行（A2 塔楼）驻地，建筑属于超高层双子塔，设计用途为以高端写字楼为主的城市综合体。总建筑面积 198229.09m^2（附图 A.84）。

附图 A.84　某商务大厦

2）项目施工重点难点

（1）机电系统较为复杂，其中心血管病医院系统较多达到 25 个以上，系统布置繁杂，而某商务大厦项目是两座超高层建筑，大型设备及管线较多，施工返工成本也特别巨大，如采用二次深化设计及施工方法将无法满足现场需求。

（2）项目施工工期紧张，质量要求较高，其中心血管病医院项目拟申报"鲁班"奖，某商务大厦项目拟申报"国优"奖。

3）BIM 应用的重点难点、亮点

（1）工程各工种施工的协调与配合涉及面十分广泛，专业人员必须通过了解工程对象，掌握工程特点，采取相应措施，才能保证各工种相互协调与配合，确保质量与进度目标控制的全面完成；机电安装施工过程中，更离不开其他专业的配合，BIM 技术的结合运用，才能做到有组织、有计划地完成本专业工作内容。

（2）目前没有相应的企业标准及作业指导书，通过以上项目实施完善建立公司 BIM 技术在施工阶段的相应标准、作业指导书等。

2. BIM 设备配置

1）中心设备配置（附图 A. 85～附图 A. 87）

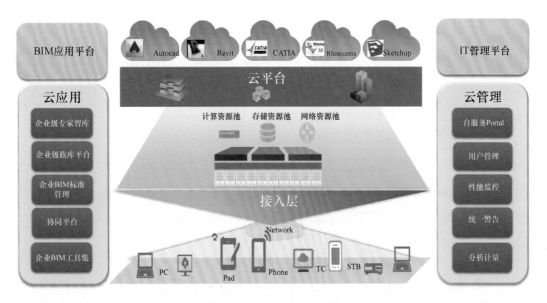

附图 A. 85　BIM 应用平台

附图 A.86　基于云的三维协同

附图 A.87　族库管理

2）项目设备配置（附图 A.88）

附图 A.88 项目 BIM 办公配备

项目配备工作电脑：EliteDesk 880 G1 TWR/New Core i7－4790（3.6G/8M/4/32G（4 ＊ 8GDDR31600＊）/1000G（SATA）/DVD＋RW/AMD740 2G 独显/USB 抗菌键盘/USB Optical 抗菌鼠标/320W 电源/3－3－3/机箱智能电磁锁。21.5 寸显示器，双屏。

3. BIM 应用方法

1）制订项目 BIM 实施计划方案

对于 BIM 技术应用的项目，在进行项目策划时同步进行 BIM 技术应用策划，编制《BIM 实施计划方案》，并与《项目施工组织设计》同步提交公司技术中心，由公司 BIM 中心根据《BIM 实施计划方案》对项目进行动态跟踪管理。

2）项目实施组织架构（附图 A.89）

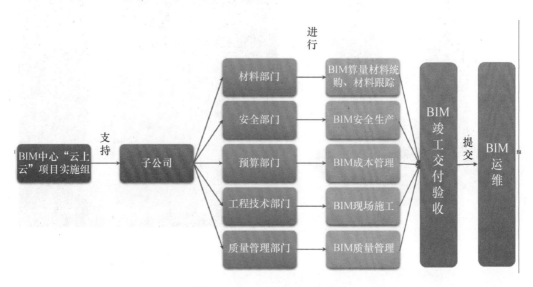

附图 A.89 项目实施组织架构

4. BIM 实施主要应用点

1）基于云平台的模型搭建

BIM 人员根据公司的标准统一在云平台进行各专业模型搭建，建模过程中发现原设计图纸中内容缺失或是平面图和系统图内容不一致等情况，做好问题记录，及时反馈相关专业施工员，并达成一致意见后，与设计沟通交流修改设计，保证设计图纸和深化模型高度的正确性（附图 A.90～附图 A.92）。

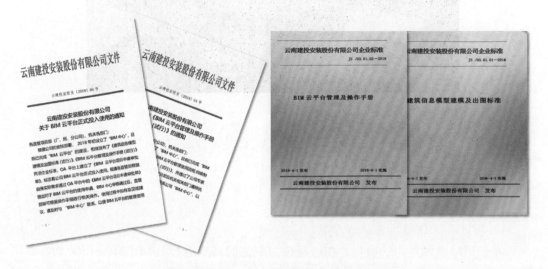

附图 A.90　建模出图标准及平台操作手册发布

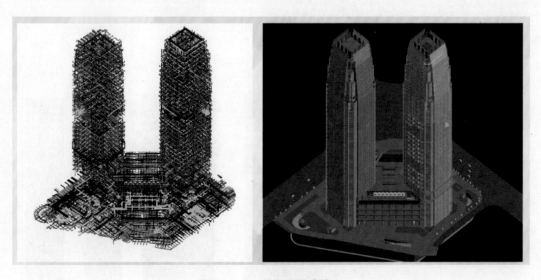

附图 A.91　某大厦搭建模型

附图 A.92　某心血管病医院搭建模型

2）机电深化

（1）碰撞检查、优化网管

建模完成后，通过 BIM 三维建模软件对各专业管综模型按照规范及安装便利度完成管综优化调整，明确各专业管线的布置层次、布置位置及标高，保证管线位置的合理性和优化性。并按调整后的管综模型出具各专业深化设计图纸，指导现场施工。

（2）设计综合支吊架

某心血管病医院项目为三级甲等医院，某商务大厦项目属超高层综合体，均存在机电专业系统多，管线种类多，平面布置错综复杂，对安装空间和标高要求高，且工程体量大、工期紧张。因此公司以 BIM 技术为依托，采用组合式预制支吊架流水作业提高施工效率。

传统是各专业都要各自打支架，现在把打支架的工作全部集中到支架安装班组来实施，只要共用支架控制好，各个专业管线的标高和定位就已经确定了，测量放线工作也集中于一个班组，减少了质量控制点，从而降低了质量问题发生的概率（附图 A.93～附图 A.98）。

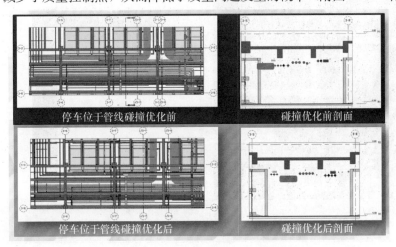

附图 A.93　优化调整后管综模型

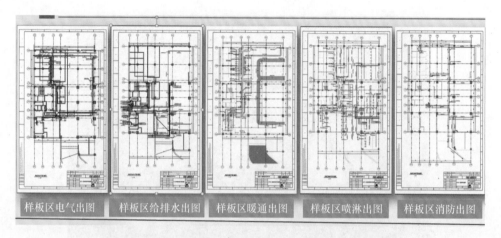

| 样板区电气出图 | 样板区给排水出图 | 样板区暖通出图 | 样板区喷淋出图 | 样板区消防出图 |

附图 A.94 某心血管病医院样板区管综优化调整后出图

附图 A.95 某心血管病医院样板区管综优化后现场安装实景

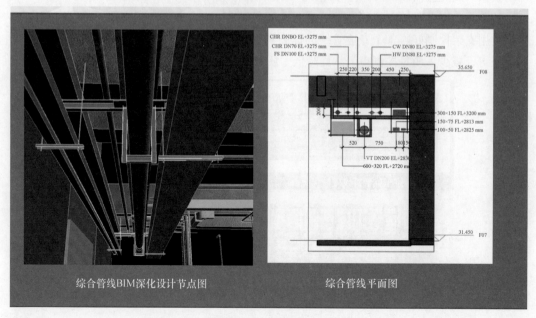

综合管线BIM深化设计节点图 综合管线平面图

附图 A.96 根据优化后机电管综设计综合支吊架

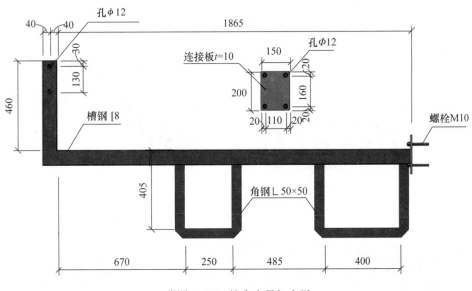

附图 A.97　综合支吊架大样

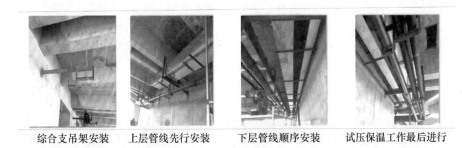

综合支吊架安装　　上层管线先行安装　　下层管线顺序安装　　试压保温工作最后进行

附图 A.98　综合支吊架现场安装实况

（3）优化预留孔洞、一次成优

某商务大厦项目塔楼每层设计有一个大水管井、一个小水管井，大水管井内涉及给水立管、排水立管、喷淋立管、通气立管等，大水管井内共计约 22 根管道，管井的整体面积为 8m²，管井内的预留孔位置在管井的正前侧及左右两侧，尺寸分别为 2800mm×400mm 及 2700mm×400mm，管井狭窄、管道数量众多，为提高管井套管施工效率及准确性，项目拟采取整体套管成品预制技术。

项目组对综合管井施工进行协商研究，为保证套管的施工效率、施工准确性及成本考虑，确定套管采用 L 30×3 角钢作为套管固定支架进行固定，由 BIM 小组对每层的管井进行深化，确定套管大小、数量及安装位置并出图。现场严格按照整体套管模具进行制作（附图 A.99 和附图 A.100）。

预制套管采用整体套管安装，首先对综合管井内施工区域摆放的土建材料协调土建单位清理，施工区域垃圾废料清理干净后，根据 BIM 深化图进行放线；利用卷尺、红外放线仪、吊线锤进行水平及垂直度放线，确定管井内管道中心点位，根据中心点位的确定，推算预埋套管两边线的位置，用记号笔进行现场标识；根据管井内所用套管的大小，现场自制不同套管定位模具，根据系统的安装位置，从最顶处的管道安装位置进行吊线定位（附图 A.101）。

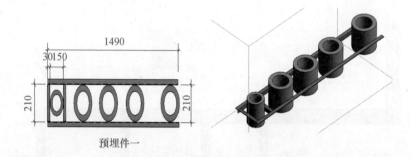

预埋件一

附图 A.99 套管深化平面图和三维模型

附图 A.100 现场整体套管预制过程

附图 A.101 预留孔洞现场预埋实景

3）虚拟施工、有效协同

三维可视化功能再加上时间维度，可以进行模拟施工。随时随地直观快速地将施工计划与实际进展进行对比，同时进行有效协同对工程项目的各种问题和情况了如指掌。这样通过 BIM 技术结合施工方案、施工模拟和现场视频监测，大大减少建筑质量问题、安全问题，减少返工和整改（附图 A.102 和附图 A.103）。

附图 A.102 虚拟施工消防管道安装阶段

附图 A.103 虚拟施工风管安装阶段

4）三维渲染，宣传展示

三维渲染动画，给人以真实感和直接的视觉冲击。建好的 BIM 模型可以作为二次渲染开发的模型基础，给业主更为直观的宣传介绍，提升企业核心竞争力；同时更好地宣传项目，取得一定的社会效益（附图 A.104 和附图 A.105）。

5）精确算量、限额领料

施工企业精细化管理很难实现的根本原因在于海量的工程数据，无法快速准确获取以支持资源计划，致使经验主义盛行。而 BIM 的出现可以让相关管理条线快速准确地获得工程基础数据，为施工企业制订精确的人材机计划提供了有效支撑，大大减少了资源、物流和仓储环节的浪费，为实现限额领料、消耗控制提供了技术支撑（附图 A.106～附图A.108）。

附图 A.104　渲染与现场安装对比一

附图 A.105　渲染与现场安装对比二

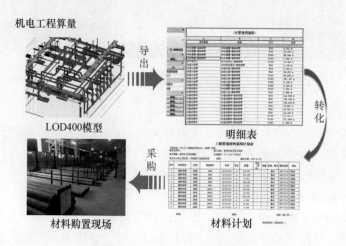

附图 A.106　机电工程算量流程

附图 A.107　限额领料现场实景一

附图 A.108　限额领料现场实景二

6）设备机房深化

机房的深化设计在施工中相当重要，机房的设备较多、系统繁杂、空间狭小、施工困难、作业环境差，如果不提前进行优化，就会造成设备过大无法进入机房，管线施工不能保证净空等各种问题。因此在机房机电系统施工中，工厂预制化显得很重要，它能有效地解决机房施工的这些难题（附图 A.109～附图 A.111）。

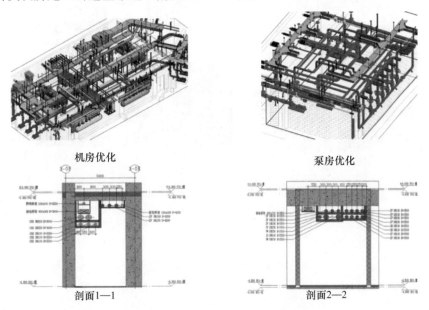

附图 A.109　机房深化设计模型及剖面

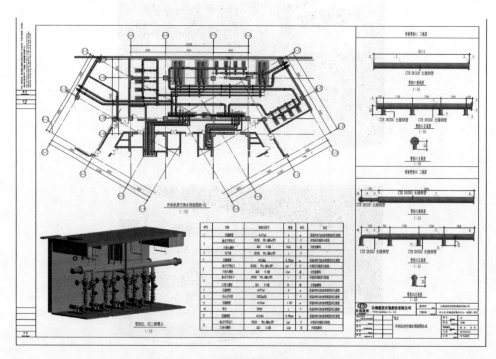

附图 A.110　机房预制管段深化设计出图

附图 A.111　机房预制管段现场施工流程

7）可视化交底

在机电管线正式安装前，我们先对现场施工人员进行可视化交底，比起传统的文字交底，可视化交底以三维动画为基础，交底内容形象直观，现场施工人员观看后简单易懂，更能快速地掌握施工的要点、难点（附图 A.112 和附图 A.113）。

附图 A.112 泵组安装模拟

附图 A.113 机房的安装模拟

8）协同管理

利用 BIM 文件与项目管理平台进行数据交互，为现场管理提供准确及时的基础数据，配合现场进行数据对比分析及决策，实现项目全过程管理（附图 A.114 和附图 A.115）。

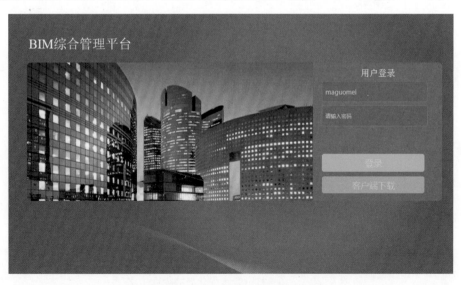

附图 A.114 管理平台登录界面一

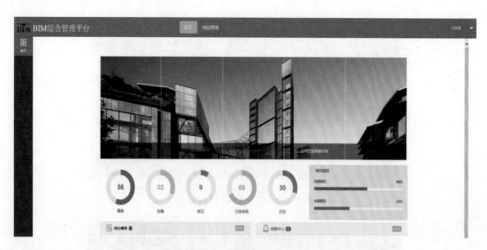

附图 A.115　管理平台登录界面二

5. BIM 技术应用价值

1）经济效益

（1）机电管综优化经济效益分析

通过 BIM 技术的应用，解决了管线综合集成，大大减少了各专业管线的碰撞，减少现场协调工作量，避免了因碰撞引起的返工。同时在样板区施工中，使安装精益求精，杜绝常见质量问题，为后续工作的开展，进行实物交底，为项目一次成优做出表率（附图 A.116 和附图 A.117）。

（2）综合支吊架应用经济效益分析

①材料费用分析

组合式支吊架的本质是将多个单体支架进行了优化组合，本需多个支吊架实现的功能现在仅需一个支吊架就能实现，减少了型材的消耗。以 A1 塔楼七层为例进行分析：

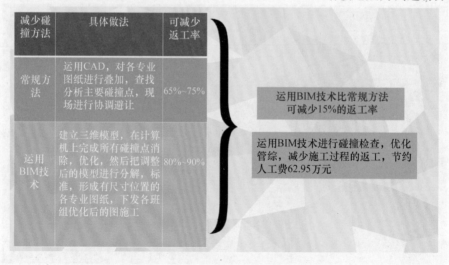

附图 A.116　机电管综优化后减少返工率

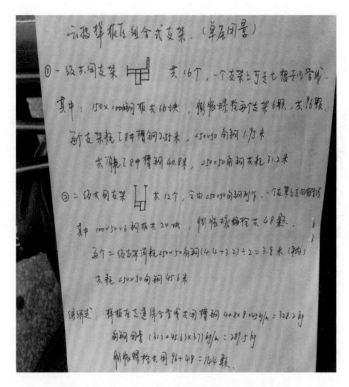

区域	碰撞点（处）	区域	碰撞点（处）	区域	碰撞点（处）
负一层	2672	A栋16 共门	768	门诊医技楼	2926
负二层	1570	A栋屋面	122	B栋1-5层	1050
A栋F1	130	裙房F1	265	B栋6-15层	2380
A栋F2	135	裙房F2	321	B栋屋面	135
A栋F3	151	裙房F3	233	心脏病中心	1568
A栋F4	157	裙房F4	256	合计	15175
A栋F5	189	裙房F5	247		

根据碰撞检测报告，运用BIM技术
共处理了15175个碰撞点

- 运用BIM技术比常规方法可多消除
  3035个碰撞
- 15175×15%≈2277

附图 A.117　机电管综优化后消除碰撞点

附图 A.118　A1 塔楼七层支吊架经济效益分析

由附图 A.118 计算式可以看出，整个样板区组合支吊架的型材消耗量为 617.7kg，膨胀螺栓耗量为 144 颗。而采用传统单体支吊架施工的话型材耗量将超过 980kg，膨胀螺栓耗量为 320 颗以上。按照平均每层节约 350kg 钢材计算，70 层楼共可节约钢材24.5t，折合市场价 8.5 万余元。

②人工费用分析

在安装工程中采用组合支吊架所需人工费用只占传统支吊架的 40％左右，分析原因：一是组合支吊架采用了预制的方式，实现了批量生产，相对传统方式节约了支架制作的人工；二是组合式支吊架省去了大量的下料、焊接、刷漆等工作，节约了辅助工作投入的人工；三是模式创新，支吊架安装班组只负责组合式支吊架制安这一项工作，不再从事管道安装工作，形成流水作业（此层支架安装完毕即进入下一层），如此一来也节约了人工消耗；四是省去了各管道安装班组测量放线的工作，专业管线已经被组合式支吊架限制死了，只需控制横平竖直将管道安装上去就可以。同样以样板区为例，单层支架制作节省人工 4 个，支架安装节省人工 4 个，测量放线节省人工 3 个，流水作业减少人工 2 个，避免因支架焊接质量及支架安装精度返工预估节约 4 个人工，共计节约 17 个人工，按市场价格估算，单层约节约人工费 3740 元，70 个楼层（不考虑地下室）可节约人工费约 26 万元；因此可以减少在混凝土板上打孔，可降低对预埋线管的破坏，预计每层减少 2 处对预埋管的破坏，可减少因预埋管破坏需二次处理、恢复的人工约 4 人/层，可节约直接人工费约 6 万元（附图 A.119）。

材料名称	单位	数量	支架间距	支架数量	型钢选用	平均单个支架重量kg	支架合计/kg
热镀锌钢管DN65-DN80	m	3215	5m	643	∠30*30*3	2.75	1765.68
热镀锌钢管DN100-DN150	m	6350	2个/6m	2117	∠40*40*4	4.84	10254.75
内衬塑钢管DN50-DN80	m	1931	5m	386	∠30*30*3	2.75	1060.51
内衬塑钢管DN100	m	110	2个/6m	37	∠40*40*4	4.84	177.61
机制铸铁排水管	m	7795	1.5m	5197	∠40*40*4	4.84	25172.65
PPR管	m	2142	1.2m	1785	∠30*30*3	1.37	2450.81
薄壁不锈钢管	m	18075	3m	6025	∠40*40*4	3.00	18075.00
无缝钢管	m	7500	5m	1500	∠40*40*4	4.84	7266.00
合　计							66223.00

设计综合支吊架，节约人工费及材料费95.57万元

若不考虑综合支吊架，根据管道安装相关规范要求，设置支吊架，可计算出支吊架钢材的需用量：66.223t

附图 A.119　综合支吊架应用经济效益分析汇总

（3）综合管道井应用经济效益分析

①进度效果

根据 BIM 深化图，进行整体式套管预制，有效提高套管的加工效率、套管安装效率，比传统的单根套管安装进度大幅提高。预计单层套管较传统制作可节省人工 4 个、整体套管安装较传统单个套管安装可节省人工 4 个（含运输），测量放线节省人工 1 个，避免因套管安装精度而返工可节约 2 个人工，共计节约 11 个人工，单层约节约人工费 2420 元，76 个楼层可节约人工费约 18 万元。

②质量效果

制作出来的整体式套管比以往单根套管更加牢固，混凝土浇筑时不易受影响，其管道中心的对中保证了管道与套管之间的同心度，且套管标高可控制在同一平面高度，也是项目创优重要的一部分。

2）社会效益

（1）公司获得的荣誉：2016 年，某心血管病医院项目在第二届中国建设工程 BIM 大赛中荣获"单项奖三等奖"；同年在第一届"安装之星"BIM 大赛中荣获"单项奖三等奖"。某商务大厦在 2017 年第三届中国建设工程 BIM 大赛中荣获"单项奖三等奖"。

（2）提高了项目工程质量、施工效率，为顺利完成各工期节点目标任务提供了有力的保障。

（3）通过 BIM 技术的应用研究，与建设单位及相关参见单位共同形成了一套相对完整的《施工过程 BIM 管理办法》，且项目部还编制完善了公司《项目 BIM 技术施工标准》，同时通过两个项目建立了公司级的民用机电族库数据库，为公司后续项目在 BIM 技术的应用提供了宝贵的经验和相应的技术数据库。

（4）为公司培养了一批 BIM 技术人才。

6.BIM 技术应用总结

目前公司 BIM 技术在安装工程中对施工设计的优化、各种管线的碰撞检测、净高的分析应用已经在施工工效、成本效益上取得了不小成绩，为项目的高效运作打好了基础。在今后的技术发展中我们将在基于 BIM 的招投标、施工现场管理、施工进度的模拟控制和更新、工程造价及对设备运维资料管理等方面全面开展应用。把 BIM 技术充分应用到建设项目各阶段，把施工优化和效益提升全方面发展起来。

中铁工程设计咨询集团有限公司工程经济研究院副院长徐莉点评意见

1. 云南建投安装 BIM 应用平台是集三维建模设计、施工、建设管理为一体的项目管理云平台。该平台已实现的功能如下：

1）建立 BIM 云平台：人员可协同办公，统一进行各专业建模，同时可以在异地数据共享、移动端办公。

2）设计碰撞检查，优化网管及设备等布置：建模完成后，通过 BIM 三维建模软件对各专业管综模型按照规范及安装便利度完成管综优化调整，明确各专业管线的布置层次、位置及标高，保证管线位置的合理性和优化性。

3）三维出图：模型可出具专业深化设计图纸，指导现场施工。

4）虚拟施工，有效协同，提高施工组织效率：能够随时快速将施工计划与实际进度对照，通过 BIM 技术结合施工方案、施工模拟和现场视频监测，优化作业，减少质量、安全问题及返工。

5）精确算量，并且可统计人材机消耗，在施工中实现限额领料。

6）三维渲染，宣传展示：能够更为直观地宣传介绍项目，提高竞争力。

7）可视化交底：施工前对现场施工人员进行可视化交底。

8）协同管理：利用 BIM 文件与项目管理平台进行数据交互，为现场管理提供准确及时的基础数据，配合现场进行数据对比分析及决策，实现项目全过程管理。

2. 对于工业经验专业的 BIM 应用来说，应用平台还需进一步深化研究、完善补充以下功能：

1）研究工程数量与定额的关联，实现通过 BIM 模型计算输出的工程数量同时具有定额信息，即输出的工程数量自动套用定额。

2）在实现工程数量自动套用定额的前提下，研究该输出的成果文件与计价软件的接口，以实现快速造价。

3）研究平台同时能实现验工计价及材料调差的功能。通过 BIM 平台能统计出某一时间段或者某一工程部位，实际施工完成的工程数量以及与设计工程数量的对照，实际施工发生的费用以及与设计工程费用的对照，实际采购的材料价格与设计材料价格的对照等。

将以上补充的功能与 BIM 应用平台已实现的功能进行整合，从而形成更好地为工经专业所应用的 BIM 平台项目。

3. BIM 技术应用价值可观：

1）通过 BIM 技术的应用，解决了管线综合集成，采用组合式预制支吊架流水作业提高施工效率，大大减少了各专业管线的碰撞，减少现场协调工作量，尽量避免了因碰撞引起的返工，推动安装质量精益求精。

2）根据 BIM 深化图，进行管道井整体式套管预制，或在机房机电系统施工中提高管线的工厂预制化水平，有效提高安装效率和安装进度。

3）而 BIM 的出现可以让相关管理条线快速准确地获得工程基础数据，为施工企业制订精确的人材机计划提供了有效支撑，大大减少了资源、物流和仓储环节的浪费，为实现限额领料、消耗控制提供了技术支撑。

4）推动企业 BIM 技术在施工阶段的相应标准、作业指导书的建立和完善。

六、崇文花园 BIM 咨询服务项目案例分享

深圳市斯维尔科技股份有限公司

（一）项目背景

项目名称：崇文花园三期

建设单位：深圳市南山区建筑工务局

深圳市万科城市建设管理有限公司（代建）

施工单位：中建三局第一建设工程有限责任公司

设计单位：深圳市鲁班建设监理有限公司

监理单位：深圳市鲁班建设监理有限公司

BIM 咨询：深圳市斯维尔科技股份有限公司、深圳市航建工程造价咨询有限公司（BIM 算量）

崇文花园项目是深圳市南山区政府全资建设的保障性产业用房，建筑占地面积 2.16

万 m^2，建筑面积 23 万 m^2。该项目是深圳市南山区建设管理模式创新的项目，综合运用 BIM 技术支持项目过程管理。

本项目项目获得 2016 中国第十五届住博会"最佳 BIM 设计应用奖 一等奖"。

2017 年 6 月 16 日崇文花园项目荣膺深圳建筑业协会安全生产与文明施工优良工地。2017 年 9 月 7 日，广东省建设工程"质量月"活动暨工程质量现场交流会，在崇文花园三期项目启动。BIM 应用获得入会领导及行业专家广泛肯定。

（二）BIM 实施组织构架

本项目采用"BIM 总顾问总体负责＋各参建方 BIM 团队具体实施"的组织架构。BIM 总顾问在项目全过程中统筹 BIM 的管理，制定统一的 BIM 技术标准，编制各阶段 BIM 实施计划，组织协调各参与单位的 BIM 实施规则，审核汇总各参与方提交的 BIM 成果，对项目的 BIM 工作进行整体规划、监督、指导。

本项目 BIM 总顾问由斯维尔 BIM 及绿色建筑咨询中心担任。斯维尔 BIM 中心是斯维尔公司整合和优化资源成立的专注于 BIM 技术在工程中深度应用、创新应用与 BIM 技术培训的推广部门。斯维尔 BIM 中心充分发挥公司在工程设计、绿色建筑、虚拟现实、施工管理、工程算量、工程计价、造价控制、工程质量与安全领域的多年工程研究积累和工程专业人才积累优势，整合软硬件及网络 IT 人才优势，为建设单位、施工单位提供建设项目全过程 BIM 与绿色咨询服务（附图 A.120）。

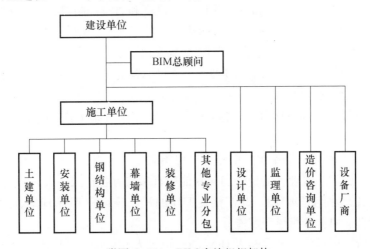

附图 A.120　BIM 实施组织架构

（三）BIM 设备配置

1. 软件配置

1）BIM 模型是 BIM 实施应用的基础，为使 BIM 模型能够在实施过程中无障碍共享和传递，项目各参建方应使用相同名称和版本的 BIM 软件。

2）BIM 软件应具有相应的专业功能和数据互用功能，专业功能应满足专业或任务要求、应符合相关工程建设标准及强制性条文；数据互用功能应支持开放的数据交换标准、能实现与相关软件的数据交换、支持一定的定制开发。

3）为保证本项目模型及数据能够有效互用，要求各参建单位统一按附表 A.32 所示配置 BIM 实施软件。

附表 A.32　BIM 实施软件配置

序号	应用类型	软件名称	交付格式	版本	备注
1	模型创建、优化和出图	Revit	*.rvt	2016	
2	模型整合浏览与检查	Navisworks	*.nwd	2016	
3	二维绘图	AutoCAD	*.dwg	2016	
4	工程量计算	斯维尔三维/安装算量 for Revit	—	2016	
5	进度计划编制	Project	*.mpp	2013	
6	项目协同管理	斯维尔 BIM 5D	—	2.0	
7		斯维尔 BIM 管理平台	—	3.5	

2. 其他设备配置

无人机：用于全过程实时航拍项目场地情况、项目地区规划、记录项目进度。

（四）BIM 在项目中的应用

1. 制定项目《BIM 实施导则》

在项目开始前，由 BIM 总顾问牵头编写项目《BIM 实施导则》，明确组织架构及各参与方职责要求、BIM 实施流程、BIM 应用内容、进度和质量控制规定、工作协同规定、软硬件配置标准、BIM 技术标准（模型精度标准、命名规则、单位坐标设置、模型拆分合并、视图创建规则、色彩标准、模型信息要求）、成果交付规定、考核评价方法等。确保项目各参与方按照统一的标准和方法应用 BIM 技术、交付 BIM 成果、实现预期目标。

1）BIM 实施组织构架

本项目"BIM 总顾问总体负责＋各参建方 BIM 团队具体实施"的组织架构，具体要求如下：

（1）成立项目 BIM 工作小组，由建设单位指派专人为组长，BIM 总顾问指派专人为副组长，设计、施工、监理、造价咨询等其他所有参与方各指派一人为组员。

（2）BIM 工作小组是本项目 BIM 相关工作的核心组织，具有 BIM 工作的策划、实施、监督、管理、协调和指导等职能。

（3）小组所有成员作为本参与方 BIM 的总负责人和协调人，对内管理、协调本方的 BIM 工作，对己方工作过程及结果负责。同时代表本方参与所有 BIM 相关活动，传达 BIM 相关工作指令和信息。

2）BIM 实施流程

结合项目要求编制项目各阶段 BIM 实施流程，制定设计管理 BIM 实施流程、施工准备阶段 BIM 实施流程、各专业 BIM 建模深化管理流程、变更管理 BIM 实施流程等（附图 A.121）。

3）BIM 建模标准

前期准备工作中建立项目 BIM 建模标准，明确各专业各构件建模要求，制定模型拆分与合并要求；模型文件命名，构件命名及属性参数要求；各专业建模流程及细则等，为后期建模提供统一指引（附图 A.122）。

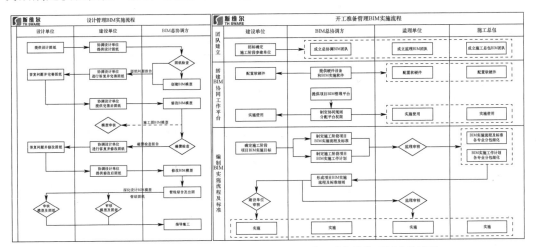

设计管理 BIM 实施流程　　　　　　　　　施工准备阶段 BIM 实施流程

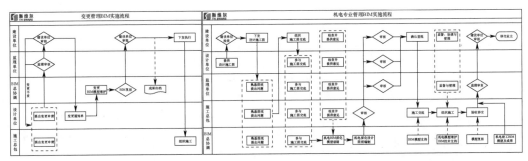

各专业 BIM 实施流程　　　　　　　　　变更管理 BIM 实施流程

附图 A.121　BIM 实施流程

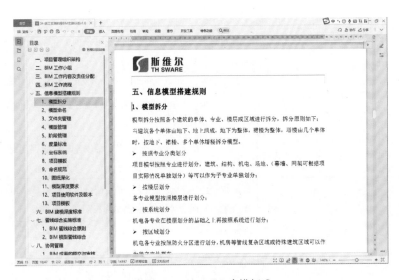

附图 A.122　BIM 建模标准

4）BIM 应用内容

明确项目 BIM 应用点以及应用目标，实施单位，及实施流程，交付成果等（附表 A. 33）。

附表 A. 33　BIM 应用内容

序号	应用点	应用点描述
1	BIM 模型深化	对项目实施过程中的结构节点、钢结构节点、幕墙节点进行模型深化和提前验证，为现场施工提供决策参考
2	管线综合深化	针对机电二维图纸存在的管线碰撞、设计不合理、净高不足、支架布置、预留操作空间等问题进行综合的调整和深化，再出具深化图纸供施工现场按图施工
3	预留预埋定位	精确定位机电穿墙管线的套管和孔洞位置，出具预留预埋定位图，供现场施工使用
4	净高分析	管综完成后，针对不同功能区域进行净高分析复核，确保各区域满足净高要求
5	各专业协同深化	针对专业内和专业间的构件进行协同碰撞检查，协同深化，发掘并解决碰撞问题
6	砖墙排布深化	施工前对建筑砌体墙进行排砖布置深化，出具排砖图，统计砌块砖数量
7	工程量统计	对结构、钢结构等专业进行工程量统计，传递施工各部门，有序规划安排施工生产
8	精装效果模拟	精装模型完成后，通过虚拟漫游等方式，实景、沉浸式体验精装效果，在施工前期及时调整完善
9	场地布置模拟	通过 BIM 及时动态反映现场材料堆场、临房布置、机械布置等情况，及时调整不满足施工规范和施工生产安全之处，防患于未然
10	施工进度模拟和优化（4D）	通过模型与时间信息的关联，实现工程进度可视化
11	BIM 可视化辅助交底	通过漫游、模拟、模型可视化展示的方式，辅助交底，提升技术质量交底的水平
12	无人机全景图	每周制作全景图，管控施工进度和施工安全文明
13	智慧工地管理	对工地内的人员、车辆、大型机械、环境、视频监控进行信息整合和智慧化管理
14	基于协同平台的安全、质量管理	基于线上协同平台，对施工中的安全、质量问题进行统管控，提升管理水平
15	无人机土方平衡计算	对现状的场平地形和竣工地形做对比，得出整个项目的挖方量和填方量，从而合理统筹规划土方外运量
16	装配式制冷机房深化	对制冷机房，通过 BIM 深化、工厂预制的方式，对设备、管道（含支架及保温）的整体预制作安装，实现快速建造
17	运维信息整合	施工中及时收集各楼栋机电设备的安装信息、维保信息，并整合到模型中，为运维阶段提供数据支持

5）BIM 实施督导

（1）BIM 协同要求

①建立 BIM 模型协同管理机制，明确协同工作中的具体要求，满足 BIM 模型的建立、共享和应用所需要的条件。

②制定 BIM 文件管理架构、协同工作方式及其 BIM 技术应用的相关规定，满足工程项目各参与方进行信息模型的浏览、交流、协调、跟踪和应用。

③根据工程实际需要搭建 BIM 协同管理平台，通过 BIM 协同管理平台确保 BIM 模型数据的统一性与准确性，提升 BIM 模型数据传输效率及质量，提高各参与方协作效率，为工程项目的设计、施工、运营、维护提供数字化基础。

（2）BIM 会议机制

①建立 BIM 会议机制，通过定期召开 BIM 例会，进行 BIM 工作进度汇报、问题沟通解决、BIM 成果提交等。

②将 BIM 会议作为 BIM 实施的重要部分，由建设单位 BIM 工作组组长主持、BIM 总顾问单位协助，BIM 工作小组成员及各参建单位相关人员参加。BIM 工作会议包括 BIM 例会与专项会议。

③BIM 例会每周召开一次，主要内容包括：检查上周 BIM 工作计划实施情况，督促各参建单位按期完成 BIM 相关工作，重点是利用 BIM 模型及成果为协调解决设计、施工、管理问题提供 BIM 技术支持；协调处理 BIM 实施过程中存在的问题，安排下周 BIM 工作计划等。

④每月第一周的 BIM 例会前，BIM 总顾问应提前总结编制月度 BIM 工作报告，针对上月 BIM 相关工作情况、下月工作计划和工作重点等内容在会上进行汇报。

⑤BIM 专项会议根据实际情况组织召开，常见内容包括：BIM 设计协调会；BIM 施工深化协调会；BIM 施工模拟协调会；BIM 施工交底协调会；BIM 施工进度协调会；BIM 施工变更协调会；BIM 施工质量安全协调会等。

⑥在每次 BIM 工作会议后，由 BIM 总顾问整理、相关单位补充，编制形成会议纪要，发送给相关领导和单位。

⑦BIM 例会会议纪要以及周度/月度 BIM 工作报告的电子文件需上传 BIM 平台作为重要项目资料予以保存，项目结束后集中交付业主。

（3）进度控制

①检查节点：日常工作（每周），项目阶段性节点；

②检查依据：项目 BIM 实施进度计划；

③检查形式：项目 BIM 周例会；

④检查人员：建设单位、BIM 总顾问；

⑤检查内容：比对项目 BIM 实施工作实际进度与计划进度，审核子项工作完成情况（动态审核、节点审核）；

⑥检查结论：进度调差，动态调整后工作安排，写入会议纪要。

（4）质量控制

①为保证各参建单位的模型质量，BIM 总顾问应按照相关文件严格地对 BIM 模型及

成果的质量进行控制，主要按工作前期、过程检查、成果验收三个阶段组织例行检查和成果审查。

②对各参建单位单位提交的 BIM 模型及成果进行审核，确保满足使用要求。

③在项目实施过程中，管理、协调各参建单位的建模和应用工作，检查各方模型及成果的完整性、规范性和协调性，保证各阶段的 BIM 模型及成果达到交付标准。

（5）考核评价

①考核时间：被考核单位完成合同范围工作内容，进行最终工程验收前；被考核单位与甲方终止合同。

②考核方式：被考核单位提出考核申请，填写"交付成果清单""交付说明表""模型考核表"，整理和提交考核所有成果资料；BIM 总顾问根据被考核单位交付的成果资料，进行客观考核。

2. BIM 实施主要应用点

1）BIM 精细建模

本项目 BIM 实施应用包括：方案设计、初步设计、施工图设计、施工过程、竣工交付 4 个阶段，各阶段应创建的 BIM 模型、建模依据及其包含的专业如附表 A.34 所示。

附表 A.34　BIM 精细建模要求

阶段	创建模型	建模依据	包含专业
施工图设计	施工图设计 BIM 模型	施工图设计图纸	建筑、结构、给排水、暖通、电气、装饰、景观
施工阶段	施工 BIM 模型 变更 BIM 模型	施工深化设计图纸、施工工艺流程等设计变更	建筑、结构、给排水、暖通、电气、装饰、景观
竣工交付	竣工 BIM 模型	竣工图纸	建筑、结构、给排水、暖通、电气、装饰、景观

本项目对建筑、结构、机电、幕墙、擦窗机、泛光照明、精装修、标识、智能化、室外管线、园林景观等专业全部进行了精细建模（附图 A.123）。

2）设计错漏碰缺检查

基于各专业 BIM 模型，使用 BIM 相关专业软件，自动查找专业内部以及各专业间的碰撞问题，形成碰撞检查问题报告，并及时反馈给相关设计人员，通过各专业沟通协调，最终解决问题。

（1）工作流程

①整合各专业模型，形成完整的 BIM 模型；

②设定碰撞检查的基本原则，使用 Navisworks 等检查软件，检查发现专业内、专业间的冲突和碰撞，并形成碰撞检查报告；

③将筛选整理后碰撞检查报告提交给设计单位，设计单位对报告所列问题进行回复和修改；

④根据设计单位修改后的图纸，进行模型调整，并进行再检查，直至解决全部碰撞问题。

建筑BIM模型

结构BIM模型

机电全专业BIM模型

幕墙BIM模型

智能化BIM模型

精装修BIM模型

室外管网BIM模型

泛光照明BIM模型

燃气BIM模型

地下标识BIM模型

景观园林BIM模型

成品支架BIM模型

机房预制BIM模型

附图 A.123　项目模型

（2）交付成果

①碰撞检查报告：应详细记录调整前各专业模型之间的冲突和碰撞（附图 A.124）。

附图 A.124　碰撞检查

②设计问题联系单（附图 A.125）。

项目名称		深圳崇文花园三期项目						
记录人	艾鹏	记录日期	2016.06.02	问题类型	综合问题	状态		未解决
图号、图名、版本	HZ1001-04-DS2-62~63（地下室动力平面图）			收图日期		专业		机电
问题描述	地下室电气柜碰撞消防泵，电气建筑底图和空调水建筑底图对不上。			标高	地下一层	问题编号		2
				轴号	10-11 与 G-H 轴线			
设计师意见：								

附图 A.125　碰撞检查设计问题联系单

③图纸及碰撞问题统计（附图 A.126）。

区域/专业	建筑	结构	暖通	给排水	电气	共计
地下室	37		10	10	6	63
裙楼	17		6	6	4	33
塔楼1	9	7	13	3	5	37
塔楼2	16	27	10	5	4	62
塔楼3	20		12	8	5	45

240个

区域	碰撞点数量	备注
地下室	9629	
裙楼	4993	
塔楼1	18429	
塔楼2	8832	
塔楼3	21195	

63078处

附图 A.126　图纸及碰撞问题统计

3）管线综合

（1）深化设计

深化设计是在原设计图纸、设计模型等基础上，结合现场实际情况，对原设计进行补充、优化，形成具有可实施性的成果文件，深化设计后的成果文件应满足原设计要求，符合相关设计规范和施工规范，能够准确指导现场施工。

（2）管线综合

基于各专业 BIM 模型和碰撞检查报告，综合协调各专业之间的矛盾，统筹安排机电管线的空间位置及排布，制作管线综合平面图、剖面图、节点三维示意图等深化图纸，以避免空间冲突，尽可能减少碰撞，严格控制错误传递到施工阶段。提升设计净空、减少施工返工、提高工作效率和质量、加快施工进度。

（3）工作流程

①整合建筑、结构、给排水、暖通、电气等专业模型，形成全专业 BIM 模型；

②设定管线综合的基本原则，确定管线排布基本方案，并根据碰撞检查报告逐一调整模型，确保各专业、管线、设备之间的冲突与碰撞问题得到解决；

③根据深化后的管线综合模型，制作管线综合平面图、局部位置剖面图和节点三维示意图。

（4）交付成果

①调整后的各专业模型：模型深度和构件要求详见项目《BIM 技术标准》；

②管综问题报告：详细记录问题的文件名称、位置、图片及文字说明等；

③管线优化报告：说明管线综合的基本原则，并提供冲突和碰撞的解决方案，对空间冲突、管线综合优化前后进行对比说明；

④管线综合图纸：管线综合平面图、局部位置剖面图和节点三维示意图。

4）净空优化

通过对过道、机房、车库等管线设备密集区域或有净高控制要求区域进行净高分析，从而确定净空高度，编制整体净高分析图和净高分析报告，提前发现设计不满足要求位置并采取措施优化净高，避免留下限高的遗憾（附图 A.127）。

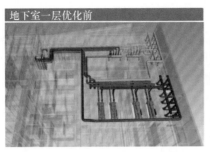
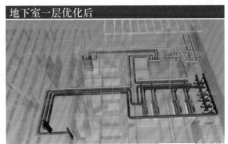

附图 A.127　深化设计成果

（1）工作流程

①根据各专业设计图纸，综合考虑楼板、梁、管线等内容，绘制整体净高分析图，确定整体净高分布情况；

②根据整体净高分布情况、项目净高控制要求和各专业设计情况，确定需要进行净高分析的关键部位，如走道、机房、车道上空等，查找设计不满足要求的位置，编制净高分析报告；

③将 BIM 模型、整体净高分析图、净空分析报告提交至设计单位，设计单位进行核查和修改，并提供修改后的图纸或变更。

（2）交付成果

①整体净高分析图：用不同颜色直观表示不同区域和位置的净高情况，以便确定检查和优化重点位置（附图 A.128）；

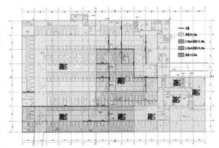

附图 A.128　净高自动巡查/整体净高分析图

②净高分析报告：报告应说明建筑竖向净高优化的基本原则，记录发现的净高问题，对管线排布优化前后进行对比说明（附图 A.129）。

建筑部位	优化前净高（mm）	一次优化后净高（mm）	二次优化后净高（mm）	净空提高（mm）
3#塔楼标准层公共区	2750	2800	2900	150
2#塔楼标准层走廊	2570	2700	2900	330
1#塔楼标准层走廊	2570	2650	2900	330
裙楼3层	2540	2650	2900	360
裙楼2层	2630	2950	2950	220
裙楼1层	2900	3300	3300	400
地下室1层	2590	2800	2900	310
地下室2层	2280	2300	2500	220

附图 A.129　总体净空优化高度

5）预留预埋

利用 BIM 模型，在管线综合优化深化的基础上，自动检测出所有需要预留预埋的位置并将其进行标识和定位，制作精确定位的预留预埋图纸。

（1）工作流程

①利用 BIM 工具软件，自动检测管线穿结构墙、板等构件的位置，自动开洞和预留套管；

②根据完善后的 BIM 模型制作预留预埋图纸。

（2）交付成果

管线预留预埋平面图见附图 A.130。

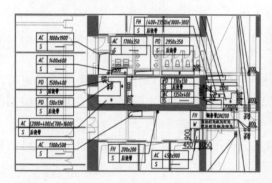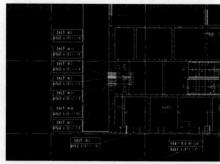

附图 A.130　综合结构留洞图/预留预埋套管模型

6）VR 仿真应用

VR 技术为虚拟现实技术，AR 技术为增强显示技术，在本项目中综合应用 VR 及 AR 技术以支持对项目的决策工作和对外展示。VR 成果可以集成于 BIM 协同管理平台中。通过 VR 制作的室内、室外成果，既可以通过 PC 展示，也可以通过手机、平板等移动终端展示，还可以通过 VR 头盔展示。

附图 A.131 是 VR 在手机上的展示，支持在手机上利用重力加速、触摸等操作方式，实现良好的互动效果。

附图 A.131　VR 仿真应用

（1）实施内容及目标

根据园林景观设计图纸和效果图，创建园林景观 BIM 模型。并将 BIM 技术与虚拟现实技术相结合，利用 BIM 模型制作出真实的虚拟小区场景，真实展现园林景观设计。让客户可以身临其境地漫游在小区中，体验园区特点亮点等。

（2）工作流程

①制作小区 BIM 模型，导入效果制作软件；

②模型整理优化；

③光照贴图 UV 展开，材质着色处理，光源设置；

④UI 界面设计；

⑤蓝图可视化脚本构建。

（3）基本场景

基本场景可支持园区的虚拟互动游览，可支持 VR 头盔虚拟现实体验（附图 A.132）。

附图 A.132　VR 基本场景

3. BIM 协同管理平台应用

BIM 协同管理平台作为重要的项目管理工具，满足了建设各方基于 BIM 的信息化管理要求。

本项目采用斯维尔 BIM 协同管理，平台提供了合同管理、进度管理、质量管理、安全管理、投资管理/成本管理、材料管理、知识管理、档案管理、沟通管理以及供高层管理者使用的决策仪表盘和统计报表等功能。系统通过单击登录和权限管理控制相关方使用权限；系统可根据项目管理需要，灵活配置和更新功能模块、灵活定义审批流程（附图 A.133）。

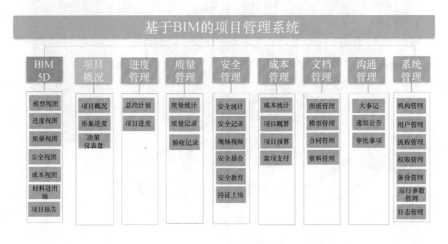

附图 A.133　基于 BIM 的项目管理系统

BIM 协同管理平台与斯维尔 BIM 设计协同平台以及斯维尔 BIM 5D 进行了无缝集成，可以很好地满足在施工过程中的 5D 模型整合、进度管理、质量管理、安全管理、成本管理等数据处理需要。

1）设计协同

本项目建筑体量较大，建筑形态也较复杂。设计工作由多个设计团队配合完成，设计团队之间配合，设计与业主之间、设计与 BIM 咨询团队，以及设计、监理、施工之间的协调是非常耗时之事。

本平台提供了一个多参建方对设计进行沟通协调的集成工作环境。任何拥有权限的人，都可以通过设计协调功能浏览查看模型、浏览查看图纸，对模型进行标记，创建模型视点，对模型问题和标记创建模型快照。可以发起一对一问题讨论或多人讨论。对问题和讨论结果可以形成任务，并进行任务处理和任务跟踪。

通过设计协同功能，为多参建方相关技术人员和管理人员提供了一个对设计变更和设计问题追溯的机制，任何关于设计的讨论和意见，通过本平台进行了自动记录，可随时查看设计变化的历史过程。

设计协同功能，也可用于组织、管理各参建单位的施工模型创建及图模会审工作。

设计协同功能，既加速了设计问题的沟通和解决效率，也为后续的造价控制、质量控制、审计审核工作提供了重要技术支撑和数据依据。

设计协同，包括模型浏览、问题沟通与过程记录、任务跟踪三个大的功能。

（1）模型浏览

模型浏览，提供了一个简易操作工具条，通过鼠标单击工具条的操作按钮，可以很方便地切换鼠标在模型上动作的功能。模型浏览提供了快速回到缺省视点，切换到自定义视点、常用三维与二维视点、模型渲染方式、标记状态、选择状态、模型旋转和平移、爆炸视图、模型切片、视图截图、常用设置等功能（附图 A.134）。

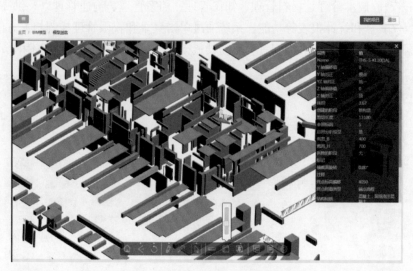

附图 A.134　模型的爆炸视图

（2）问题沟通与过程记录

任何具有模型浏览权限的人，都可针对设计中存在的问题，向相关人员提出问题并进行沟通交流，接受问题者可以对问题直接回复或者转给他人回复，也可以就此问题选择多人进行讨论。沟通过程信息与模型快照一起自动进行记录。这些过程信息可以保留到系统中供以后查阅。问题沟通与过程记录采用了用户熟悉的类似 QQ 的沟通界面，如附图 A.135 所示。

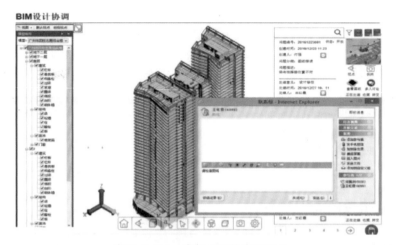

附图 A.135 类似 QQ 的沟通界面

（3）任务跟踪

相关各方的技术人员和管理人员对每一个设计问题讨论沟通后，可将达成的调整修改意见形成工作任务，系统将对工作任务完成过程和结果进行跟踪，并可对工作任务计划和完成情况进行统计。

对团队，对个人，任务可以自动形成代办事宜和工作月历，便于组织及个人对工作任务进行掌控和处理（附图 A.136）。

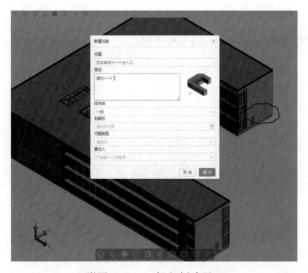

附图 A.136 任务创建界面

2）施工协同管理

施工过程管理由斯维尔由 BIM 5D 与 BIM 项目管理协同平台配合完成施工工程施工现场数据采集、数据处理、分析统计这样一个由数据产生，到数据加工，到利用数据进行决策监管的管理流程。

（1）BIM 5D App 施工现场数据采集

BIM 5D App（支持 Android 和 iOS）提供了施工现场工序验收、质量检查、安全巡检/管理、进度管理等现场数据采集功能。

BIM 5D App 主要供现场技术管理人员使用，现场检查意见可实时通过 BIM 5D App 数据发送到服务器上，与 BIM 5D 平台以及项目管理平台数据互通。BIM 5D App 也特别考虑了在现场 4G 信号不好情况下的离线使用场景（附图 A.137）。

附图 A.137　BIM 5D App

（2）BIM 5D PC 端施工过程数据处理

斯维尔 BIM 5D PC 端主要用于 BIM 5D 数据的整合、基于 BIM 的进度、质量、安全、成本数据处理。软件操作界面如附图 A.138 所示。

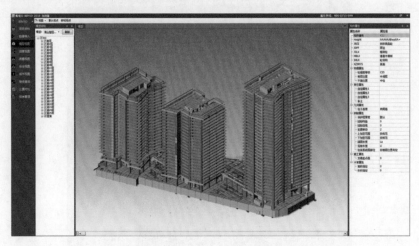

附图 A.138　BIM 5D 进度视图

斯维尔 BIM 5D 主要用于整合 BIM 模型数据、进度计划数据、清单价格数据，形成 5D 数据库，在此基础上，进行基于 BIM 的进度管理、质量管理、安全管理。BIM 5D 软件利用桌面软件的容易操作和便于处理大量数据与图形数据的优势，为施工过程的管理提供项目一般管理人员与项目经理使用的工具。

BIM 5D 进度视图提供了总控进度关联、施工流水编制、月、周进度细化，以及实际进度跟踪的功能。

BIM 5D 质量视图提供了质量记录与 BIM 模型关联管理与查阅的功能。通过 BIM 5D App 现场记录的质量问题，可通过 BIM 5D 质量视图进行查阅和处理（附图 A.139）。

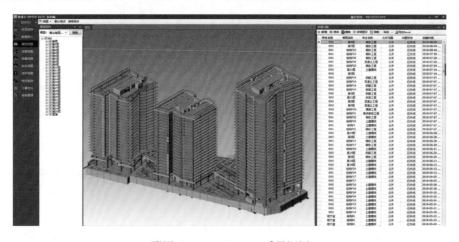

附图 A.139　BIM 5D 质量视图

BIM 5D 安全视图提供了施工现场安全管理的功能，系统整合了国家以及深圳市施工安全标准和本项目的安全标准数据，现场安全员使用 BIM 5D App 进行现场安全巡检或者安全检查，记录安全问题，BIM 5D 平台提供了基于 BIM 的安全问题查看、安全问题处理的功能。软件操作界面如附图 A.140 所示。

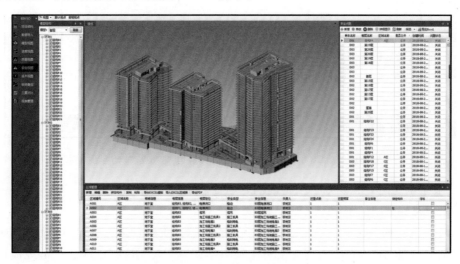

附图 A.140　安全 BIM 5D 全视图

　　BIM 5D 成本视图提供了施工过程成本动态统计管理的功能，可以通过该功能实时统计项目的计划阶段资金、计划累计资金以及跟踪实际阶段资金与实际累计资金，用于项目资金计划以及进度款支付、投资完成计算等工作。BIM 5D 成本视图软件操作界面如附图 A.141 所示。

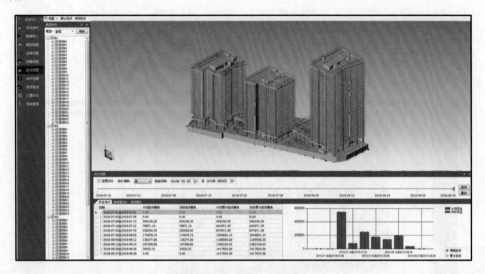

附图 A.141　BIM 5D 成本视图

　　当一个模型多次修改并导入后，可以用于查看历次修改的模型工程量的变更。模型没有变化的部分，关联的数据不会丢失，用户自行检查变更（附图 A.142）。

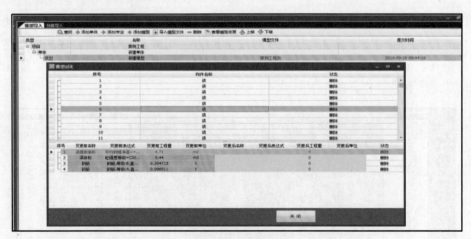

附图 A.142　BIM 5D 查看历次修改的模型工程量的变更

　　如果存在变更单，导入时会弹出窗口，选择关联变更单。

（3）多参建方协同工作

　　BIM 项目管理协同平台由项目概况、进度管理、质量管理、安全管理、成本管理、文档管理、沟通管理、系统管理等模块构成，与 BIM 5D、BIM 5D App 一起完成现场的多参建方多项目，多参建方的项目协同管理（附图 A.143）。

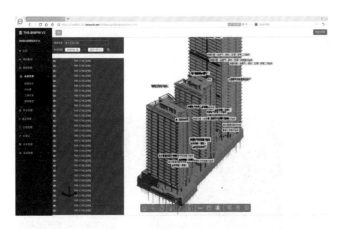

附图 A.143　BIM 项目管理协同平台应用示例

3）工程量计算

（1）BIM 算量范围（附表 A.35）

附表 A.35　BIM 算量范围

序号	专业	模型内容
1	结构专业	除建筑构造柱和圈梁（即施工图未画出但是技术要求文件内规定要设置的构造柱和圈梁）可不建模，其余构件均需建模；反坎、设备基础等零星混凝土构件也需建模。 钢筋需专门建模
2	建筑专业	墙（含幕墙）、门、窗、洞、栏杆、散水、落水口、雨水管、坡道、屋面排水沟、烟道等常规构件全部建模； 建筑墙，不可创建墙体分层； 内部装饰：商业公区（外廊、电梯厅等）要建模；住宅户内不做 建筑地面：商业要建模，住宅需建模 建筑墙面：商业要建模，住宅户内不做 建筑顶棚：商业要建模，住宅户内不做 外墙抹灰、保温：商业要建模；住宅不建模，BIM 算量按外墙表面积计算 屋面防水、保温：商业要建模，住宅需建模 外立面：分色图要反映到 BIM 模型上 幕墙顾问的图纸也需要反映到 BIM 模型上（龙骨不要，展开面积要准）；幕墙按外立面展开面积计算
3	暖通专业	风机盘管、空调设备、风口、风帽、风罩、风管、风管阀门、风管法兰（不含定尺分段法兰）、采暖管道、地热盘管、散热器
4	电气专业	配电箱柜、电气设备、照明设备、通信设备、消防设备、线槽、桥架
5	给排水专业	水箱、水泵、给水设备、排水设备、消防栓、喷淋头、灭火器、管道、管道附件、管道阀门、管道法兰、仪表、管道套管、洁具（地漏、清扫口）、人防水单独列项

（2）制定算量的建模规范及审模要点

BIM 模型设计标准的确定是为了保证设计成果可用于出二维设计施工图、BIM 工程计量计价、施工总包模型深化设计等一系列的后续工作。BIM 模型设计标准包含标准说明、信息编码要求以及各专业构件的建模标准（附图 A.144）。

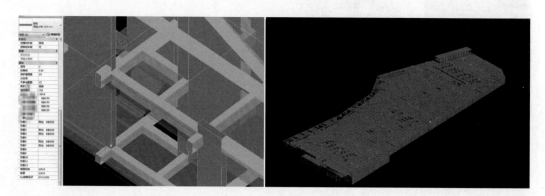

附图 A.144　赋予构件规范属性/单层模型完成情况

（3）BIM 工程量计算

本项目使用斯维尔三维算量 for Revit、安装算量 for Revit 对 Revit 模型建筑、结构、精装、给排水、电气、暖通等专业进行工程量分析计算，计算结果导出工程量报表与传统算量进行比对（通过比对确认后，导入 BIM 平台）（附图 A.145 和附图 A.146）。

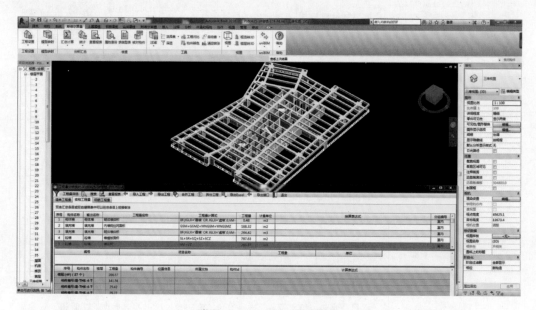

附图 A.145　BIM 模型算量

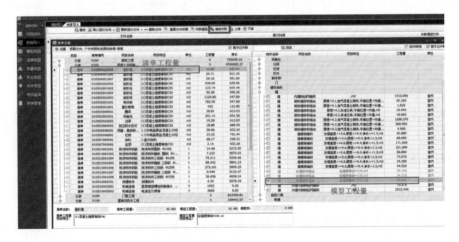

附图 A.146　BIM 工程量报表

（4）BIM 工程量及与 BIM 平台对接

依据企业清单需求赋予构件属性，将模型根据企业清单汇总并分类挂接清单，将模型上传至 BIM 5D 应用平台，可对项目进行进度工程量分析、投资完成统计分析、进度款计算、主要材料进度用量与费用分析、主要设备用量分析（附图 A.147～附图 A.150）。

名称	修改日期
P151101-1#塔楼-土建_实物工程量汇总.xlsx	2016/7/26 8:26
P151101-1#塔楼-土建-分楼层汇总表.xlsx	2016/7/26 8:29
P160425-2#塔楼-土建-实物量分楼层汇总表.xlsx	2016/7/26 10:15
P160425-2#塔楼-土建-实物量汇总表.xlsx	2016/7/26 10:15
P160425-3#塔楼-实物量分楼层汇总表.xlsx	2016/7/26 13:56
P160425-3#塔楼-实物量汇总表.xlsx	2016/7/26 13:55
P160425-地下室-实物工程量汇总.xlsx	2016/7/27 8:32
P160425-地下室-实物量汇总表（分楼层）.xlsx	2016/7/27 8:38
P160425-裙楼-实物量汇总表（分楼层）.xls	2016/7/27 9:30
P160425-裙楼-实物量汇总表.xls	2016/7/27 9:30

附图 A.147　各个楼栋汇总出量表

附图 A.148　BIM 5D 清单关联

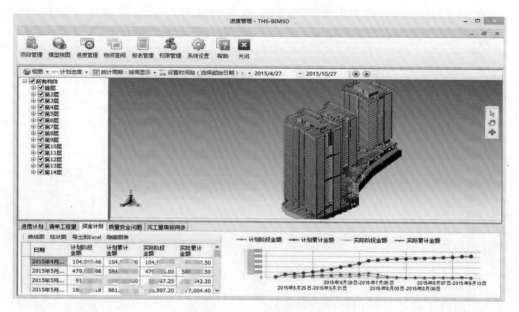

附图 A.149 进度成本估算

清单编号	项目名称	单位	合同单价	合同金额	施工单位上报费用 截止本期累计完成 工程量	金额	本期完成 工程量	金额	投资监理审核费用 截止本期累计完成 工程量	金额	本期完成 工程量	金额
施工总承包工程 工作量月报审核表（第二十二期）												
塔楼土建工程												单位：人民币（元）
278	石膏板井道墙2 约120mm厚	m2	[illegible]	[illegible]	-	-	-	-	-	-	-	-
279	石膏板井道墙2 约160mm厚	m2	[illegible]	[illegible]	-	-	-	-	-	-	-	-
280	石膏板井道墙2 约180mm厚	m2	[illegible]	[illegible]	499.00	129,331.50	68.00	17,831.50	499.00	129,300	68.00	17,800
	小计			35,363,593.30		828,320.40		247,120.40		767,000		185,000
	混凝土及钢筋混凝土工程											
281	矩形柱 C50	m3	[illegible]	[illegible]		-	-	-	-	-	-	-
282	矩形柱 C60	m3	[illegible]	[illegible]	4,876.00	2,724,900.00		-	7,248.00	[illegible]	2,372.00	[illegible]
283	矩形柱 C70	m3	[illegible]	[illegible]	32,853.86	24,049,004.00	2,372.00	[illegible]	30,481.86	[illegible]	-	-
284	构造柱 C20	m3	[illegible]	[illegible]	101.06	45,827.91	21.00	[illegible]	96.53	[illegible]	16.47	[illegible]
285	矩形梁 C35	m3	414.19	[illegible]	-	-	-	-	-	-	-	-
286	圈梁 C20	m3	391.43	[illegible]	78.46	30,737.17	19.00	[illegible]	75.90	[illegible]	16.44	[illegible]
287	防水房间混凝土墙坎 C20	m3	391.43	[illegible]	389.60	152,491.48	36.00	[illegible]	379.40	[illegible]	25.80	[illegible]
288	过梁 C20	m3	391.43	[illegible]	15.79	6,200.00		-	15.79	[illegible]	-	-
289	直形内墙 C60，1200mm厚	m3	623.90	[illegible]	54,669.07	34,108,066.30	1,417.00	[illegible]	54,668.29	[illegible]	1,416.22	[illegible]

附图 A.150 进度工程量

（五）项目总结

1. 减少错漏碰缺，降低工程变更 60％

工程变更是项目投资变化的根源，工程变更对投资的影响是复杂和多方面的。通过 BIM 技术应用从设计图纸源头减少图纸错漏碰缺，工程变更的发生量比传统项目管理降低约 60％。

2. 缩短项目工期 10％

传统项目管理，由于图纸的设计问题，施工单位通常在施工时才会发现图纸错误，需提出变更、修改方案；

施工工艺、重大、难点方案没有做方案模拟，在具体施工执行上存在各种问题，延误时间，存在未知的风险。

以上诸多情况既增加建设单位成本，也延误了工期，带来了不可预知的风险。采用 BIM 技术后，对图纸全面地纠错，对重难点施工方案全部采用施工模拟，提前把问题解决掉，节约约 10% 的工期。

3. 工程量计算精准，工程透明化

本项目采用斯维尔 BIM 算量技术，工程量较传统方式的计算精度提高了一个量级，带来了更加精准和透明化的工程量，降低了建设方的工程量误差风险。

4. 资金管控

通过 BIM 技术的使用，建设方对项目投资和现金流的管控力度得到加强，更有计划性和预知性，真正做到了科学合理地支配项目投资资金。

北京希地环球建设工程顾问有限公司湖北分公司负责人恽其鋆点评意见

深圳市斯维尔科技股份有限公司和深圳市航建工程造价咨询有限公司共同担任深圳市南山区政府全资建设的保障性产业用房——崇文花园 BIM 咨询项目中，采用"BIM 总顾问总体负责＋各参建方 BIM 团队具体实施"的组织架构。由 BIM 总顾问在项目全过程中统筹 BIM 管理，制定统一的 BIM 技术标准，编制各阶段 BIM 实施计划，组织协调各参与单位的 BIM 实施规则，审核汇总各参与方提交的 BIM 成果，对项目的 BIM 工作进行整体规划、监督、指导，完成了方案设计、初步设计、施工图设计、施工过程、竣工交付等 5 个阶段中建筑、结构、给排水、暖通、电气、装饰、景观的精细建模，进行了设计错漏碰撞检查，深化了管线综合设计，分析并优化了过道、机房、车库等管线设备密集区域或有净高控制要求区域的净高设计，制作了具有精确定位的预留预埋图纸，应用了 VR 仿真展示，将 BIM 协同管理平台与斯维尔 BIM 设计协同平台、斯维尔 BIM 5D 进行无缝集成，为项目提供了合同、进度、质量、安全、投资/成本、材料、知识、档案、沟通以及供高层管理者使用的决策仪表盘和统计报表等数据管理。

两个公司通过该项目的 BIM 应用实践，实现以下工作业绩，具有极大的行业推广价值：(1) 减少了错漏碰撞，降低工程变更 60%；(2) 缩短项目工期 10%；(3) 工程量较传统方式提高了一个量级的计算精度，精准与透明的工程量有效降低了投资风险；(4) 提高了资金管控的计划性和预知性。

七、华润置地设计、成本一体化 BIM 项目案例分享

深圳市斯维尔科技股份有限公司

(一) 项目背景

随着国家和各省市 BIM 相关政策、交付标准、应用指南的陆续颁布，BIM 技术应用水平不断提高，设计院、施工单位、咨询公司等建设工程相关方相继开展碰撞检查、方案优化、深化设计、虚拟建造、工程量计算、协同管理等 BIM 应用。

由于设计、施工、咨询分属不同阶段或不同企业，BIM 应用经常出现"各自为政"的割裂局面，很难做到"一模到底"。自 2015 年 6 月 16 日住房城乡建设部发布《关于推

进建筑信息模型应用指导意见的通知》以后，不少业主单位（特别是大型房地产公司）作为建设工程项目全过程统筹单位相继展开了 BIM 全过程集成应用的探索。

华润置地为配合集团快速开发，提高效率的整体战略，其产品管理部展开了华润置地产品信息化（BIM）工作，以 BIM 技术作为设计管理信息化的重要抓手，实现节省时间、提高效率、加快周转的目标。

"全链条，参数化"是华润置地住宅项目 BIM 技术的应用策略，以 BIM 模型为载体，打通设计、成本、招采、施工等主要开发链条（即，BIM 应用"一模到底"），提高效率，保证质量，加快周转。

（二）项目要求

本项目主要聚焦住宅项目设计、招投标阶段的设计、成本一体化 BIM 应用探索——首先对标准化户型、楼层、单体进行 BIM 正向设计复盘（力争地上部分可以全部复制到实际项目中，以标准化为基础，项目采用正向设计，但可不增加费用、不增加工期），通过该 BIM 设计模型，可以自动剖切得到符合报审要求的平面图纸，同时利用该 BIM 设计模型，可以自动计算获得满足成本要求的清单工程量。具体要求如下：

1. 对住宅单体原型进行 BIM 正向设计复盘——对原有设计进行查错和优化，确保符合设计规范，并植入华润置地技术标准；确保图模联动，实现设计各阶段（方案设计、初步设计、施工图设计）全专业 BIM 模型集成出图，满足各阶段图纸报审要求（符合国家和地方审图规范）；

2. 一模多用、数据同源：BIM 设计模型应可用于结构计算、节能计算、绿建计算等，实现设计模型与计算分析模型的双向互导（数据库）或同步；

3. BIM 设计模型满足工程量计算要求——利用 BIM 设计模型可直接计算出全专业工程量，并与传统算量进行核对，确保满足工程造价要求；

4. 试点项目落地应用——将单体原型复盘 BIM 正向设计成果应用于实际项目，应用 BIM 设计模型出具符合报审与施工要求的规划和施工图纸；应用 BIM 设计模型进行工程量计算，工程量清单可直接应用于招投标，实现设计方、造价顾问基于统一的 BIM 模型进行协同工作，即实现设计、成本一体化。

（三）实施团队

该项目实施涉及的相关方有：业主单位的设计部门、成本部门，设计院、BIM 成本顾问以及提供软件支持的相关厂商（由于 BIM 应用涉及不少新技术），具体见附图 A.151（其中：斯维尔 BIM 团队在该项目中担任 BIM 算量软件厂商和 BIM 成本顾问两个角色）。

考虑到设计是龙头，是 BIM 设计模型的创建者，成本（算量）顾问是 BIM 模型的使用方，同时需对设计方提出成本算量要求，确保 BIM 模型能直接用于成本算量，为简化沟通、明确责任，该项目业主采用了"设计总包＋成本顾问分包"的方式，双方的职责如下：

1. 设计总包

1）协同成本顾问完成《华润置地 BIM 标准》编写，确保 BIM 建模标准已完全考虑

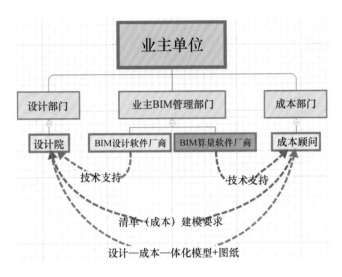

附图 A.151　实施团队示意图

后续出量要求；

2）对住宅单体原型进行 BIM 正向设计复盘建模，确保该 BIM 模型能够实现全专业出图，图纸符合国家和地方审图要求；确保该 BIM 模型能被成本顾问用于完成全专业工程量计算；

3）将单体原型 BIM 正向设计复盘成果打包应用于实际试点项目。

2. 算量顾问

1）配合设计总包完成《华润置地 BIM 标准》编写，确保 BIM 建模标准已完全考虑后续出量要求；

2）利用设计总包提供的 BIM 设计模型，直接计算全专业工程量，并与传统工程量计算进行核对；

3）配合设计各阶段 BIM 模型应用，提出基于 BIM 模型的全过程成本控制解决方案。

（四）所用软件

本项目使用的 BIM 相关软件有：

1. 基础建模：Autodesk Revit 系列软件

2. 结构计算：盈建科建筑结构计算软件 YJK-A

3. 二次构件建模：斯维尔 BIM 建模 for Revit

4. 审模：斯维尔 BIM 审模 for Revit

5. 算量：斯维尔 BIM 算量（包括：三维算量 for Revit、安装算量 for Revit、钢筋算量 for Revit 等三款软件）

6. 同工作平台：斯维尔智筑云设计协同工作平台

（五）实施内容

1. BIM 建模标准

为满足设计、成本一体化的要求，首先需对企业工程量计算规则进行系统梳理，更新（编写）BIM设计建模标准——为成本算量添加必要的 Revit 类型属性和实例属性。举例说明见附表 A.36。

附表 A.36　BIM 建模标准

专业	构件类型	命名规则	命名样例	Revit 类型属性	Revit 实例属性
建筑	砌体墙	构件类型名称 & 构件编号	砌体墙	1. 砌筑砂浆等级：M5.0（文字下面添加） 2. 砌块强度等级：A3.5（文字下添加） 3. 结构材质：砌体—防火砌块（材质和装饰下添加） 4. 砌体材质：页岩实心砖（标识下添加）	1. 构件编号：QT1（在标识数据下面添加，构件编号名称根据图纸中的编号名称填写） 2. 所属楼层：（标识数据下填写） 3. 注释：内外墙（标识数据里的注释中添加）
结构	结构柱	构件类型名称	KZ1（按图纸编号）		1. 构件编号：KZ-1（标识数据下添加） 2. 混凝土强度等级：C40（标识数据下添加） 3. 抗震等级：三级（标识数据下添加）
常规水暖	管道	构件类型名称 & 构件编号	内外热镀锌钢管 & PC-DN50		1. 专业类型 2. 系统类型 3. 回路编号 4. 线缆规格 5. 管道直径
暖通	风管	构件名称—材质—系统类型	矩形风管—镀锌钢板—SF送风系统		1. 专业类型 2. 回路编号 3. 风管壁厚属性
电气	配电箱柜	设备名称—设备型号	照明配电箱		1. 专业类型 2. 系统类型 3. 回路编号 4. 安装方式

2. 标准化 BIM 设计

以单体、楼层、户型、模块为基础进行标准化梳理，并进行 BIM 正向设计，建立各模块间逻辑关系，实现原型参变智能化调整，确保标准化 BIM 正向设计成果能被真正复用到实际项目中，即，实际项目可采用"正向设计（地下）＋复用标准 BIM 正向设计（地上）"的方式进行，从而实现采用 BIM 正向设计提升设计质量，但可不增加设计工期和费用，同时大幅度节省成本人工和工期。

附图 A.152 是部分户型标准化 BIM 正向设计成果。

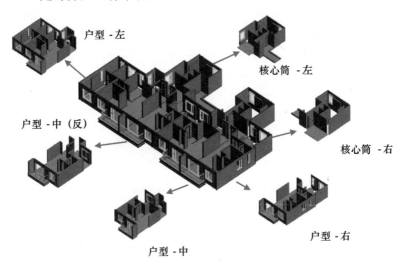

附图 A.152　部分户型标准化 BIM 正向设计成果

3. 全专业 BIM 算量及算量验证

本项目采用斯维尔 BIM 系列软件对"利用 BIM 正向设计成果（Revit 模型）直接计算全专业工程量"的项目要求（也是实现设计、成本一体化的关键要求）进行了全面验证。

1）BIM 系列软件

本项目用到的斯维尔 BIM 系列软件有：BIM 建模 for Revit、BIM 审模 for Revit、BIM 算量软件（包括：三维算量 for Revit、安装算量 for Revit、钢筋算量 for Revit）。

斯维尔 BIM 系列软件全部基于 Revit 平台研发，软件安装后，在 Revit 软件中将增加一个菜单工具条，如附图 A.153 所示。

附图 A.153　斯维尔 BIM 系列软件菜单工具条

（1）BIM 建模 for Revit

基于 Revit 平台研发，支持土建、安装、钢筋等所有专业快速识别建模，支持钢筋和二次构件智能布置建模。本项目主要使用了二次构件建模功能。

（2）BIM 审模 for Revit

基于 Revit 平台研发，提供图模对比、模型检查、配色检查、属性检查、模型审查等功能，全面审核模型是否满足成本要求，并输出相应报告，指导用户对 BIM 模型进行修正。本项目用此软件对 Revit 正向设计模型进行检查，并将检查结果提交给设计总包进行确认和修改，确保最终 Revit 模型能够满足成本算量要求。

（3）BIM 算量软件

斯维尔 BIM 算量软件全部基于 Revit 平台研发，内置国标清单规范和全国各地定额工程量计算规则，直接利用 Revit 设计模型进行工程量计算分析，快速输出清单、定额、实物量（可供计价软件直接使用）。

斯维尔 BIM 算量只需四步（省去了工作量最大的建模步骤），如附图 A.154 所示。

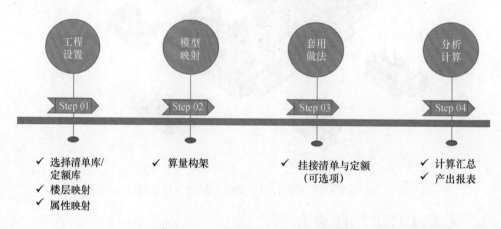

附图 A.154　斯维尔 BIM 算量四步骤

①三维算量 for Revit

直接在 Revit 平台上完成建筑、结构、幕墙、园林、景观等专业工程量分析计算，快速输出清单、定额、实物量。

②安装算量 for Revit

直接在 Revit 平台上完成电气、暖通、给排水等专业工程量分析计算，快速输出清单、定额、实物量。

③钢筋算量 for Revit

通过读取 BIM 正向设计模型中的钢筋信息和对 Revit 模型布置钢筋，直接在 Revit 平台上完成对钢筋工程量的分析计算，可在报表中全方位呈现钢筋工程量数据，并可实时查看钢筋的三维显示。

本项目使用斯维尔三维算量 for Revit、安装算量 for Revit、钢筋算量 for Revit 对 Revit 设计模型进行全专业工程量计算。

2）企业工程量计算规则定制

本项目对华润东北大区工程量计算规则进行了定制，通过与当地定额规则进行对比，梳理出有差异的部分，对华润公司需要的清单项目名称、特征或工程量输出规则而国标清单、地区定额中没有的进行增补，工程量计算规则内容不一致的以华润公司计算规则（附图 A.155）为准。

在华润企业工程量计算规则、工程量输出规则、工程量统计报表等企业定制内容梳理完成后，将相关成果植入斯维尔 BIM 算量软件中，即可直接基于 Revit 设计模型进行工程量计算分析，快速输出满足造价要求的成本工程量。满足造价要求的成本工程量如附图 A.156 所示。

附图 A.155　华润东北大区工程量计算规则

附图 A.156　满足造价要求的成本工程量

3）工程量计算及结果验证

（1）正向设计补充建模

对于 Revit 不便建模的构件（如：二次构件、装饰构件等），本项目使用斯维尔 BIM 建模 for Revit 软件进行快速补充建模，操作界面如附图 A.157 所示。

（2）模型检查与修改

由于 Revit 模型由设计人员创建，成本人员如何快速确认模型是否满足成本算量要求？本项目使用斯维尔 BIM 审模 for Revit 软件对 BIM 设计模型进行检查，如使用软件中的编号识别检查、图模对比检查、模型检查等功能可将模型中是否存在缺构件编号、构件尺寸、位置是否与图纸不一致等问题快速检查出来，并生成模型检查报告。在问题明细中双击可反查并定位问题构件的具体位置，辅助设计人员快速修改模型，如附图 A.158所示。

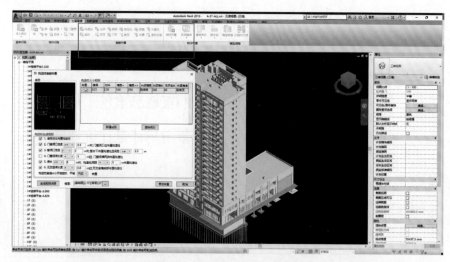

附图 A.157　正向设计补充建模

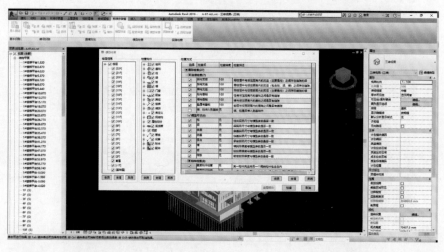

附图 A.158　模型检查与修改

（3）土建工程量计算与验证

本项目使用斯维尔三维算量 for Revit 对华润项目 Revit 模型建筑、结构、精装等专业进行分析计算，计算结果导出工程量报表。

附图 A.159 和附图 A.160 是结构专业 Revit 模型以及部分报表数据。

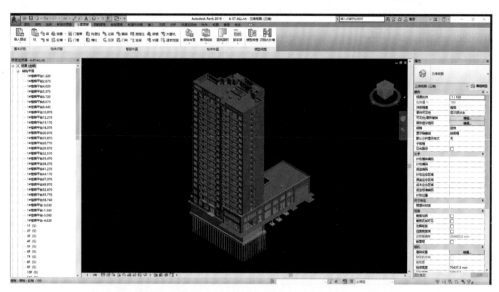

附图 A.159　结构专业 Revit 模型

附图 A.160　结构专业部分报表数据

根据 Revit 设计模型分析计算输出工程量后，与传统算量软件计算的工程量进行验证比对，对量误差要求在±2%，部分验证对比如附图 A.161 所示。

					华润昆仑域二期传统算量与斯维尔对比明细表						
									斯维尔二维		
序号	项目编码	项目名称	项目特征描述	计量单位	传统算量	斯维尔三维数据	误差率	斯维尔二维数据	与三维对比（钢筋）	差异说明	截图说明
15	2.2.3.1.2	混凝土工程									
16		直形墙			1,904.33	1,907.04	0%				
17	7	200mm厚	1.厚度:200厚 2.混凝土强度等级:C45两检 3.混凝土拌和料要求:达到设计要求及满足现行国家验收规范	m3	350.30	342.57	-2%				
18	8	200mm厚	1.厚度:200厚 2.混凝土强度等级:C40两检 3.混凝土拌和料要求:达到设计要求及满足现行国家验收规范	m3	158.80	149.46	-6%				
19	9	装配式剪力墙构件供货	1.持剪剪力墙及C45 2.综合单价包含制作装配式柜板所需的钢筋、模具模板、吊环、铝制脚、PVC线盒、面几件护、人工费、机械费、成品保护费等其他费用 3.综合单价包含安装费、运输构件产生的搬运等	m3	23.60	23.60	0%			新版设计取消了预制构件设计	
20	10	200mm厚	1.厚度:200厚 2.混凝土强度等级:C36两检 3.混凝土拌和料要求:达到设计要求及满足现行国家验收规范	m3	141.14	144.93	3%				
21	11	装配式剪力墙构件供货	1.持剪剪力墙及C45 2.综合单价包含制作装配式柜板所需的钢筋、模具模板、吊环、铝制脚、PVC线盒、面几件护、人工费、机械费、成品保护费等其他费用 3.综合单价包含安装费、运输构件产生的搬运等	m3	23.60	23.60	0%			此项目设计没有象预制墙	
22	12	200mm厚	1.厚度:200厚 2.混凝土强度等级:C30两检 3.混凝土拌和料要求:达到设计要求及满足现行国家验收规范	m3	423.20	434.69	3%				
23	13	装配式剪力墙构件供货	1.持剪剪力墙及C30 2.综合单价包含制作装配式柜板所需的钢筋、模具模板、吊环、铝制脚、PVC线盒、面几件护、人工费、机械费、成品保护费等其他费用 3.综合单价包含安装费、运输构件产生的搬运等 4.厚度:200厚	m3	70.80	70.80	0%			此项目设计没有象预制墙	

说明 | 6 高层地上 | +

附图 A. 161　工程量验证对比

（4）机电工程量计算与验证

本项目使用斯维尔安装算量 for Revit 对 Revit 设计模型进行给排水、电气、暖通等专业工程量分析计算，快速输出工程量。给排水专业 Revit 设计模型及部分工程量如附图 A.162 和附图 A.163 所示。

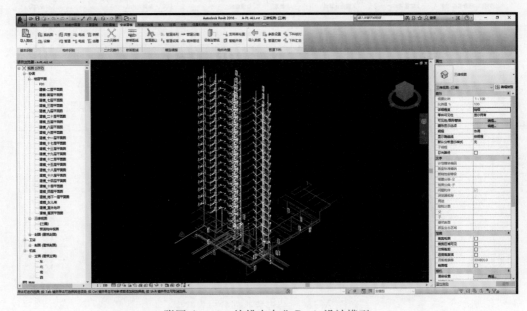

附图 A. 162　给排水专业 Revit 设计模型

序号	专业类型	输出名称	工程量名称	工程量计算式	工程量	合计	计量单位	换算表达式	分组编号
1	其他	弯头 - 镀锌钢管 - 卡箍-标准	长度	L+SLF+SLZ	0.2724	0.5448	m	公称直径:0mm;构件编号:弯头 - 镀锌钢管 - 卡箍-标准;系统类型:压力排水系统	室内
2	其他	弯头 - 镀锌钢管 - 卡箍-标准	长度	L+SLF+SLZ	0.534	1.068	m	公称直径:0mm;构件编号:弯头 - 镀锌钢管 - 卡箍-标准;系统类型:雨水系统	室内
3	其他	管道类型-UPVC - 粘接	长度	L+SLF+SLZ	6.3119	12.6238	m	公称直径:100mm;构件编号:管道类型-UPVC - 粘接;系统类型:生活污水系统-户外	室内
4	其他	管道类型-镀锌钢管 - 卡箍	长度	L+SLF+SLZ	19.9365	39.873	m	公称直径:100mm;构件编号:管道类型-镀锌钢管 - 卡箍;系统类型:压力排水系统	室内
5	其他	管道类型-镀锌钢管 - 卡箍	长度	L+SLF+SLZ	9.1611	18.3222	m	公称直径:100mm;构件编号:管道类型-镀锌钢管 - 卡箍;系统类型:雨水系统	室内
6	其他	管道类型-铸铁管 - 法兰	长度	L+SLF+SLZ	16.5657	33.1314	m	公称直径:100mm;构件编号:管道类型-铸铁管 - 法兰;系统类型:废水系统	室内
7	其他	管道类型-铸铁管 - 法兰	长度	L+SLF+SLZ	31.4095	62.819	m	公称直径:100mm;构件编号:管道类型-铸铁管 - 法兰;系统类型:生活污水系统-户内	室内
8	其他	管道类型-铸铁管 - 法兰	长度	L+SLF+SLZ	12.6793	25.3586	m	公称直径:100mm;构件编号:管道类型-铸铁管 - 法兰;系统类型:生活污水系统-户外	室内
9	其他	管道类型-镀锌钢管 - 卡箍	长度	L+SLF+SLZ	14.0871	28.1742	m	公称直径:150mm;构件编号:管道类型-镀锌钢管 - 卡箍;系统类型:雨水系统	室内
10	其他	管道类型-铸铁管 - 法兰	长度	L+SLF+SLZ	15.1518	30.3036	m	公称直径:150mm;构件编号:管道类型-铸铁管 - 法兰;系统类型:生活污水系统-户内	室内
11	其他	管道类型-铸铁管 - 法兰	长度	L+SLF+SLZ	50.4192	100.8384	m	公称直径:150mm;构件编号:管道类型-铸铁管 - 法兰;系统类型:生活污水系统-户外	室内
12	其他	管道类型-PPR管 - 热熔	长度	L+SLF+SLZ	21.3632	42.7264	m	公称直径:20mm;构件编号:管道类型-PPR管 - 热熔;系统类型:生活给水系统-户内	室内
13	其他	管道类型-UPVC - 粘接	长度	L+SLF+SLZ	0.6722	1.3444	m	公称直径:50mm;构件编号:管道类型-UPVC - 粘接;系统类型:废水系统	室内
14	其他	管道类型-铸铁管 - 法兰	长度	L+SLF+SLZ	0.9602	1.9204	m	公称直径:50mm;构件编号:管道类型-铸铁管 - 法兰;系统类型:废水系统	室内
15	其他	管道类型-铸铁管 - 法兰	长度	L+SLF+SLZ	22.9678	45.9356	m	公称直径:50mm;构件编号:管道类型-铸铁管 - 法兰;系统类型:生活污水系统-户内	室内
16	其他	管道类型-镀锌钢管 - 卡箍	长度	L+SLF+SLZ	15.5535	31.107	m	公称直径:75mm;构件编号:管道类型-镀锌钢管 - 卡箍;系统类型:雨水系统	室内
17	其他	管道类型-铸铁管 - 法兰	长度	L+SLF+SLZ	0.3529	0.7058	m	公称直径:80mm;构件编号:管道类型-铸铁管 - 法兰;系统类型:生活污水系统-户内	室内
18	其他	截止阀-标准	数量	NS	4	8	个	工作压力:同管道;规格型号:20-20;构件编号:截止阀-标准	室内
19	其他	法兰垫片	垫片数量	NS	2	4	个	构件编号:刚性防水套管-DN100;规格型号:108-108	室内
20	其他	法兰垫片	垫片数量	NS	5	10	个	构件编号:刚性防水套管-DN150;规格型号:159-159	室内
21	其他	法兰螺母	螺母数量	LMSL	16	32	个	构件编号:刚性防水套管-DN100;规格型号:108-108	室内
22	其他	法兰螺母	螺母数量	LMSL	40	80	个	构件编号:刚性防水套管-DN150;规格型号:159-159	室内
23	其他	法兰螺栓	螺栓数量	LSSL	8	16	个	构件编号:刚性防水套管-DN100;规格型号:108-108	室内
24	其他	法兰螺栓	螺栓数量	LSSL	20	40	个	构件编号:刚性防水套管-DN150;规格型号:159-159	室内
25	其他	管道法兰	数量	iif(JP='双片',NS	2	4	个	规格型号:108-108;构件编号:刚性防水套管-DN100	室内
26	其他	管道法兰	数量	iif(JP='双片',NS	5	10	个	规格型号:159-159;构件编号:刚性防水套管-DN150	室内
27	其他	顺水三通 - 铸铁管 - 法兰-标	数量	NS	1	2	个	规格型号:45°斜等径管道三通100;构件编号:顺水三通 - 铸铁管 - 法兰-标准	室内
28	其他	顺水三通 - 铸铁管 - 法兰-标	数量	NS	2	4	个	规格型号:45°斜等径管道三通50;构件编号:顺水三通 - 铸铁管 - 法兰-标准	室内
29	其他	顺水三通 - 铸铁管 - 法兰-标	数量	NS	4	8	个	规格型号:45°斜异径管道三通100*100*50;构件编号:顺水三通 - 铸铁管 - 法兰-标准	室内
30	其他	顺水三通 - 铸铁管 - 法兰-标	数量	NS	1	2	个	规格型号:45°斜异径管道三通100*50*100;构件编号:顺水三通 - 铸铁管 - 法兰-标准	室内
31	其他	顺水三通 - 铸铁管 - 法兰-标	数量	NS	2	4	个	规格型号:45°斜异径管道三通150*150*100;构件编号:顺水三通 - 铸铁管 - 法兰-标准	室内
32	其他	顺水三通 - 铸铁管 - 法兰-标	数量	NS	5	10	个	规格型号:90°正等径管道三通100;构件编号:顺水三通 - 铸铁管 - 法兰-标准	室内
33	其他	顺水三通 - 铸铁管 - 法兰-标	数量	NS	4	8	个	规格型号:90°正等径管道三通150;构件编号:顺水三通 - 铸铁管 - 法兰-标准	室内
34	其他	顺水三通 - 铸铁管 - 法兰-标	数量	NS	2	4	个	规格型号:90°正等径管道三通50;构件编号:顺水三通 - 铸铁管 - 法兰-标准	室内
35	其他	顺水三通 - 铸铁管 - 法兰-标	数量	NS	6	12	个	规格型号:90°中小正异径管道三通100*100*50;构件编号:顺水三通 - 铸铁管 - 法兰-标准	室内
36	其他	顺水三通 - 铸铁管 - 法兰-标	数量	NS	4	8	个	规格型号:90°中小正异径管道三通100*50*100;构件编号:顺水三通 - 铸铁管 - 法兰-标准	室内
37	其他	顺水三通 - 铸铁管 - 法兰-标	数量	NS	2	4	个	规格型号:90°中小正异径管道三通150*100*100;构件编号:顺水三通 - 铸铁管 - 法兰-标准	室内
38	其他	顺水三通 - 铸铁管 - 法兰-标	数量	NS	2	4	个	规格型号:90°中小正异径管道三通150*150*100;构件编号:顺水三通 - 铸铁管 - 法兰-标准	室内
39	其他	弯头 - 铸铁管 - 法兰-标准	数量	NS	2	4	个	规格型号:20°管道弯头50;构件编号:弯头 - 铸铁管 - 法兰-标准	室内
40	其他	弯头 - 铸铁管 - 法兰-标准	数量	NS	2	4	个	规格型号:33°管道弯头50;构件编号:弯头 - 铸铁管 - 法兰-标准	室内
41	其他	弯头 - 铸铁管 - 法兰-标准	数量	NS	1	2	个	规格型号:45°管道弯头100;构件编号:弯头 - 铸铁管 - 法兰-标准	室内
42	其他	弯头 - 铸铁管 - 法兰-标准	数量	NS	1	2	个	规格型号:45°管道弯头50;构件编号:弯头 - 铸铁管 - 法兰-标准	室内

F01　F02　N01　RF　交通核

附图 A.163　给排水专业部分工程量报表

根据 Revit 设计模型分析计算出工程量后，与传统算量软件计算的工程量进行验证比对，对量误差要求在±2%，安装部分专业对比验证表如附图 A.164 所示。

工程量清单计价表

沈阳华润崑嵛御项目二期总承包工程-机电工程

	项目编码	项目名称	项目特征		工程量合计	斯维尔	量差	差异说明
199	145	PPR塑料给水管	1.安装部位：室内 2.输送介质：给水 3.材质：PPR塑料给水管 4.型号规格：DN20 S5 5.连接方式：热熔连接 6.管道冲洗、消毒 7.水压及泄漏试验 8.面层内敷设	m	1,010.46	1,138.90	-12.71%	管道三通等附件引起量差，revit模型按实际施工考虑一些转弯弧度等，传统算量按清单计量规则计取
200	**B**	**管道附件**	**工作内容： 1、阀门及附件； 2、法兰或螺纹或卡箍等连接； 3、水冲洗及试压； 4、支墩； 5、保温；**		0.00			
201	146	铜球阀	1.类型：铜球阀 2.型号规格：DN20	个	176.00	176.00	0.00%	由于图纸中图例中只有截止阀，revit模型中截止阀包括了铜球阀和蝶阀；主要在交通核部分
202	147	前置过滤器	1.类型：前置过滤器 2.型号规格：DN20	个	88.00	88.00	0.00%	
203	**C**	**水表**	**工作内容： 1、支托架或支墩； 2、水表及附件； 3、法兰或螺纹或卡箍等连接； 4、水冲洗及试压； 5、保温；**		0.00			
204	148	水表	1.类型：水表 2.型号规格：DN20	个	0.00			
205	149	水表	1.类型：水表 2.型号规格：DN15	个	88.00	88.00	0.00%	

高层工程量清单计价表-03

附图 A.164　安装部分专业对比验证表

（5）钢筋工程量计算与验证

斯维尔钢筋算量 for Revit，可直接利用 Revit 设计模型在 Revit 平台上进行钢筋工程量分析计算，输出工程量报表，并可查看钢筋的三维显示。

根据 Revit 模型来源，斯维尔钢筋算量 for Revit 提供了"正向设计钢筋工程量计算""钢筋建模工程量计算"两种计算方式，本项目采用前一种方式。具体操作步骤（附图 A.165）为：

斯维尔钢筋算量软件对 Revit 正向设计模型构件的钢筋属性进行转换，然后直接分析计算出钢筋工程量，导出报表等，并可按构件查看钢筋工程量数据。

打开模型	钢筋转换	计算汇总
打开含有钢筋信息的模型文件	将钢筋属性信息转换为钢筋布置信息	计算汇总模型构件的钢筋工程量

附图 A.165　正向设计钢筋工程量计算步骤

正向设计模型如附图 A.166 所示，钢筋分楼层工程量如附图 A.167 所示。

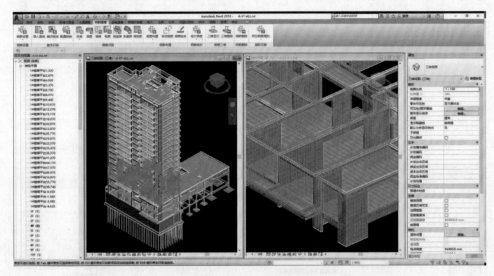

附图 A.166　正向设计模型

	构件类型	钢筋规格	钢筋总重	[-2F]	[-1F]	[1F]	[2F]	[3F]	[4F]	[5F]	[6F]
10	独基(独立基础+柱墩)		314.189	314.189							
13	设备基础		10.469	6.016	4.454						
16	坑基		26.017	26.017							
26	柱		849.373	91.120	207.487	137.419	145.160	134.087	71.152	38.550	24.398
41	梁		2685.862	138.635	315.997	596.615	620.588	698.977	129.436	173.411	12.203
45	条基		1.411	1.411							
55	筏板		726.036	678.200	47.835						
66	墙		277.850	74.184	157.339			25.761	6.298	14.268	
70	暗梁		26.191	26.191							
79	板		1489.870	255.943	508.657	208.004	211.444	202.619	42.452	52.601	8.150
82	构造柱		35.940	2.887	12.270	20.783					
85	圈梁		12.007	0.023	3.655	8.330					
90	过梁		1.579	0.052	0.135	1.392					
92	墙体拉结筋		33.329	2.179	10.683	20.467					
97	柱帽		4.525	4.525							
100	梯柱		5.392	0.626	1.257	0.643	0.662	1.556	0.648		
115	楼梯梁		91.819	1.927	9.848	33.250	36.869	7.782	1.407	0.736	
119	梯段		60.702	1.484	4.862	22.707	22.893	7.547	1.060	0.149	
120	合计		6652.560								

钢筋分楼层工程量汇总表

附图 A.167　钢筋分楼层工程量

根据 Revit 设计模型分析计算出钢筋工程量后，与传统算量软件计算的钢筋工程量进行验证比对，对量误差要求在±2%。对比验证结果如附图 A.168 所示。

序号	项目编码	项目名称	项目特征描述	计量单位	传统算量	斯维尔三维数据	误差率	斯维尔二维数据	斯维尔二维与三维对比（钢筋）	差异说明	截图说明
	2.2.3	土建工程									
	2.2.3.1	结构工程									
	2.2.3.1.1	钢筋工程									
8	1	现浇混凝土钢筋I级钢筋	1.钢筋种类、规格：I级钢筋Φ6.5 2.包含所有成型钢筋的钢筋量、搭接、接头及措施钢筋（马凳筋、支撑钢筋、梯子筋、垫块、绑扎用钢筋的铁丝、定位铁件等）+预应力钢筋的锚杆夹头及钢筋管理员 3.钢筋种类、规格：I级钢筋Φ6.5	kg	46,845.08	10,421.75	-78%	10,502.69	-0.77%	设计变更后传统算量与斯维尔算量的差异比较（两个量均为最新图纸）	
9	2	现浇混凝土钢筋II级钢筋	1.钢筋种类、规格：II级钢筋Φ12 2.包含所有成型钢筋的钢筋量、搭接、接头及措施钢筋（马凳筋、支撑钢筋、梯子筋、垫块、绑扎用钢筋的铁丝、定位铁件等）+预应力钢筋的锚杆夹头及钢筋管理员	kg	37,612.13	30,130.30	-20%	30,167.25	-0.12%	设计变更后传统算量与斯维尔算量的差异比较（两个量均为最新图纸）	
10	3	现浇混凝土钢筋III级钢筋	1.钢筋种类、规格：III级钢筋Φ10以内 2.包含所有成型钢筋的钢筋量、搭接、接头及措施钢筋（马凳筋、支撑钢筋、梯子筋、垫块、绑扎用钢筋的铁丝、定位铁件等）+预应力钢筋的锚杆夹头及钢筋管理员	kg	189,531.91	201,163.53	6%	199,623.60	0.7%	设计变更后传统算量与斯维尔算量的差异比较（两个量均为最新图纸）	
11	4	现浇混凝土钢筋III级钢筋	1.钢筋种类、规格：III级钢筋Φ12-14 2.包含所有成型钢筋的钢筋量、搭接、接头及措施钢筋（马凳筋、支撑钢筋、梯子筋、垫块、绑扎用钢筋的铁丝、定位铁件等）+预应力钢筋的锚杆夹头及钢筋管理员	kg	67,676.39	117,285.20	73%	117,434.40	-0.13%	设计变更后传统算量与斯维尔算量的差异比较（两个量均为最新图纸）	
12	5	现浇混凝土钢筋III级钢筋	1.钢筋种类、规格：III级钢筋Φ16 2.包含所有成型钢筋的钢筋量、搭接、接头及措施钢筋（马凳筋、支撑钢筋、梯子筋、垫块、绑扎用钢筋的铁丝、定位铁件等）+预应力钢筋的锚杆夹头及钢筋管理员	kg	28,353.61	19,934.00	-30%	19,763.10	0.92%	设计变更后传统算量与斯维尔算量的差异比较（两个量均为最新图纸）	
13	6	现浇混凝土钢筋III级钢筋	1.钢筋种类、规格：III级钢筋Φ18-25 2.包含所有成型钢筋的钢筋量、搭接、接头及措施钢筋（马凳筋、支撑钢筋、梯子筋、垫块、绑扎用钢筋的铁丝、定位铁件等）+预应力钢筋的锚杆夹头及钢筋管理员	kg	46,307.42	45,063.30	-2%	44,082.80	2.22%	设计变更后传统算量与斯维尔算量的差异比较（两个量均为最新图纸）	
14		合计			416,328.54	423,998.08	2%	421,563.84	0.58%		

附图 A.168　钢筋工程量对比验证

（六）BIM 实施总结

　　1. 以标准化为基础的 BIM 正向设计，可显著提升设计质量（设计变更控制在个位数），缩短设计周期、降低设计费用。

　　2. 通过制定华润置地 BIM 标准以及软件植入华润工程量计算规则，利用 BIM 正向设计模型，可直接计算输出工程量清单（即实现设计、成本一体化）。设计、成本一体化可大幅度节省成本算量人工和工期。

　　3. BIM 正向设计模型可进一步应用于施工过程中动态成本控制，打通设计、成本、招采、施工等主要开发链条，真正做到"一模到底"BIM 一体化应用。

华昆工程管理咨询有限公司总工程师汪松森点评意见

　　2013 年以来，BIM 技术在工程建设领域的应用逐渐深入，随着国家和各省市相关政策的陆续颁布，BIM 技术应用不断加速，许多设计、施工、监理、造价咨询、软件开发等建设工程相关单位相继应用 BIM 技术，探索开展了碰撞检查、方案优化、深化设计、虚拟建造、工程量计算、协同管理等工作，极大地丰富了 BIM 技术应用实践。

　　深圳市斯维尔科技股份有限公司在华润置地住宅项目中，用斯维尔 BIM 系列软件（BIM 建模 for Revit、BIM 审模 for Revit、BIM 算量软件）较好地解决了从 BIM 模型中提取全专业清单工程量的问题，其中：

　　1)《华润置地 BIM 标准》的编写，为成本算量添加必要的 Revit 类型属性（如建筑专业砌体墙构件的砌筑砂浆等级、砌块强度等级、砌体材质等）和实例属性（如建构专业结构柱构件的编号、混凝土强度等级、抗震等级等），确保 BIM 建模标准已完全考虑后续输出工程量要求并符合华润公司对清单项目名称、特征或工程量计算（输出）规则的特殊需求。

　　2) BIM 模型算量结果与传统算量结果相比，误差可控，基本符合成本管控工作对工程量计算误差的要求。同时，已建立的 BIM 模型还能在后续的招采、动态成本控制、施工管理工作中得到良好的应用。

案例提供单位将来可对 BIM 模型的建模工作进一步进行优化，持续提高建模工作效率。

八、成都天府国际机场项目 BIM 应用案例

四川同兴达建设咨询有限公司

（一）项目背景

1. 项目概况

成都天府国际机场一期项目总投资 718.6 亿元，规划总面积约为 $49.2km^2$，是国家"十三五"期间规划建设的最大民用运输枢纽机场项目，四川历史上投资体量最大的项目，也是四川省第一个全过程全专业采用 BIM 技术的项目。成都天府机场全景效果图如附图 A.169 所示。

附图 A.169　成都天府机场全景效果图

本次一期建设内容包括：约 67 万 m^2 的航站楼、17 万 m^2 停车楼、8 万 m^2 的综合交通换乘中心、3 万 m^2 运行指挥大楼、进出港高架桥以及航站区范围内的下穿隧道、轨道交通工程、各类管廊、登机桥、APM、PRT 等设施。

目前，项目主体工程施工进展顺利，预计 2021 年上半年建成投运。

2. 项目重难点

1）项目建设工期紧张，进度管理压力大；

2）施工环境条件复杂，紧邻工程施工影响大，管理要求高；

3）工程安全风险点众多，安全管理点多面广，难度极大；

4）参建单位多，协调管理难度大；

5）机电设备安装相互关系复杂，动态控制和联动调试要求高；

6）专业工程难（特）点众多，工程技术管理难度大。

3. BIM 技术应用的重（难）点

1）机场类项目模型管理的复杂性；

2）施工阶段 BIM 应用的有效性和及时性；

3）BIM 项目管理的创新性；

4）众多参建单位协调管理的复杂性；

5）协同管理平台的适用性和适应性。

（二）BIM 应用方法

1. BIM 应用策划

1）调研建设单位 BIM 技术应用需求；

2）确定项目 BIM 技术应用在各阶段的应用目标；

3）建立项目 BIM 组织架构；

4）制定项目 BIM 实施方案及计划。

2. BIM 管理机制

1）会议机制；

2）模型管理制度；

3）BIM 白图管理制度；

4）数据管理机制；

5）各参建单位 BIM 工作绩效考核制度。

3. 应用阶段和应用项列表

根据项目实际情况，本项目的 BIM 工作范围包括项目施工招标阶段、施工准备阶段、施工实施阶段以及竣工交付阶段等四个阶段的 BIM 应用，见附表 A.37、附表 A.38。

附表 A.37　本项目 BIM 技术应用实施范围

要素	阶段
BIM 工作范围	施工招标阶段 施工准备阶段 施工实施阶段 竣工交付阶段

附表 A.38　本项目 BIM 应用项列表

序号	阶段	BIM 相关应用项
1	施工招标阶段	项目 BIM 技术应用体系建立
2		项目平台建设及各项培训工作
3		各专业施工单位 BIM 技术要求编制
4		辅助招标管理

续表

序号	阶段	BIM 相关应用项
5	施工准备阶段	基于 BIM 的施工图深化设计
6		基于 BIM 的施工方案及施工工艺模拟
7	施工实施阶段	专业模型 3D 协调与交底
8		基于 BIM 的 4D 进度管理
9		基于 BIM 模型和平台的质量安全管理
10		BIM 辅助变更管理
11		施工阶段的现场组织与协调
12		施工模型更新与维护
13	竣工交付阶段	竣工模型交付标准编制
14		竣工资料收集与整理
15		竣工模型创建与信息录入
16		竣工模型审查与整合

4. BIM 应用环境

1）软件配置

结合本项目特点，主要选用的软件见附表 A.39。

附表 A.39　本项目 BIM 软件列表

类型	公司	软件产品	主要用途
BIM 软件	Autodesk	CAD	图纸设计与浏览
	Autodesk	Revit	建筑、结构和机电设计建模
	Autodesk	Navisworks	4D 模拟/主要针对单独建筑
	Autodesk	3D Studio Max	效果图渲染
	Tekla	Tekla ·	钢结构设计建模、分析
	Fuzor	Fuzor	4D 模拟/主要针对大场地
	Rober McNeel	Rhino	幕墙及异型构件建模
办公软件	Microsoft	Office	文字处理、表格制作、幻灯片制作、简单数据库的处理等
	Adobe	Adobe Acrobat	阅读和编辑 PDF 格式文档

2）硬件配置

主要硬件配置见附表 A.40～附表 A.42。

附表 A.40　图形工作站配置参数

主要配件	具体参数
操作系统	Windows 7 Professional x64 版本或更高版本
CPU 类型	i7-7700

续表

主要配件	具体参数
内存	16GB
显卡	GTX1060 6G 独显
USB 接口	6 个 USB3.0
硬盘	256G 固态硬盘＋2TB 磁盘
其他配件	带滚轮的双键光电鼠标
屏幕大小	24 寸显示器
远程管理	能够实现 USB 端口的有效管理；可以及时更新操作系统；安全补丁及业务系统的安装及升级；能够提供完善的报表和系统日志

附表 A.41 移动工作站配置参数

主要配件	具体参数
CPU 类型	酷睿 i7-4900MQ
内存	16GB DDR3 1600MHzSDRAM 内存
显卡	2GB 独立显存
USB 接口	4 个 USB3.0
硬盘	512G
屏幕大小	17.3″LED
远程管理	能够实现 USB 端口的有效管理；可以及时更新操作系统；安全补丁及业务系统的安装及升级；能够提供完善的报表和系统日志

附表 A.42 个人移动终端配置参数

主要设备	具体参数
系统	IOS9 版本或更高版本
CPU	四核 CPU、主频 2.0GHz
运行内存	2GB
存储空间	128GB
屏幕	9.7 英寸；屏幕分辨率：2048×1536 屏幕描述：电容式触摸屏，多点式触摸屏；指取设备：触摸屏
网络连接	WLAN 版
电池	电池类型：聚合物锂电池 续航能力：不小于 8 小时

(三) BIM 技术应用成果与特色

1. 施工招标阶段

1) 招标配合

由于项目的参建单位众多，要确保各单位进场后能够按照既定的目标实施 BIM 技术应用，在各项招标工作启动的同时，配合天府机场建设指挥部编制招标文件中的 BIM 技术条款。各专业 BIM 招标要求见附表 A.43。

附表 A.43　各专业 BIM 招标要求

序号	招标文本要求类别	版本
1	成都天府国际机场航站楼土建总包 BIM 招标要求	1 版
2	成都天府国际机场航站楼综合安装总包 BIM 招标要求	1 版
3	成都天府国际机场 GTC 土建总包 BIM 招标要求	1 版
4	成都天府国际机场 GTC 综合安装总包 BIM 招标要求	2 版
5	成都天府国际机场航站区监理 BIM	3 版
6	成都天府国际机场 GTC 监理 BIM	1 版
7	成都天府国际机场监理 BIM 招标要求	1 版
8	成都天府国际机场民航专业监理 BIM 招标要求	2 版
9	成都天府国际机场 APM、PRT 专业监理 BIM 招标要求	1 版
10	成都天府国际机场钢结构 BIM 招标	3 版
11	成都天府国际机场金属屋面 BIM 招标	1 版
12	成都天府国际机场总综合安装消防工程 BIM 招标要求	3 版
13	成都天府国际机场 APM 供应商 BIM 招标要求	2 版
14	成都天府国际机场 PRT 供应商 BIM 招标要求	1 版

2）项目 BIM 工作管理制度的建立

①BIM 例会协调制度

通过组织 BIM 周例会（附图 A.170），对各单位需提资或有交叉的事项进行协调，确保 BIM 工作的有序推进。

附图 A.170　BIM 周例会

②参建单位 BIM 工作绩效考核制度

根据年度 BIM 工作计划，编制各单位 BIM 工作绩效考核表，每月对各施工单位 BIM 工作完成情况进行考核评分管理。项目 BIM 工作绩效考核评价方案如附图 A.171 所示。

附录 F　成都天府国际机场施工单位 BIM 技术绩效考核评价方案

1　考核对象

施工总包单位及专业施工分包单位。

2　评价目的

作为成都天府国际机场 BIM 技术的实施主体，施工总包单位及专业分包施工单位的 BIM 技术应用工作显得尤为重要。本项评价方案首在规范和约束总包、分包单位在各个阶段的 BIM 技术应用和协调工作，确保本项目进行过程中 BIM 技术应用的高质量和时效性。

3　评价依据

《成都天府国际机场 BIM 应用实施方案》

《成都天府国际机场航站区招标条款 BIM 相关要求》

4　评价组织单位及评价方式

本项绩效考核评价工作由成都天府国际机场指挥部 BIM 团队组织，评价方式采用施工单位自评（评分占比为 20%）和组织单位评价（评分占比为 80%）的方式。

5　评价内容

5.1　总包单位 BIM 技术绩效考核评价内容

5.1.1　总包单位 BIM 技术绩效考核表（施工准备阶段）

序号	考核项目	权重	指标要求	提交日期	质量考核标准	评分等级	自评等级(20%)	BIM团队(80%)
1	BIM技术应用	20	施工阶段 BIM 实施方案	中标后 14 天	成都天府国际机场 BIM 应用实施方案	1. 1 个工作延期1天扣2分；2. 1 个子项工作未完成扣3分；3. 成果文件内容不全或错误一处扣2分。		
		10	BIM 实施软硬件配置					
		5	总承包施工单位 BIM 工作管理组织机构及人员配置					
		10	各级施工专业分包单位的施工BIM 工作管理进度方案					

179

附图 A.171　项目 BIM 工作绩效考核评价方案

③BIM 周报及月报制度

根据项目 BIM 工作开展情况，BIM 咨询单位定期编制 BIM 项目管理周报及月报，对近期各参建单位 BIM 工作推进情况及 BIM 咨询管理协调工作进行说明，记录重要 BIM 协调事项，并梳理主要工作计划，保障了 BIM 工作的有序开展。成都天府国际机场项目 BIM 项目管理周报及月报如附图 A.172 所示。

附图 A.172　成都天府国际机场项目 BIM 项目管理周报及月报

2. 施工准备阶段

1) 设计模型审查及验收——保障设计成果的有效传递和移交

设计模型审查报告如附图 A.173 所示。

附图 A.173　设计模型审查报告

2）场地布置——验证场地规划合理性，动态调整优化

T2 航站楼塔吊布置如附图 A.174 所示。T2 航站楼加工棚及材料堆场布置如附图 A.175 所示。

附图 A.174　T2 航站楼塔吊布置

附图 A.175　T2 航站楼加工棚及材料堆场布置

3）标段交界面碰撞检查

本项目涉及标段交界面众多，通过梳理各标段可能存在交叉处，涉及航站楼地下结构、综合换乘中心、停车楼、综合管廊、大铁、地铁、APM、高架桥，通过 BIM 的可视化功能进行碰撞检查与专业协调，提前规避设计冲突。标段交界面划分示意如附图 A.176 所示。

中建八局	中国华西	北京城建
1.1号管廊与现场服务大楼交界处 2.APM中建八局段与APM北京城建交界处 3.中建八局行李管廊与1号综合管廊交界处 4.大铁中建八局与大铁北京城建交界处 5.中建八局APM、行李管廊、高架桥、大铁综合交界面	1.2号管廊与ITC交界处 2.APM中国华西与APM北京城建交界处 3.中国华西行李管廊与2号综合管廊交界处 4.大铁中国华西与大铁北京城建交界处 5.中建八局APM、行李管廊、高架桥、大铁综合交界面	1.APM与管廊竖向交界处 2.GTC与大铁北京城建交界处 3.地铁与大铁、APM、GTC、行李管廊交界处 4.高架桥与大铁北京城建交界处 5.综合管廊与APM、地铁、大铁北京城建交界处 6.综合管廊与高架桥交界处

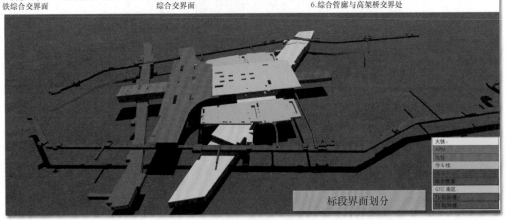

附图 A.176　标段交界面划分示意

4）虚拟样板引路

实物样板间成本高、占用场地大，项目建立 BIM 虚拟样板间，分阶段逐步完善本项目重要施工样板 BIM 模型，用于对现场工人的技术质量交底，辅助质量管理；并制作了移动端 VR 展示二维码，扫描二维码可方便浏览样板三维模型。大铁顶板抗震支座样板及相关样板示例如附图 A.177～附图 A.179 所示。

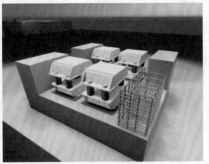

附图 A.177　大铁顶板抗震支座样板示例

附图 A.178 节点梁钢筋贯通与直锚样板示例

附图 A.179 虚拟样板二维码展示墙

5）行李系统运输流程模拟

行李系统是机场航站楼的核心系统，通过 BIM 模型模拟行李系统运输流程所经过的区域，让相关专业施工单位提前了解与行李系统相干涉的重点区域，合理安排施工组织计划。行李系统运输流程模拟如附图 A.180 所示。

附图 A.180 行李系统运输流程模拟

6）基于 BIM 的管线综合

项目建立了全专业应用 BIM 的工作体系，基于 BIM 的管线综合不仅包括机电管线内部的管线排布，还包括管线和钢结构网架、行李系统等专业的协调配合工作；通过 BIM 的方式统筹协调复杂管线的排布，梳理现场施工顺序，避免现场施工时的拆改。T1 航站楼管线综合如附图 A. 181 所示；行李机房内管线排布如附图 A. 182 所示；屋面网架内管线排布如附图 A. 183 所示。

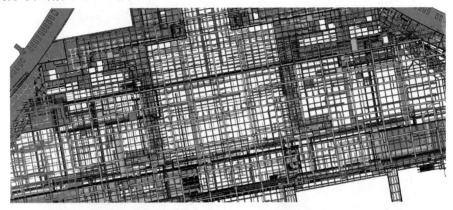

附图 A. 181　T1 航站楼管线综合

附图 A. 182　行李机房内管线排布

附图 A. 183　屋面网架内管线排布

7）基于 BIM 的净高优化

全项目建立了基于 BIM 的净高控制管理模式，实现了设计院、建设指挥部、施工单位间新的、有效的协同管理方式。并通过优化建筑、结构、管线排布等多种方式实现了有效的净高控制。建筑优化如附图 A.184 所示；结构优化如附图 A.185 所示。

附图 A.184　建筑优化

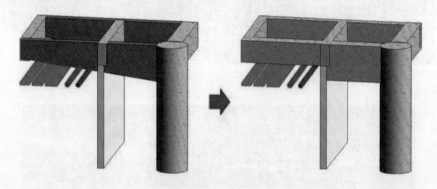

附图 A.185　结构优化

8）专项施工方案模拟

基于 BIM 的施工图深化设计工作是基于深化设计 BIM 模型开展的，在经审核修改后的深化设计 BIM 模型的基础上附加建造过程、施工顺序、施工工艺等信息，对施工过程进行可视化模拟，提高方案审核的准确性，实现施工方案的可视化交底。

（1）T1 航站楼深基坑专项施工方案模拟（附图 A.186）

附图 A.186　T1 航站楼深基坑专项施工方案模拟

（2）大铁高支模专项施工方案模拟（附图 A.187）

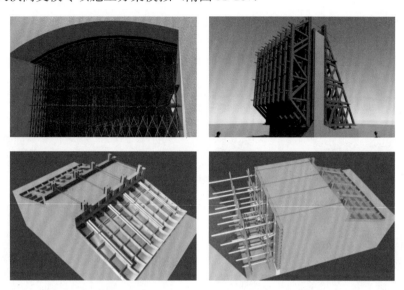

附图 A.187　大铁高支模专项施工方案模拟

（3）钢结构吊装专项施工方案模拟（附图 A.188）

附图 A.188　钢结构吊装专项施工方案模拟

3. 施工实施阶段

1) 专业模型 3D 协调与交底

BIM 咨询单位联合监理单位，组织基于专业模型的三维环境下的协调与交底，在不改变传统交底模式的前提下，充分发挥 BIM 模型三维可视化的特点，协调本项目各施工区域、各单位及各专业间的问题。行李系统模型交底会如附图 A.189 所示；机电管综协调会如附图 A.190 所示。

附图 A.189　行李系统模型交底会　　　　附图 A.190　机电管综协调会

2) 基于 BIM 的 4D 进度管理

基于 BIM 技术的 4D 进度管理，主要是通过建立基准施工图设计模型以及基准 4D 进度模拟，利用模型以及进度模拟的形式将方案进度计划和实际进度进行定期比对，找出差异并分析原因，实现对项目进度的合理控制与优化，如附图 A.191～附图 A.193 所示。

C指廊4D进度对比　　C区滞后内容：1.L1层地梁钢筋绑扎滞后10%。　　滞后原因分析：由于钢筋作业　　解决办法：增加钢筋作业人员，
　　　　　　　　　　　2.L1层土方回填滞后的10%。　　　　人员不足，天气及施工安排问　　6月27日到场。同时加班作业。
　　　　　　　　　　　3.B1层管廊侧墙和顶棚施工滞后2%。　题影响。
　　　　　　　　　　　4.B1层管廊地板施工后5%

附图 A.191　4D 进度静态对比

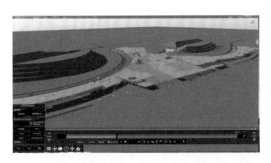

附图 A.192 4D 进度动态模拟

附图 A.193 全景式进度查询及跟踪

3）无人机航拍照片实际模型生成应用

利用倾斜摄影对场区内的地形进行三维扫描，形成点云模型，生成实际地形。实际地形与 BIM 模型结合实现虚实合一，很大程度上预控了实际场地对施工的影响，避免了以往因场地布置不完善导致的施工阻碍。利用航拍照片生产现状模型如附图 A.194 所示；无人机航拍模型测量如附图 A.195 所示。

附图 A.194 利用航拍照片生产现状模型

附图 A.195　无人机航拍模型测量

4）施工 BIM 技术培训

根据成都天府国际机场航站区建设工程 BIM 应用实施进展情况，对本项目实施过程中施工单位的 BIM 实施工作提供技术支持，为参与项目建设的施工方技术人员开展施工阶段 BIM 应用价值点、BIM 应用系列标准、施工阶段 BIM 模型创建、BIM 模型应用等方面的培训。施工阶段 BIM 技术培训及记录如附图 A.196 所示。

附图 A.196　施工阶段 BIM 技术培训及记录

5）BIM 施工模型更新维护及变更管理

在施工进行的过程中，BIM 咨询单位根据工程实际情况，结合变更和现场情况，组织各专业施工单位定期（月度）将施工过程中产生的变更、过程信息所需信息等加载到三维模型中，随工程进度定期更新。并通过平台，在相关单位间进行及时流转，保证 BIM 模型信息传递的时效性。

模型变更维护示例如附图 A.197 所示。

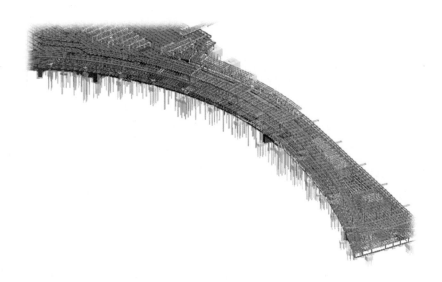

附图 A.197　模型变更维护示例

(四) 项目效益

目前，本项目获得 2018 年度 RICS 年度最佳 BIM 应用优秀奖，首届工信部"优路杯" BIM 大赛银奖。并取得如下成效：

1. 设计阶段

本项目从方案阶段就运用 BIM 进行正向设计（建筑专业），并在 Revit 平台上进行全过程控制，通过正向设计，保证了模型与图纸始终同步更新，并且模型与图纸完全对应。在精确出图、数据统计分析、工程量统计方面体现出了较大的优势，提高了设计效率。行李系统设计与配合采用全 BIM 的方式，双方仅用三维模型相互提资。由于行李系统设计方是国外设计团队，大部分时间采用邮件与视频会议的方式进行沟通。发送模型共 9 版，接收模型共 18 版，有力地保证了设计的同步性和时效性。

2. 施工准备阶段

本项目通过事先规范好的模型交付标准，设计模型能够顺利移交施工方并进行拆分应用，既节省了施工方重新建模的时间，也保证了模型和信息的延续性。

项目通过整合各专业模型进行冲突检测和三维管综共解决碰撞问题约 1200 个，节约成本约 846 万元。管综图纸、二次结构预留洞图纸共导出约 172 张图纸，提高了设计质量。通过三维净高分析，优化了航站楼重要区域 137 处，极大地提升了项目的品质。

3. 施工实施阶段

机电、消防、行李系统、钢结构等专业均通过 BIM 模型进行深化设计并且用于指导施工，实现了 BIM 应用的落地性。

通过项目协同管理平台有效地实现了跨组织的文件管理，促进了项目管理水平，减少了沟通成本。

通过施工方案模拟、三维技术交底、无人机航拍倾斜摄影等多项应用点的开展，优化施工方案，确保了现场施工质量。

4. 预期效益

在项目竣工交付阶段，通过 BIM 竣工模型创建，确保建设期信息有效传递至运维阶段，为后续机场运营维护管理部门提供数据基础；通过运维管理平台开发和运行，在中长期的机场运营维护中将产生巨大的经济效益。

北京永拓工程造价咨询有限责任公司副总经理张弘点评意见

成都天府国际机场一期项目是国家"十三五"期间规划建设的最大民用运输枢纽机场项目，四川历史上投资体量最大的项目。也是四川省第一个全过程全专业采用 BIM 技术的项目。BIM 应用一般分为三个层次，第一是作为产品的 BIM，即设施的数字化表示；第二是指作为协同过程的 BIM；第三是作为设施全寿命周期的 BIM。本项目的 BIM 工作范围包括项目施工招标阶段、施工准备阶段、施工实施阶段以及竣工交付阶段等四个阶段的 BIM 应用。

1）BIM 是建筑信息模型，这个模型可以包括机场从审批到建设的全过程信息。信息的内容可以包括尺寸、颜色、声音等物理信息，可以包括规范标准等文本信息，也可以包括速度、处理量、能耗等性能信息。总的来说，也就是项目从立项阶段到施工阶段全部建设过程信息都可以查询。本项目从方案阶段就运用 BIM 进行正向设计（建筑专业），并在 Revit 平台上进行全过程控制。通过正向设计，保证了模型与图纸始终同步更新，并且模型与图纸完全对应。在精确出图、数据统计分析、工程量统计方面体现出了较大的优势，提高了设计效率。譬如行李系统设计方是国外设计团队，行李系统设计与配合采用全 BIM 的方式，双方仅用三维模型相互提资，大部分时间采用邮件与视频会议的方式进行沟通。

2）对于机场来说虚拟建造非常重要，BIM 在施工完成之前，就可以在电脑中提前模拟建造，提前发现各种问题。本项目通过事先规范好的模型交付标准，设计模型能够顺利移交施工方并进行拆分应用，既节省了施工方重新建模的时间，也保证了模型和信息的延续性。项目通过整合各专业模型进行冲突检测和三维管综共解决碰撞问题约 1200 个，节约成本约 846 万元。管综图纸、二次结构预留洞图纸共导出约 172 张图纸，提高设计质量。通过三维净高分析，优化了航站楼重要区域 137 处，极大地提升了项目的品质。机电、消防、行李系统、钢结构等专业均通过 BIM 模型进行深化设计并且用于指导施工，实现了 BIM 应用的落地性。通过项目协同管理平台有效地实现了跨组织的文件管理，促进了项目管理水平，减少了沟通成本。通过施工方案模拟、三维技术交底、无人机航拍倾斜摄影等多项应用点的开展，优化施工方案，确保了现场施工质量。

3）BIM 是服务于建筑的全生命周期，其最终目的就是运营。普通民用建筑的运维相对比较简单，BIM 的效益尚未体现。对于机场来说，有别于其他民用建筑物最大的特点是运营复杂。所以 BIM 在民航的基础设施建设及运营方面有着更重要的意义。在项目竣工交付阶段，通过 BIM 竣工模型创建，确保建设期信息有效传递至运维阶段，为后续机场运营维护管理部门提供数据基础；通过运维管理平台开发和运行，在中长期的机场运营维护中将产生巨大的经济效益。

九、基于 BIM 技术的某机场航站楼全过程工程项目管理

华昆工程管理咨询有限公司

（一）项目基本概况

1. 基本信息

项目名称：某国际机场航站区改扩建新建航站楼项目；

项目合同类型：工程项目全过程 BIM 管理技术服务；

咨询单位：华昆工程管理咨询有限公司；

建筑规模：129300m²；

总投资额：16.67 亿元；

开竣工时间：2018 年 9 月—2020 年 10 月。

2. 项目特点

1）项目概述

为响应国家"一带一路"倡议和长江经济带战略的号召，该项目所属的国际机场集团及时编制了机场枢纽战略规划，其中航站区改扩建项目已完成各项审批，进入实施阶段。

新建航站楼工程是机场航站区改扩建项目的一项重要任务，其功能为服务于纯国内旅客的空侧候机厅。航站楼设计可停靠近机位约 38 个，旅客吞吐量 1200 万～1500 万；建成投用后，与已建航站楼结合实现年吞吐总量 5300 万人次。

新建航站楼是一个同已建航站楼配套的新建空侧候机厅，工程位于已建航站楼北侧停机坪外，距离已建航站楼中心区约 1600m。候机旅客可以从已建航站楼经地下捷运系统穿越停机坪到达航站楼，地下捷运系统同时满足行李运输和机电管廊等功能需求。

航站楼建筑外形采用"一"字形布局，双面停靠近机位。建筑物长度 774m，宽度 45～88m，高度 24m，总建筑面积约为 12.93 万 m²，共分五层：地下一层（有轨电车车站、地下货运通道、机电设备用房、管廊等）、首层（出发候机厅、到达厅、行李机房、办公用房等）、二层（国内航班的到港通道以及中转区域）、三层（国内航班的出港通道）、四层（高舱位候机、厨房、餐饮），采用与已建航站楼一致的屋面做法和色彩。

2）机场建设项目 BIM 应用需求

民航机场作为重要的国家基础设施，具有投资大、项目管理复杂、风险高、对区域经济影响大等特点，不仅各级政府领导充分重视，社会各界人士也会对机场工程的建设予以关注，在此背景下有效解决机场建设中项目实施过程难点、痛点，提升机场建设管理水平，提高管理效率，优化资源配置，成为民航建设部门亟须解决的问题。

经过多方考察了解到，民航机场建设中应用 BIM 技术，能够更好地解决机场建设项目中存在的质量要求高、进度控制难、参与方众多、协调混乱、投资管理难、信息管理难等问题。近期完成和正在建设的国内各大型机场，均在重要子项目建设中采用了 BIM 技术。例如：北京大兴国际机场、成都天府国际机场、广州白云机场 T2 航站楼、重庆江北机场 T3 航站楼等。

为高品质、高效率推进建设并实现数字化交付，本项目业主单位决定委托全过程 BIM 技术咨询服务，协助项目建设管理。

（二）咨询服务范围及组织模式

1. 咨询服务的业务范围

1）服务范围

项目 BIM 技术全过程应用。

2）服务内容

本案例咨询服务主要涵盖项目设计阶段、施工阶段、竣工阶段和运维阶段的阶段性全过程工程咨询业务，主要服务范围包括两个方面：

一方面，采用 BIM 虚拟建造技术手段，建立并持续更新 BIM 模型，三维表达设计信息，辅助审查设计错漏并提出设计优化建议，辅助施工深化设计，如实表达实际建造完成情况，最终实现竣工数字模型交付。

另一方面，搭建 BIM 协同管理平台，以 BIM 模型为载体，建立项目信息中心，实现设计信息、建造信息的统一集成，依托协同管理平台接收各参建方组织信息、施工作业信息和管理行为信息，并实现各参建方之间的信息交互，以信息集成和实时共享为基础，促进项目管理精细化，整体提高项目管理水平。

3）服务目标

通过 BIM 技术应用，利用 BIM 模型的可视化、信息化等特点，提高项目建设管理水平，减少设计变更数量，节约工程投资，提高设计质量，节省建设工期，积累设计施工过程信息，交付三维竣工模型及相关数据库，保证航站楼工程项目数据的准确性、协同性、可追溯性，实现项目全生命周期的数字化建设管理。

（1）建设品质管控。利用 BIM 模型，三维可视化验证规划布局、环境协调、建筑造型、内部功能等需求；建模过程超前虚拟验证，侦测设计图纸错漏、优化设计；BIM 施工深化设计，精准排布各专业构件和管道，实现精益建造；减少需求导致的设计变更和返工，避免施工图设计文件错误或不当导致的设计变更和返工，节约工程投资，提高工程质量。

（2）建设工期管控。精准的 BIM 施工深化设计支撑构件预制，通过建造-制造平行施工缩短工期、节约用工；基本消除现场发现问题而停工等待变更甚至返工现象，避免工期延长；采用 BIM 手段对重要交叉作业面预演物理接驳和时序安排，合理组织施工，大幅减少多专业交叉作业对工期的影响。

（3）建设信息集成。基于协同管理平台进行 BIM 技术数据集成，包括设计阶段信息、施工阶段数据流转、模型传递变更管理、竣工图交付管理、设备编码信息等。

（4）竣工数字化交付。通过项目设计、建造阶段的 BIM 应用，形成项目竣工完整数字化资产，支撑项目投运后的全生命周期数字应用。

2. 咨询服务组织模式

1）组织原则

新建航站楼工程建立项目级 BIM 中心，由本项目所属的机场集团建设指挥部主导，华昆工程管理咨询有限公司为咨询单位，施工总承包工程项目部和监理咨询团队为主要执行单位,其他各参建单位服从项目级 BIM 中心统筹安排。

2)组织模式

项目级 BIM 中心组织关系如附图 A.198 所示。

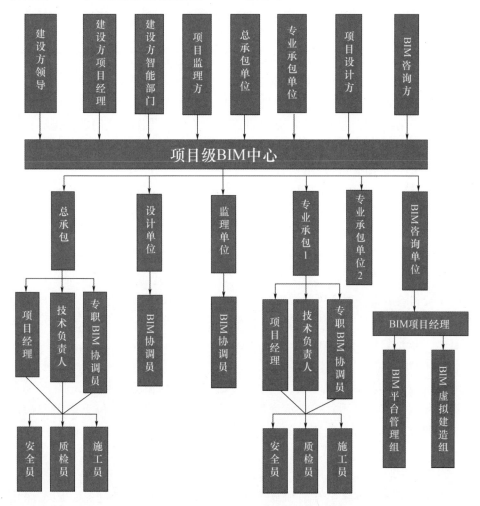

附图 A.198 项目级 BIM 中心组织关系图

3)各方职责

(1) BIM 咨询单位职责

BIM 咨询单位接受指挥部委托,在机场建设指挥部领导下,为本项目建设全过程提供 BIM 应用咨询服务。包括:BIM 应用整体策划;BIM 设计施工图建模和三维审图,BIM 施工深化设计辅助,BIM 模型持续更新及竣工交付;BIM 协同管理平台部署;对各参与方的 BIM 协同管理应用进行指导和跟踪。

(2) 机场建设指挥部职责

机场建设指挥部在本项目 BIM 应用中起主导作用。机场建设指挥部制定 BIM 应用规则,引导和监督设计、施工、监理等各参与方按照规则实现 BIM 技术应用落地,验收 BIM 咨询服务交付成果。

机场建设指挥部工程部门负责本项目 BIM 协同管理的归口管理。具体负责：向 BIM 咨询单位发出指令，与 BIM 咨询单位项目部日常对接；牵头组织验收 BIM 咨询单位提交的阶段性模型和（初验）竣工模型；向 BIM 咨询单位提出 BIM 平台协同应用需求；协调指挥部及其他部门的 BIM 技术应用；向监理单位、设计单位、施工单位及其他参建单位发出 BIM 应用指令。

机场建设指挥部技术部门负责向 BIM 咨询单位发送最新版设计施工图及设计变更文件，组织对 BIM 三维审图发现的重大设计错漏和设计优化建议的会商。

机场建设指挥部综合业务部门负责指导、监督 BIM 协同管理平台信息内容和质量；按工程档案电子化相关规定对参建各方项目资料的上传、传递和使用进行指导；负责工程款支付信息的发布。

机场建设指挥部安保部门负责安全生产管理相关 BIM 技术应用。

机场建设指挥部负责配合机场集团公司对本项目 BIM 应用各项要求的传达、落实和成果汇报。

（3）监理单位职责

监理单位负责本项目施工监理相关业务 BIM 应用落地，并配合指挥部和 BIM 咨询单位监督和协调设计单位、施工单位 BIM 应用。包括：监理文件电子化提交；施工质量管控重点部位和施工安全生产风险源部位的定时巡视记录；施工进度记录复核；原材料和施工作业追溯信息复核；阶段性验收（分部分项工程验收、单位工程验收）和竣工验收信息记录；电子化工程档案管理；其他参建方 BIM 应用协调。

（4）设计单位职责

设计单位应在本项目施工图设计、施工过程的跟踪服务以及竣工图审查中，同 BIM 咨询单位保持密切联系，按规定流程接收和回复 BIM 咨询单位三维审图疑议报告和设计优化建议报告，对于经确认的施工图设计错误和优化建议，应相应修改施工图设计。

（5）施工单位职责

施工单位负责本项目施工管理和施工作业的 BIM 应用落地。包括：施工深化设计成果采用 BIM 模型表达（交 BIM 咨询单位进行审查和集成）；按规定流程接收和回复 BIM 咨询单位三维审图疑议报告和深化设计优化建议报告，对于经确认的深化设计错误和优化建议，应相应修改施工深化设计；严格按照多方共同确认的施工深化设计图纸施工；上传原材料和施工作业追溯信息；上传施工质量管控重点部位和施工安全生产风险源部位的定点巡视信息；按规定上传施工进度信息；上传阶段性验收（分部分项工程验收、单位工程验收）和竣工验收信息；配合 BIM 咨询单位开展 BIM 模型现场核对，就核对发现的（管线）错位问题进行复测并将相关数据按规定流程提交；施工文件电子化提交。

（6）其他参建单位职责

其他参建单位按照 BIM 应用通则及相关专项方案的规定参与本项目 BIM 应用落地相关工作。

(三) 咨询服务的运作过程

1. 实施模式

1) 各阶段实施要点

是由机场建设指挥部牵头管理、BIM 咨询单位提供总体咨询（模型、平台、管理规则、技术支持、成果验收）、其他各参建单位共同参与的 BIM 实施模式。

主要应用包括：

设计阶段：设计施工图 BIM 模型建立、图纸审查、图纸优化、方案对比、管线综合深化设计、不停航施工方案模拟、BIM 管理规则制订等；

施工阶段：BIM 协同管理平台部署、BIM 技术培训、虚拟漫游、施工现场场地布置及交叉作业面模拟、基于 BIM 协同管理平台的 BIM 协同管理等；

竣工阶段：设备信息数据库建立、竣工模型提交、形成 BIM 协同管理平台数字化资产等；

运维阶段：运维管理平台部署、运维管理平台应用培训、运维管理平台信息维护等。

2) 经济措施

按照《BIM 应用通则》的要求，经过机场建设指挥部的同意，各参建单位应当按照相关规定履行 BIM 应用职能职责，并在每月进度款审核中加入 BIM 审核意见。由造价咨询单位和 BIM 咨询单位共同审核各单位 BIM 应用情况，若有问题需整改后通过，若无问题则进度款照常支付。

3) 执行措施

随着项目不断推进，华昆 BIM 咨询根据项目现场应用 BIM 具体情况按照公司规定的培训教程分阶段有针对性地组织相关人员进行系统的 BIM 培训，以确保项目管理工作能够顺利进行。

在以 BIM 技术为基础的项目全过程咨询工作进程中，华昆 BIM 咨询若发现了影响项目进行的任何问题，都将在第一时间以机场建设指挥部规定通用的工作联系单报送至相关部门解决。针对项目各参建方的 BIM 应用情况以及整个项目的施工进展情况，华昆 BIM 咨询以工作周报的形式在每周监理例会上向机场建设指挥部进行汇报，以便机场建设指挥部领导层更加清晰地掌握项目进展情况。BIM 阶段性应用成果由华昆 BIM 咨询汇总后向机场建设指挥部及各参建单位汇报展示。

为提高 BIM 协同管理信息传递的及时性和普遍性，协同平台不仅在 PC 端可以使用，还可以在移动端设备上使用 App 进行应用，同时在建设指挥部大厅放置 100 寸大屏幕（附图 A.199），数字大屏滚动式循环播放 BIM 管理平台信息展示、BIM 模型进度模拟、航站楼项目介绍、现场进度展示、施工现场监控视频等内容，这些信息跟随项目进程不断更新，让信息传递的渠道更为丰富，以满足信息传递的需要，提高项目建设信息化的水平，可以使机场建设指挥部领导更加便捷地掌握施工现场情况。

2. BIM 管理应用

1) 综述

本项目的 BIM 管理应用着眼于全过程，以 BIM 设计信息模型为基础（虚拟）载体，以华昆 BIM 协同管理平台为项目管理信息储存和传递的中心媒介，通过信息高度集成、有序传递和精准复用，协助项目建设协同管理的高效实现。机场建设指挥部的管理流程、华昆工程管理咨询有限公司的项目咨询经验转化为信息化流程，通过 BIM 平台有效支撑项目各参建方之间协同，大大提高了项目管理各项事务的流转效率，实现了指令信息即时反馈和跟踪，最大程度上为建设项目增值。最终实现将航站楼工程作为本项目所属机场建设工程"省内创新、国内优秀"且可复制、可扩展的示范项目。华昆 BIM 协同管理平台截图如附图 A.200 所示。

附图 A.199　100 寸数字大屏展示图

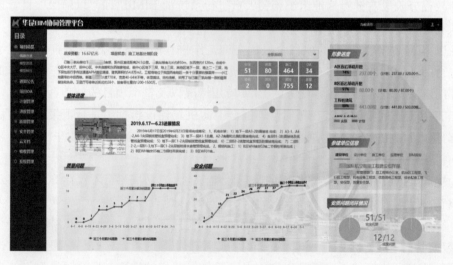

附图 A.200　华昆 BIM 协同管理平台截图

为了规范 BIM 项目管理平台信息集成实施，实现精细化管理，机场建设指挥部委托华昆 BIM 咨询根据项目特征编制《BIM 应用通则》《BIM 协同管理平台信息集成实施细则》《BIM 建模技术导则》《BIM 数字协同管理平台操作手册》等管理规则文件，并发送至项目各参建方共同执行，以提高整体 BIM 协同管理水平，并为后期机场建设项目实施 BIM 项目管理进行先期探索。所有参建单位共同遵循同一管理规则，保证 BIM 实施具有强有力的推动力。BIM 协同管理规则文件截图如附图 A.201 所示。

附图 A.201　BIM 协同管理规则文件截图

2）BIM 协同

（1）管理信息协同

项目在建设阶段会有大量信息需要向各个参建单位传递，需要满足全面覆盖和信息存储可查的需求，而且项目的整体进展情况也需要快速反映在统一平台上。比如项目概况信息、进展情况（包含里程碑事件）、存在问题、会议事项通知、公告等信息都要有一个统一的发布管理界面，这些在 BIM 协同管理平台中都得到了实现。在项目总览信息页面，能够让项目参与人员快速掌握到项目整体信息，了解项目进展、存在问题和处理情况，起到信息集中向各参建人员高效传递的作用。截至报告日（项目开工 40 周，下同），项目总体进展信息发布 56 条，项目通知、公告发布 119 条。协同管理平台信息总览示意图如附图 A.202 所示；项目相关通知、公告信息发布示意图如附图 A.203 所示。

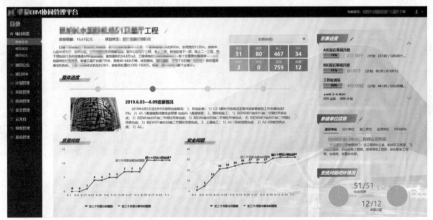

附图 A.202　协同管理平台信息总览示意图

附图 A.203　项目相关通知、公告信息发布示意图

（2）动态进度管理

将施工进度计划导入 BIM 协同管理平台与 BIM 模型进行关联后，可以模拟出项目建设的整体计划安排，以及将实际完成时间填报后进行进度执行情况分析，配合每日的施工日志和每周形象进度，能够在平台中直观掌握到项目的进展情况，为做好进度控制提供极为重要的参考依据。通过将进度计划分解到每周，对标实际完成情况，快速直观展现进度执行情况，便于制订合理进度保证措施，实现项目进度动态控制的目的。截至报告日，施工日志发布 467 条，进度实际开始结束时间填报 112 条。相关示意图如附图 A.204～附图 A.206 所示。

附图 A.204　每日施工日志反映现场每个作业面施工情况示意图

附图 A.205 BIM 协同管理平台总体进度计划模拟示意图

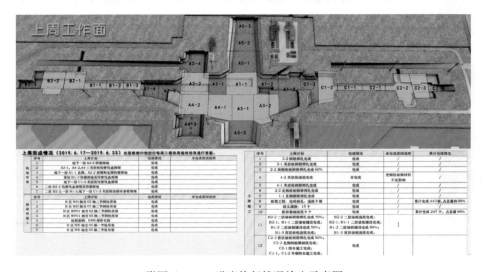

附图 A.206 进度执行情况检查示意图

（3）质量管理

为加强现场质量问题处理的管理过程，将质量管理痕迹化、信息化，提高问题处理的速度。将施工现场发现的质量问题记录在 BIM 协同管理平台中，并将该问题关联到项目模型相应的位置上，设置相应的负责人和处理人，由负责人督促处理人加快处理质量问题，并将处理结果及时记录在 BIM 协同管理平台相应的位置上以形成该问题的闭环。通过将质量问题进行全过程的跟踪记录，可以为该位置以后再出现质量问题时提供可靠的依据，以便为下一步的修复工作提供参考，同时可作为质量管理工作的考核依据，为项目质量管理提供准确、快速的统计结果，使项目质量管理更为全面细致。截至报告日，施工质量问题及警示问题共发布 62 条，均按要求完成整改处理。相关示意图如附图 A.207 和附图 A.208 所示。

附图 A.207　施工现场质量问题管理示意图

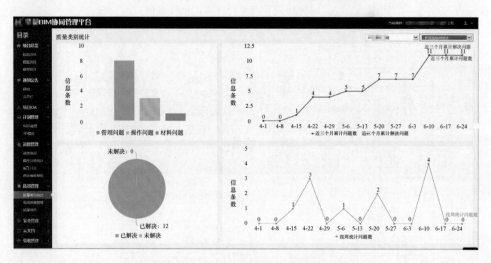

附图 A.208　施工现场质量问题统计示意图

（4）安全管理

安全管理是最为密集的管理行为，也是项目管理中最重要的管理工作，安全问题的管理不能出现任何疏漏。通过华昆 BIM 协同管理平台每日安全巡视功能，可以有效督促各单位项目安全负责人进行每日的安全检查，加强安全隐患管控工作；现场安全管理可以记录项目现场中出现的各类安全问题及其处理结果，方便业主方进行安全文明施工管理；安全警示功能可以向各个参建方提供现场施工时需要注意的安全问题，也可以提供相似项目出现过的安全事故案例供各参建方加强安全教育培训工作；现场安全监控的接入大大提高了安全管理工作的效率和精准度。截至报告日，协同管理平台中目前记录安全问题共 51 条，均按要求完成整改闭环。安全警示信息发布 3 条，每日安全巡检工作信息发布 759 条，记录每天各单位安全管理人员对现场安全巡检工作的内容。安全问题的处理和安全巡检的完成情况作为安全文明施工考核打分的一项重要指标。相关示意图如附图 A.209～附图 A.212 所示。

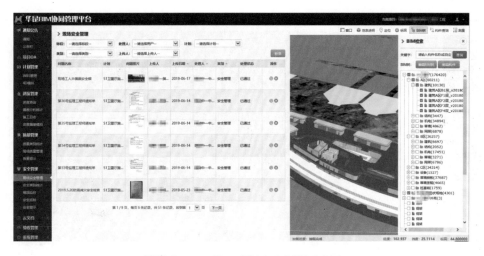

附图 A.209　施工现场安全问题示意图

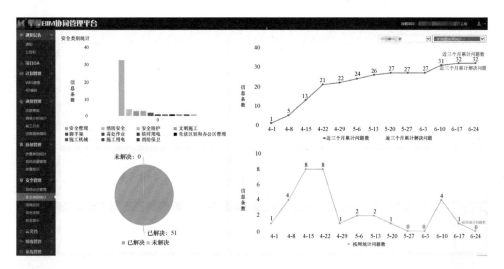

附图 A.210　施工现场安全问题统计示意图

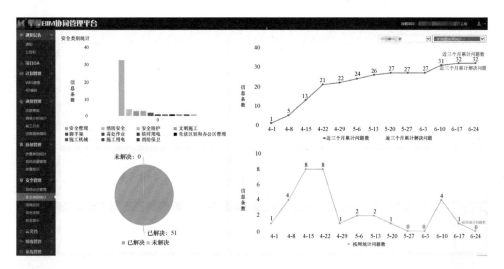

附图 A.211　安全巡视示意图

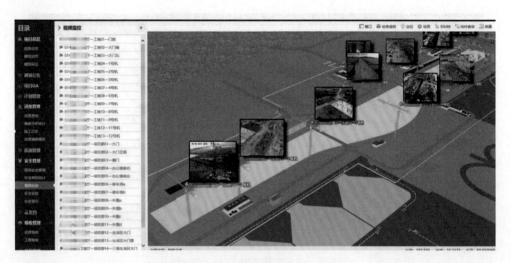

附图 A.212　现场视频监控示意图

（5）项目电子资料档案管理

项目在建设过程中会涉及非常多的资料需要统一管理，项目资料保持与施工进展的同步是每个项目中的一项难点。为保证资料的及时性、统一性，在 BIM 协同管理平台中使用云文档功能能够有效满足这样的需求，通过在平台上发布图纸版本确认信息，让各参建单位明确实施的图纸版本号，避免因为图纸版本不同造成的错误，通过建立云文档竣工档案目录，可以让参建单位将工程资料电子化存储在云端，不仅能便于资料查阅管理，也能在竣工后导出电子版竣工档案用于存档。截至报告日，协同管理平台中共记录 243 件项目相关资料。项目资料管理示意图如附图 A.213 所示。

附图 A.213　项目资料管理示意图

（6）项目验收管理

为保证工程验收的有序化和验收资料的齐全，使用 BIM 协同管理平台将工程的单位工程验收、分部工程验收、分项工程验收工作进行统一管理。将验收资料统一上传至平台，并关联到本次验收内容相关的模型和进度任务中，在平台中生成验收任务，这样可以在验收工作开展以前检验验收相关资料的齐全性，同时提高后期验收复查的工作效率。

验收过程是逐级向上支撑的，即各个检验批次验收通过之后才能进行分项工程的验收，分项工程验收通过之后才能进行子分部验收、分部验收，以此类推，保证工程验收的有序性。BIM 协同验收管理逻辑框架示意图如附图 A.214 所示；协同管理平台中验收任务执行示意图如附图 A.215 所示。

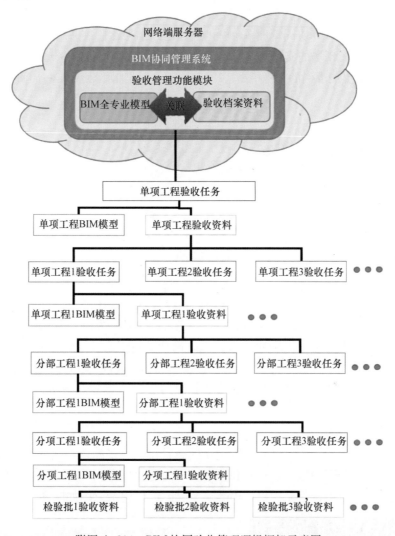

附图 A.214   BIM 协同验收管理逻辑框架示意图

附图 A.215   协同管理平台中验收任务执行示意图

3. BIM 技术应用

1) 虚拟建造

（1）设计施工图 BIM 模型

在项目实施初期，华昆 BIM 咨询按照机场建设指挥部提供的设计施工图完成全部设计施工图建模工作，包含结构、建筑、机电、弱电、幕墙、钢网架专业，并将建立完成的 BIM 模型上传至华昆 BIM 协同管理平台中供各参建方作为建造参考。随着项目的推进，华昆 BIM 咨询根据施工现场的实际情况对华昆 BIM 协同管理平台中的模型做实时的调整以便给各参建单位提供更加准确的参考模型。BIM 模型展示图如附图 A.216 所示。

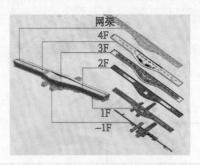

附图 A.216　BIM 模型展示图

（2）图纸审查

华昆 BIM 咨询在根据机场建设指挥部提供的设计施工图建立 BIM 模型之后，通过自检自查、交接检查、综合审查、功能审查四轮可视化筛查发现设计图纸中存在的问题。经过详细的模型筛查已通过机场建设指挥部向设计单位提交三次问题报告，发现设计疑议问题 114 个、严重影响施工问题 35 个、普通可优化解决问题 148 个、设计图纸表达不清问题 311 个。设计单位在接到问题报告之后修改设计方案调整设计内容，部分问题通过 BIM 优化解决。

（3）图纸优化

在专业集中区域，按照设计施工图建立模型后存在很多问题，采用 BIM 模型优化各专业构件安装空间，可为施工作业提供参考。若经过优化仍不能满足施工要求，则将该问题反馈至设计单位进行适当的设计内容调整。图纸优化示意图如附图 A.217 所示。

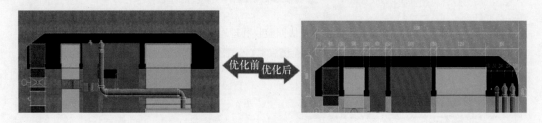

附图 A.217　图纸优化示意图

（4）方案对比

当提出不同施工方案时，有时会无法直观了解不同方案的差异。华昆 BIM 咨询通过适当调整 BIM 模型尽量逼真地还原不同方案的特点，更加直观地供业主和参建方进行方案比选，辅助业主和参建方进行二次深化方案建模。

（5）管线综合深化设计

由机场建设指挥部作为管线综合深化设计的主导单位，结合项目实际情况统筹安排协调工作；由项目总承包单位基于 BIM 模型提出各专业管线综合深化设计意见并确定深化方案；华昆 BIM 咨询根据总包管线综合深化设计方案完成深化设计 BIM 模型成果，并提供给设计单位和监理单位进行成果复核、审查、确认；项目总承包单位根据深化设计图纸和深化设计模型进行现场施工。管线综合深化设计示意图如附图 A.218 所示。

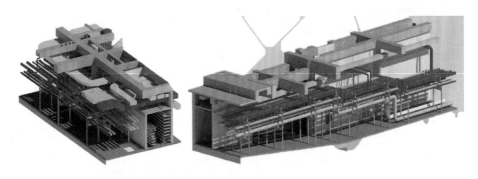

附图 A.218　管线综合深化设计示意图

（6）虚拟漫游

华昆 BIM 咨询将建立好的项目模型进行处理并发送至移动客户端，通过移动客户端将模型切换到与实际工程主体一致的视角，将施工现场与三维数字模型进行对比，以掌握项目现场施工状况。通过该应用，施工单位可以进行工作的合理安排，监理单位可以核对施工单位的施工质量问题，业主可以在验收工程时通过实际工程主体与设计模型对比检验施工单位是否达到验收条件。同时，通过对比施工现场已完成的建筑构件和三维模型，华昆 BIM 咨询可以不断完善项目过程模型，为项目竣工模型验收做好准备。通过虚拟漫游应用，更大程度上保证施工质量符合设计要求，减少质量问题。虚拟漫游示意图如附图 A.219 所示。

附图 A.219　虚拟漫游示意图

（7）施工现场场地布置及交叉作业面模拟

航站楼工程建设范围包含航站区和飞行区，同时有五家施工单位在场作业，一方面要考虑各个单位工作交叉面的衔接关系，另一方面航站楼主体建设也分六个建设阶段，每个阶段对周边场地占用情况不同。使用 BIM 技术模拟多个施工单位工作交叉的位置能快速确定工作先后移交方案，同时在主体施工建造模拟的过程中还能优化施工流程，保证工期目标顺利完成，使用 BIM 模拟建造的过程通过视频方式向各方交底提高了沟通效率。

（8）不停航施工方案模拟

航站楼施工期间不能停航，但势必对飞行区正常运营造成一定影响，为平衡施工进度与运营影响，指挥部提前设计了不停航施工方案，方案将建设周期分为三个阶段，为准确表达各个阶段施工影响范围和内容，采用 BIM 技术模拟整个方案各个阶段建设内容和影响范围，直观表达出不停航施工方案内容，各方可快速掌握方案内容和提出相应优化建议。不停航施工方案模拟示意图如附图 A.220 所示。

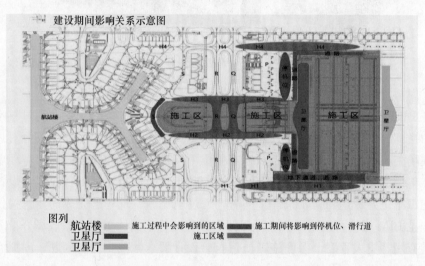

附图 A.220 不停航施工方案模拟示意图

2）设备信息数据库建立

（本项目尚未到竣工数字化交付阶段，本小节内容按另一项目的实施内容进行汇报，该项目同样是民航机场航站楼项目，与本项目业主、建设管理团队、BIM 咨询团队、BIM 设施设备信息数据库管理委托内容均相同）

（1）机电设备清单

华昆 BIM 咨询与项目总承包单位通过 BIM 模型和图纸，统计出航站楼工程机电系统设备名单和数量，经过机场建设指挥部审核之后，对其进行分类识别、系统编码、关联设备梳理，将单个机电设备与机电系统通过分类和编码形成对应关系，建立机电设备清单。

（2）设备信息内容

通过反复研究招标和投标信息，华昆 BIM 咨询和机场建设指挥部以及项目总承包单位共同罗列出机电设备的基本属性、生产厂家信息、采购信息、安装信息、使用信息等运营阶段所需要的各类相关信息，为航站楼后期的运营和维护工作提供参考依据。

（3）设备信息数据库

将航站楼工程的机电设备清单和设备信息内容进行汇总，最终形成用于项目运维阶段所需的设备信息数据库，并将该数据库上传至设备运维管理平台，并与运维管理平台中的模型信息进行相应设备的关联，以便辅助长水机场运维单位在后期进行日常管理工作。设备信息数据库示意图如附图 A.221 所示。

附图 A.221　设备信息数据库示意图

（4）设备运维管理平台

通过设备运维管理平台的模型漫游功能，可以再现项目现场被隐藏的构件，实现设备的精准定位，了解各种管线的排布走向，最大程度上为运维人员提供工作上的便利。

单击设备运维管理平台 BIM 模型的相应设备构件，调取设备信息数据库中与之对应的设备信息，掌握每个机电设备的性能，可以使现场运维人员使用设备更加规范，保养设备更加合理，维修设备更加快捷，保证机场工作的正常运行。

该平台还可以记录运维人员对每个设备的巡检、检修信息，可以在后期根据设备运维管理需求进行添加和扩展平台功能，允许用户给设备运维管理工作人员分配管理权限，允许用户通过扫描二维码实时添加和修改设备运维信息，也可以允许用户发起各种设备保修流程，制定设备的维护保养计划等，为设备运维人员提供更加智能、更加贴近实际工作的管理平台。

将机电设备运行信息集中在该运维管理平台上，可以实时监控各设备系统的运转状态，实现智能化运维管理工作。

智慧化运维资产形成示意图如附图 A.222 所示。

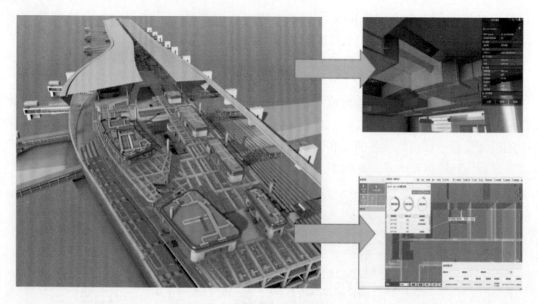

附图 A.222 智慧化运维资产形成示意图

（5）实物关联标牌

航站楼工程设备资产管理二维码标签分为 BIM 模型浏览定位码和资产信息管理码两大类。

BIM 模型浏览定位码是指在模型浏览软件 PC 端生成二维码，然后用移动端扫描所生成的二维码，可以直接定位到构件所在位置，并显示相关信息。该二维码可以用来关联问题，以及在移动端模型中提供位置信息。

资产信息管理码是通过二维码的形式登记设备资产的各种资料，将固定设备资产进行明细分类核算的一种账簿形式。

资产信息管理码将记录每一项设备的全部档案信息，即设备从进入机场开始运营到退出机场结束使用的整个应用阶段所发生的全部情况，都将在标签上予以记载。资产信息管理码标签通过完整存储设备资产信息，实现快速读取既有信息、便捷记录并定向传递运维信息等功能。设施设备管理二维码示意图如附图 A.223 所示。

附图 A.223 设施设备管理二维码示意图

(四) 咨询服务的实践成效

1. 全过程工程咨询应用成效

在目前已开展 BIM 技术应用的航站楼工程中已经逐渐体现出了 BIM 技术带来的信息化管理手段的价值,主要体现在以下几个方面。

1) 企业建设信息化水平提升

相比传统建设项目管理的方式,使用 BIM 信息技术的管理手段能够在项目建设管理过程中提高企业管理信息化能力,也是国家政策倡导信息化建设的重要体现方式。

2) 决策更科学合理、可追溯

使用 BIM 技术的模型可视化优势从可视化、技术经济角度多方面分析,提高决策合理性,降低建设风险,让建设项目决策更科学合理,而且决策过程可快速查询追溯。

3) 管理效益提升,信息数据获取方便

项目管理的效率提升依托于高效准确的信息来源与交互,减少信息交流不畅造成的障碍,避免影响管理实施,BIM 技术能扩大信息收集范围,拓宽建设管理的视野,以集中化的信息平台展现管理过程信息。

4) 促进精益建造、加快施工进度,节约施工成本

传统的施工建造过程受制于设计成果的可施工性影响,经常会因为设计文件可施工性低,造成变更和停工,造成大量的工期浪费,同时一些设计内容对建造成本的考虑欠缺会造成资金投入的不可控,BIM 技术的虚拟建造过程能够提前将建筑模拟建造出来,可汇总发现设计文件中出现的问题,在施工前就解决,能大量减少项目建设中不必要的变更引起的工期延误和费用增加。

2. BIM 实施阶段科研成果展示

2018 年 12 月,华昆 BIM 咨询团队以工程验收管理规范、流程为依据,结合 BIM 技术,经过不断地探究和实践,总结出一篇《一种基于 BIM 技术的建筑工程验收管理方法》的发明专利,该管理方法利用 BIM 技术解决了传统验收管理中的诸多问题。目前该专利申请已受理。华昆 BIM 咨询团队在自主知识产权研发中还将继续进行深入和拓展研究。

3. BIM 后续应用拓展

在目前已开展的部分 BIM 技术应用已体现出的应用价值的基础上,还有很多可以进一步拓展的应用空间。

1) 利用数字机场技术支撑"四型机场"建设。BIM 模型能够将设计信息、建造信息、制造信息等集成在模型中,直至竣工形成 BIM 竣工模型交付数字资产,与建筑设施实体双生对应,是后期运维、改扩建的可靠信息数据支撑。后期计划继续拓展 BIM 技术应用范围,将长水国际机场逐步整体数字化,打造数字机场,为平安、绿色、智慧、人文"四型机场"建设构建信息化基础。在此基础上,结合物联网等先进技术建立智慧化运维管理平台,实现建筑能耗、人流监控、智能安防、智能报检、资产管理等一系列应用,支撑"四型机场"运行管理。可以预见,数字孪生(digital twins)是信息化时代民

航机场发展的必然方向。

2）多项目集中化管理。该国际航空枢纽建设还有很多建设项目未开展，要同时管理多个项目建设掌握总体建设情况，需要有一个建设管理平台提供多个项目同时管理的可靠工具，在 BIM 协同管理平台的基础上，可以进一步拓展开发，形成多项目管理平台，实现多项目集中化管理，提高建设管理的信息集中化层次。发明专利示意图如附图 A.224 所示。

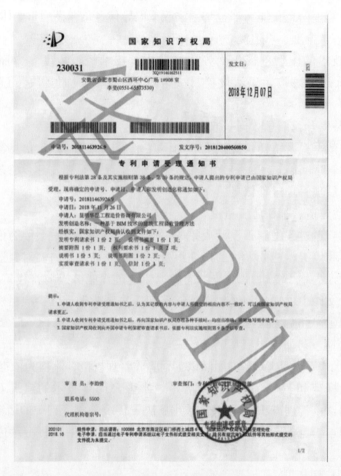

附图 A.224　发明专利示意图

捷宏润安工程顾问有限公司董事长吴虹鸥点评意见：

本案例为某机场航站楼的 BIM 全过程工程管理项目，依托工程为某国际机场航站区改扩建新建航站楼项目，机场类型项目属于基础设施类型项目，也具有一定特殊性，工程专业技术标准要求高、施工难度大、管理环节多，因此，在本项目中应用 BIM 技术融入工程项目管理非常必要，需要 BIM 技术的可视化虚拟展现、结构化数据管理及协同化工作沟通等功能，为项目解决以上难点痛点。本案例给出了很好的解决方案，并对类似项目提供了可借鉴路径，具有较高的参考价值。

本案例是 BIM 技术在项目全过程综合管理上的落地应用，可视化虚拟展现是 BIM

技术发展路径上的首要阶段，建议在后续研究中应该达到全过程可视化管理的程度，现案例的报告文档中体现的文字段落较多，部分段落 BIM 应用配图说明不够清晰，建议在 BIM 模型施工图模型展示、BIM 施工深化设计辅助、BIM 模型持续更新、不停航施工方案模拟、施工场地布置、交叉作业面模拟、方案对比、虚拟漫游等方面以更多清晰详细的配图体现 BIM 模型的方案、BIM 数据的分析、BIM 成果的展现。

机场项目空间划分复杂，使用功能要求高，对施工工艺以及施工放样精准度要求非常高，在本案例中如果能充分利用 BIM 可视化衍生出的协同性、分析性、数据性、互用性，可以协助机场项目更好、更精、更快地运转。

本项目为机场技术设施项目，占地规模较大，建设过程中在材料运输等方面需考虑周边环境条件，机场设施建成投入使用后，飞机起降等运行状况将对周边环境造成较大影响，所以，建议下一步研究中将 GIS 信息及 GIS 应用融入全过程 BIM 应用中去，实现 BIM＋GIS 集成应用。例如：以无人机倾斜摄影技术建立起机场周边真实环境 GIS 模型，也可利用倾斜摄影技术及三维激光扫描技术，将机场内部已有设施逆向还原为拟真模型，将这两者与拟建机场的改扩建新建航站楼 BIM 模型相结合，形成"虚实结合"的数据分析管理环境，可以将 BIM 模型的模拟性充分发挥，在更加贴近实际的环境条件中对于拟建 BIM 模型及数据进行分析，更好地进行施工场地布置、不停航施工方案模拟、交叉作业面模拟动态进度管控等 BIM 应用，真正做到 BIM 数据的准确性及协同性，做到与真实环境、与现场施工管理更加"无缝对接"。

本案例报告文档中体现的 BIM 应用较为重点的方面是 BIM 协同管理平台应用，主要展现了本项目的管理信息协同、动态进度管理、项目质量管理、项目安全管理、项目电子资料档案管理以及验收管理，建议尽量能加上项目投资管理与工程量计量管理，与现有成熟的工程造价计量计价软件对接，实现集成三维模型、项目进度、投资造价三个部分于一体，真正实现成本费用的实施模拟和核算，为本项目的组织、协调、监督等工作提供有效的信息，提升本项目中造价数据的时效性，支撑不同维度的多方案投资对比分析。

本案例的 BIM 技术应用是包含设计阶段、施工阶段、竣工阶段和运维阶段的全过程应用，涉及项目的阶段性比较全，但是，在案例报告文档中更多是体现了设计、施工、竣工三阶段各自的应用，如何实现 BIM 技术与数据在项目全过程完整流转，让 BIM 应用在本项目中发挥更大价值，这些内容可以在今后的研究中继续完善。

在运维阶段本案例详细描述了机电设备数据及运维管理、设备资产二维码管理，但对于机场项目运维阶段的 BIM 应用全面性有所缺乏，建议后续研究时，面向机场投入至运营后空间的负责性、大量电力动力能源的使用、巨量人流量带来的安全性，增加运维阶段的空间管理、能源管理、监控管理、虚拟巡检内容。由于现阶段 BIM 技术在运维阶段发展还未完全成熟，建议下一步研究中依托本项目探索 BIM 与既有的专业成熟运维软件的对接，将 BIM 可视化、协同性融入运维中，发挥出更大效益。

本案例文档中也提到数字孪生是信息化民航机场发展的必然方向，其实，这也是现阶段工程项目建设、城市建设的必然发展方向。归结到民航建设，本项目后续研究中，可以在 BIM 应用的基础上进一步走向机场的"数字孪生"建设运营，进一步将物理模型通过数据收集机制、传感器、数据迭代等路径赋予不同维度、不同空间时序的数据，在机场项目建设过程中通过及时多概率的模型数据的更新、积累、分析、仿真、挖掘，为大数据实施分析与决策提供相对稳定的环境，使民航项目在建设过程中提升出更高的价值。

十、基于无人机倾斜摄影的 BIM 技术在某办公大楼土石方工程中的应用

捷宏润安工程顾问有限公司

（一）绪论

近几年承接房建、市政工程中常遇到土石方工程面积比较大，有的地势起伏较多，地形地貌比较复杂，工程量往往可达几十万乃至几百万立方米以上的情况。针对如此复杂情况，传统方法已不能满足准确算量要求，决定成立土石方工程量计算研究小组。以提高土石方量测量快捷性、准确性为导向，总结出运用无人机倾斜摄影建立 BIM 模型测量土石方量应用，从而实现了基坑开挖量、沟塘清淤量、土方平衡的准确计算。该工法效率高、计算土石方量准确性高，具有广泛的推广价值。

土石方量计算是工程项目核心环节之一。为了能合理安排项目进度，准确计算工程量大小与费用，通常需要高效、准确地计算土石方量。因此选择合适的测绘方法十分重要。

传统的土石方测量方法有水准仪测量法、全站仪测量法和 GPS 测量法。水准仪测量法是通过使用水准仪测量事先在测区布设方格网的每个角点高程来计算土石方量的。该方法适用性单一，若测区不适合布设方格网，该方法就不适用了，且费时费力。全站仪测量法具有操作简单、仪器要求低等优点，适合测量面积较小和通视良好的区域；反之，则会非常烦琐，且效率低下。GPS 测量法是目前土石方测量中应用较多的一种方法，它不受距离和通视限制，且测量速度和精度较全站仪测量有所提高，但当测区有一些建筑、树木、电磁场等影响 GPS 信号时，该方法就不太适用了。因此传统方法受场地影响大、效率低下、人工成本高，亟待寻求一种高效、安全且经济的测量方法。

新兴无人机航测技术为解决上述难题开辟了一条崭新途径。无人机航测作为测绘发展的新技术，以其机动灵活、数据现势性强、影像分辨率高、减轻劳动强度、提高生产效率等优点，已在工程勘测、设计、施工、竣工验收及运行等多个环节中发挥了重要作用。国内外众多学者也已开始尝试用该技术进行土石方量测量。该方法不受场地障碍影响，费用相对低廉，在对场地土石方量追踪管理方面成本较低，同时由于避免了大量人工现场作业，大幅提高了测量人员的安全保障。

本案例以某办公楼大楼项目为例详细阐述运用无人机倾斜摄影建立 BIM 模型测量土石方量的应用。

（二）无人机倾斜摄影建立 BIM 模型的特点及原理

1. 应用特点

1）测量、计算精度高：无人机飞行高度低，多角度相机组能够多方位、高覆盖获取地物顶面、侧面影像数据，从而相邻影像间航向重叠度和旁向重叠度高，BIM 模型表达内容丰富、准确，大大提高了基坑 BIM 模型的土石方量计算精度，平原地区达到 0.3m。

2）数据计算快捷、工效高：少量人工干预，自动化的影像匹配、BIM 建模，主要过程由计算机软件完成，且工程量计算数据准。

3）综合成本低：无人机倾斜摄影建立 BIM 模型测量技术在数据采集上具有更高的效率，减少时间和人力成本，且操作方便、快捷，受地形干扰小。

2. 适用范围

本应用适用于新建、改建市政道路、公路交通、水利工程中的沟塘清淤土石方量测量、基坑开挖土石方测量、河道开挖量测量。

3. 应用原理

基于无人机摄影建立 BIM 模型土方算量技术，是通过在同一飞行平台上搭载多台光学传感器（目前常用的是广角相机），同时从垂直、倾斜等不同角度采集影像（附图 A.225、附图 A.226），获取地面物体更为完整准确的信息后，再利用相关计算机软件建立 BIM 空间模型计算出土石方量的方法。垂直地面角度拍摄获取的是垂直向下的一组影像，称为正片，镜头朝向与地面成一定夹角拍摄获取的四组影像分别指向东南西北，称为斜片。摄影范围如附图 A.227 所示。

附图 A.225　无人机垂直摄影

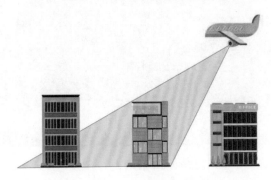

附图 A.226　无人机倾斜摄影

附图 A.227　无人机摄影范围

（三）办公大楼项目应用介绍

1. 项目背景

1）项目概况：本项目包括一幢 21 层的高层办公楼（3 层裙房）及一幢 1 层的室外变电所柴发机房、1 层地下室。塔楼主要为银行办公使用；裙房为银行营业大厅、办公、员工餐厅、会议及报告厅；地下一层为机动车停车库、设备用房。

2）技术经济指标：用地面积 20002m²；总建筑面积 39740m²，其中地上建筑面积 30000m²，地下 9740m²。其中基坑底面积 13000m²，1∶0.33 放坡开挖，开挖深度为 6m。

3）土石方测量中遇到的问题：GPS 测量如附图 A.228 所示。

附图 A.228　GPS 测量

（1）A 单位施工在开挖部分土方后由于预付款等原因撤场并解除施工合同，自此基坑裸土泡水一年半产生淤塘，在 B 单位进场后不利于使用 GPS 测量法；

（2）由于二次开挖，B 单位需与 A 单位准确结算。

4）项目总投资：3 亿元。

5）BIM 合同额：60 万元，其中 BIM 在土石方工程中的应用 3.5 万元。

2. 实施流程和操作要点

1）本项目的实施流程如附图 A.229 所示。

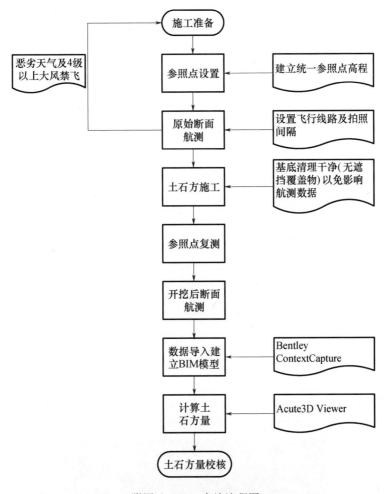

附图 A.229　实施流程图

2）操作要点

（1）施工准备

航拍飞行作业前，首先要收集待测区资料，包括控制点成果、坐标系统和高程基准参数、已有的地形图成果与相关地理资料等，制订无人机航飞技术方案并申请空域（如有必要），明确无人机搭载的传感器、地面分辨率、影像重叠度、飞行航高、航带、架次数及影像拍摄间隔等问题。

无人机的飞行准备主要包括：

①电调校准

a. 将油门杆推至最高位置，LED 灯指示当前 GPS 状态和飞行状态；

b. CH5（模式通道）在最低和最高位置来回快速切换 6～10 次，LED 灯变为红色常亮；

c. 保持油门位置不变，断开总电源，然后重新通电，LED 灯红绿蓝三色轮流闪烁一次；

d. 通电 0.5s 左右，会听到电机"嘀嘀"两声；然后在 2 秒内将油门杆拉到最低位置，LED 灯红蓝交替闪烁后，进入正常指示；正确校准完成并解锁后，电机会依次怠速运转。

注意：在进行电调校准前，请务必拆桨！

②水平校准

a. 首次试飞前，把飞机放到水平的地面上，执行外八字加锁动作，保持 10s 以上；

b. LED 蓝绿灯开启交替闪烁，此时可松开遥控器操控杆；

c. 约 10s 后，LED 灯变为蓝色指示灯单闪，约 15s 后，LED 灯闪灯正常，表明校准成功。

③指南针校准

查阅当日气象资料，能见度大于 3000m，风力小于四级作为适飞条件。

（2）参照点（像控点和检核点）设置

①在待测区域周边建立参照控制点；

②控制点的建立要求：

a. 控制点宜选用尺寸：1m×1m×0.5m 以上，并优先选用醒目颜色物体，以便空中辨识；

b. 参照控制点的数量应根据待测区域形状，呈双倍数设置；

c. 参照控制点的设置应在地势平缓区域，并利用 GPS、水准仪等测量设备统一参照控制点的顶部高程。

（3）原始断面航测（土方开挖前）

①利用无人机操控 App（附图 A. 230），设置既定飞行线路，飞行路线采用弓字形覆盖全场地（附图 A. 231），拍摄镜头采用垂直于地面往下的方法；

附图 A. 230　无人机操控 App

附图 A.231 无人机弓字形飞行路线

②如附图 A.232 所示，飞行采用两个既定的相对高度 30m 和 60m；

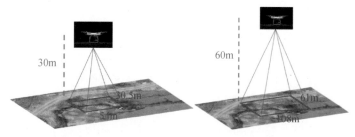

附图 A.232 无人机飞行高度对应的覆盖范围

③对飞行航向重叠 80%，旁向重叠 80%，地面采样距离 10mm，每张航拍照片依次覆盖上一张的 80%，以保证模型精度，如附图 A.233 所示；

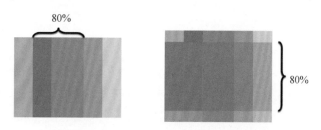

附图 A.233 航拍照片覆盖率及航向重叠率

④如附图 A.234 所示，无人机飞行速度保持在 15m/s 以下。

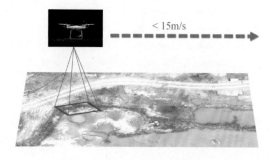

附图 A.234 无人机飞行速度

（4）土方开挖及参照点复测

①土方开挖的顺序、方法必须与施工方案确定的土方开挖流程图工况相一致，并遵循"开槽支撑，先撑后挖，分层开挖，严禁超挖"的原则；

②土方开挖完毕后，应保持基坑底部无积水，以免影响航测精度；

③在土方开挖完毕后的航测前，应利用 GPS 等现有测量设备，对参照点高程的坐标进行复测，保证参照点的可靠性。

（5）开挖后断面航测

开挖后断面航拍操作同原始断面航测。

（6）数据处理及 BIM 模型建立

本应用的 BIM 模型建立主要运用 Bentley 公司的 ContextCapture（Smart3D）软件，它是一套无须人工干预，通过影像自动生成高分辨率的三维模型的软件解决方案。Smart3D 需要以一组对静态建模主体从不同的角度拍摄的含地理信息的数码照片（附图 A.235）作为输入数据源。这些照片的额外辅助数据需要：传感器属性（焦距、传感器尺寸、主点、镜头失真），照片的未知参数（如 GPS），照片姿态参数（如 INS），控制点等。它无须人工干预，在几分钟或几小时的计算时间内，根据输入的数据大小，能输出高分辨率的、带有真实纹理的三角网格模型，这个三角网格模型能够准确精细地复原出建模主体的真实色泽、几何形态及细节构成。

图片属性

图像坐标体系
基面: World Geodetic System 1984; 坐标体系: WGS 84　　　　　　　编辑

地理定位和方向
地理定位图像: 777 之 777　　　　　清除　　从EXIF　　从文件...

相机型号
FC6310_8.8_5472x3648　　　　　　　　　　　　　　编辑

可用	图像	组	维度 [degree]	经度 [degree]	高度 [m]	公差 水平[m]	公差 垂直[m]	Omega [degree]
☑	DJI_0001.JPG	group1	32.2614689	118.7591682	71.833	5.000	10.000	
☑	DJI_0002.JPG	group1	32.2614364	118.7592215	71.833	5.000	10.000	
☑	DJI_0003.JPG	group1	32.2613762	118.7593259	71.833	5.000	10.000	
☑	DJI_0004.JPG	group1	32.2613181	118.7594274	71.833	5.000	10.000	
☑	DJI_0005.JPG	group1	32.2612628	118.7595255	71.833	5.000	10.000	
☑	DJI_0006.JPG	group1	32.2612076	118.7596248	71.733	5.000	10.000	
☑	DJI_0007.JPG	group1	32.2611509	118.7597243	71.733	5.000	10.000	
☑	DJI_0008.JPG	group1	32.2610940	118.7598226	71.633	5.000	10.000	
☑	DJI_0009.JPG	group1	32.2610387	118.7599223	71.633	5.000	10.000	
☑	DJI_0010.JPG	group1	32.2609825	118.7600210	71.633	5.000	10.000	
☑	DJI_0011.JPG	group1	32.2609251	118.7601195	71.633	5.000	10.000	
☑	DJI_0012.JPG	1	32.2608671	118.7602182	71.733	5.000	10.000	

附图 A.235　含地理信息的数码照片

Smart3D 采用了主从模式（Master-Worker），只需在多台计算机上运行多个 Context Capture Engine，并将它们关联到同一个作业队列中，这样就会大幅降低处理时间。因此，选择工作站集群处理可以大大提高图像处理效率。

简而言之，你只需把无人机航拍的照片组导入软件中，就可以自动进行空间三维处理过程、重建过程和生成 GIS 模型，操作方便快捷。

①如附图 A.236 所示，导入照片数据。

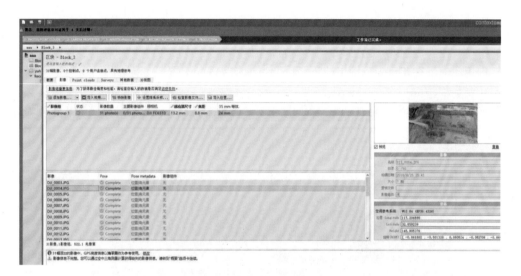

附图 A.236 照片数据导入

②如附图 A.237 所示，设置空中三角测量数据。

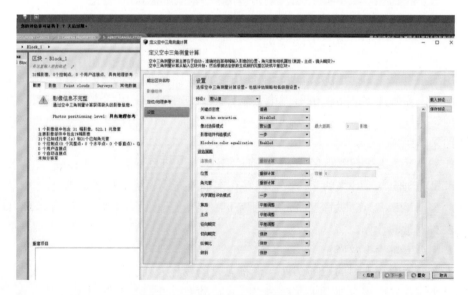

附图 A.237 空中三角测量数据设置

③如附图 A.238 所示，空中三角数据计算。

附图 A.238　软件自动进行空中三角测量数据计算

④BIM 模型初步建立，同时展示各照片的拍摄高度位置，如附图 A.239 所示。

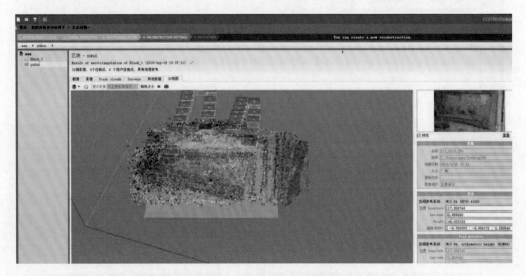

附图 A.239　初步生成的 BIM 模型

（7）BIM 模型土石方量计算

利用轻量可视化 Acute3D Viewer 软件在生成的 BIM 模型上分别进行清淤前后两次的体积测量，需要注意的是，虽然理论上采样距离越小越好，但受限于待测基坑边缘不规则原因，采样点阵边缘排列并不均匀，采用"均值平面"方法，系统会自动测算出误差最小的采样距离。

Acute3D Viewer 可以处理多重精细度模型（LOD）、分页（Paging）和网络流（Streaming），所以，TB 级的三维数据能够在本地或离线环境下顺畅地浏览。

Acute3D Viewer 在测量方面包括三维空间位置、三维距离、面积和高差等信息，从而实现土石方量的计算。

（8）土石方量校核及修正

根据不同纬度和地形的现场条件，土石方量的校核及修正工作是十分必要的。在航测的同时，应在现场相对地形平缓区域，寻求或建立一个标准可测体积物体（例如：实际开挖出"长 3m×宽 3m×深 1m"尺寸基坑），并利用无人机摄影跟主要测量目标一起建立 BIM 模型并计算出参照物体体积，用实测参照物体体积除以标准体积得出修正系数，将主要测量目标土石方量乘以修正系数得出最终算量结果。淤塘开挖前的 BIM 模型及挖填方量如附图 A. 240 所示；淤塘开挖后的 BIM 模型及挖填方量如附图 A. 241 所示。

附图 A. 240　淤塘开挖前的 BIM 模型及挖填方量

附图 A. 241　淤塘开挖后的 BIM 模型及挖填方量

平面位置的精度、高程精度及最大误差应满足《数字地下图系和基本要求》（GB/T 18315—2001）［现行为《数字地形图产品基本要求》（GB/T 17278—2009）］要求。

3. 材料与设备

1）主要设备、软件、操作人员

本项目应用需要硬件设备包括大疆精灵 4Advanced 无人机、视觉系统、云台相机、远程控制器、台式电脑等。软件包括 Bentley Context Capture、Acute3D Viewer、Bentley Descartes、Bentley Power Civil、Autodesk Revit、DJ GO 4、Altizure、PhotoScan、Recap 等。操作人员 1 人主操作，1 人配合布置参照点。

2) 主要设备性能要求（附表 A.44～附表 A.51）

附表 A.44　Phantom 4Advanced 性能参数表

质量（包括电池和螺旋桨）	1368g
对角线尺寸（不包括螺旋桨）	350mm
最大航速	s—模式：6m/s　P—模式：5m/s
最大下降速度	s—模式：4m/s　P—模式：3m/s
最大速度	s 模式：每小时 45mile（72km） A 模式：每小时 36mile（每小时 58km） P 模式：每小时 31mile（每小时 50km）
最大倾角	s—模式：42°　　A—模式：35°　P—模式：25°
最大角速度	s—模式：250°/s　A—模式：150°/s
海平面以上最高服务上限	19685ft（6000m）
最大风速阻力	10m/s
最大飞行时间	30min
工作温度范围	32°至 104°F（0°～40℃）
卫星定位系统	GPS/GLONASS
悬停精度范围	垂直： ±0.1m（视觉定位）　±0.5m（GPS 定位） 横向： ±0.3m（视觉定位）　±1.5m（GPS 定位）

附表 A.45　视觉系统性能参数表

视觉系统	前视系统 向下视觉系统
速度范围	≤每小时 31mile（每小时 50km），距离地面 6.6ft（2m）
高度范围	0～33ft（0～10m）
操作范围	0～33ft（0～10m）
障碍感觉范围	2～98ft（0.7～30m）
FOV	向前：60°（水平），±27°（垂直） 向下：70°（前后），50°（左和右）
测量频率	向前：10Hz 向下：20Hz
运行环境	表面有清晰的图案和充足的照明（照度＞15lx）

附表 A. 46　远程控制器性能参数表

工作频率	$(2.400 \sim 2.483) \times 10^3 \mathrm{MHz}$
最大传输距离	$(2.400 \sim 2.483) \times 10^3 \mathrm{MHz}$（通畅，无干扰） FCC：4.3mile（7km） CE：2.2mile（3.5km） SRRC：2.5mile（4km）
工作温度范围	32°～104℉（0～40℃）
电池	6000mA·h LiPO 2S
发射机功率（EIRP）	$(2.400 \sim 2.483) \times 10^3 \mathrm{MHz}$　FCC：26dBm CE：17dBm　　　SRRC：20dBm　麦克风：17dBm
工作电流/电压	1.2A@7.4V
视频输出端口	GL300E：HDMI　　GL300C：USB
移动设备保持架	GL300E：内置显示装置（3.5 英寸屏幕，1920×1080， 1000cd/m）2，Android 系统，4GB RAM＋16GB ROM） GL300C：平板电脑和智能手机

附表 A. 47　智能飞行电池性能参数表

容量	5870mA·h
电压	15.2V
电池类型	LiPO 4S
能量	89.2WH
净重	468g
充电温度范围	41°～104℉（5～40℃）
最大充电功率	160W

附表 A. 48　万向节性能参数表

稳定化	三轴（俯仰、滚转、偏航）
可控范围	俯仰：$-90°\sim+30°$
最大可控角速度	俯仰：90°/s
角度振动范围	±0.02°

附表 A. 49　操控 APP/LIVEVIEW 性能参数表

移动应用程序	DJI Go 4
活视工作频率	2.4GHz ISM
直播质量	720p@30fps
潜伏期	幻影 4 高级：220ms（视情况和移动设备而定） 幻影 4 高级＋：160～180ms

附表 A. 50 云台相机性能参数表

感应器	CMOS 有效像素：20m
透镜	视场 84°8.8mm/24mm（35mm 格式等效） f/2.8—f/11 1m∞自动对焦
ISO 范围	录像：100～3200（汽车） 100～6400（手册） 图片：100～3200（汽车） 100～12800（手册）
机械关闭速度	（8～1）/2000s
电子快门速度	（8～1）/8000s
图像大小	3：2 长径比：5472×3648 4：3 纵横比：4864×3648 16：9 纵横比：5472×3078
PIV 图像大小	4096×2160（4096×2160 24/25/30/48/50P） 3840×2160（3840×2160 24/25/30/48/50/60P） 2720×1530（2720×1530 24/25/30/48/50/60P） 1920×1080（1920×1080 24/25/30/48/50/60/120p） 1280×720（1280×720 24/25/30/48/50/60/120p）
静态摄影模式	单次射击 爆炸射击：3/5/7/10/14 帧 自动曝光罩（AEB）：0.7eV 偏置下 3/5 括置内的框架 间隔：2/3/5/7/10/15/20/30/60
录像方式	H. 264 2.7k：2720×1530 24/25/30p@80Mbit/s 2.7k：2720×1530 48/50/60p@100Mbps FHD：1920×1080 24/25/30p@60Mbit/s FHD：1920×1080 48/50/60@80Mbit/s FHD：1920×1080 120p@100Mbit/s HD：1280×720 24/25/30p@30Mbit/s HD：1280×720 48/50/60p@45Mbit/s HD：1280×720 120p@80Mbit/s
最大视频比特率	100Mit//s
支持的文件系统	FAT 32（≤32GB）；exFAT（＞32GB）
照片	JPEG，DNG（RAW），JPEG＋DNG
视频	MP4/MOV（AVC/H. 264；HEVC/H. 265）
支持 SD 卡	SD 最大容量：128GB，写入速度≥15MB/s，10 级或 UHS-1 级
工作温度范围	32°～104℉（0～40℃）

附表 A. 51 台式电脑性能参数表

CPU（处理器）	Intel 至强处理器 6226（12 核，2.70GHz）
内存	32G DDR4
硬盘	256GB SSD＋2TB 机械硬盘
显卡	NVIDIA QuadroP4000 8GB
显示器	23.8″戴尔 P2416D（2560×1440）

4. 质量控制

1）执行的标准及规范

（1）《1∶500 1∶1000 1∶2000 地形图航空摄影测量外业规范》（GB 7931—2008）；

（2）《1∶500 1∶1000 1∶2000 地形图航空摄影测量内业规范》（GB 7930—2008）；

（3）《数字地下图系和基本要求》（GB/T 18315—2001）［现行为《数字地形图产品基本要求》（GB/T 17278—2009）］；

（4）《工程测量规范》（GB 50026—2007）；

（5）《建筑施工土石方工程安全技术规范》（JGJ 180—2009）。

2）质量控制措施

无人机航测的高重叠度，而且多基线航测的测量能够自动有效匹配连接点，和以往手动的航测相比较而言，操作更加便捷，可以实现信息数据的自动化处理，同时可以迅速制作地面 BIM 模型，而无人机 GIS 精度的控制措施则直接影响后续测量计算工作的准确性。

目前，影响无人机航测高程精度要素主要有：无人机机载照相机性能、飞行高度、飞行速度、拍摄间隔、软件设置等因素，GIS 模型精度控制主要有以下几点措施：

（1）建立统一参照控制点，保证 BIM 模型测量计算准确，控制点的建立要求：

①控制点宜选用尺寸：1m×1m×0.5m 以上，并优先选用醒目颜色物体，以便空中辨识；

②参照控制点的数量应根据待测区域形状，呈双倍数设置；

③参照控制点的设置应在地势平缓区域，并利用 GPS、水准仪等测量设备统一参照控制点的顶部高程及坐标定位。

（2）利用无人机操控 App，设置既定飞行线路，飞行路线采用弓字形覆盖全场地，拍摄镜头保持垂直于地面往下；

（3）无人机飞行速度保持在 15m/s 左右，采用飞行两个既定的高度 30m 和 60m，每张航拍照片重叠度保持在 80% 左右；

（4）加强无人机的性能

有效提升无人机系统自身性能，加强对外界干扰要素的抵抗能力，有效减小像片倾角，并且在一定程度上提升飞行阶段的飞行安全性与稳定性，定期针对无人机系统和航摄系统实现检修与维护，从而降低由于检修不及时导致仪器出现误差的风险。除此之外，在安装航摄系统过程中，必须严格依据有关技术指导书完成，把相机 CCD 阵面短边和航行方向相垂直，从而在一定程度上有效提升高程精度。

5. 安全措施

1）执行的安全规范、标准

（1）《无人机航摄安全作业基本要求》（CH/Z 3001—2010）；

（2）《建筑施工土石方工程安全技术规范》（JGJ 180—2009）。

2）安全控制措施

飞行安全是指航空器在运行过程中，不出现由于运行失当或外来原因而造成航空器上的人员或者航空器损坏的事件。

（1）飞行前，注意气象观察

影响无人机飞行的气象环境主要包括：风速、雨雪、大雾、空气密度、大气温度等。

风速：建议飞行风速在 4 级（3.5～7.9m/s）以下，遇到楼层或者峡谷等注意突风现象。通常起飞质量越大，抗风性越好。

雨雪：市面上多数无人机设备无防水功能，故雨雪行程的水滴会出现飞行器电子电路部分短路或漏电的情况，其次机械结构部分零件为铁或钢等金属材料，进水后会腐蚀或生锈，影响机械运动正常运行。

大雾：主要影响操纵人员的视线和镜头画面，难以判断实际安全距离。

空气密度：大气层空气密度随着海拔高度的增加，空气密度减小。在空气密度较小的环境中飞行，飞行器的转速增加，电流增大，进而减少续航时间。

大气温度：飞行环境温度非常重要，主要不利于电机/电池/电调等散热，大多数无人机采用风冷自然散热。温度环境与飞行器运行温度温差越小，散热越慢。

（2）飞行避免区域

①避免在较大型无线电设备影响范围内飞行。例如：雷达、广播电视信号塔、高压线（电弧区）等。

②避免在人群稠密或闹市区飞行，例如：公园，树多、空间狭小的地方。注意地面相对环境的变化，起飞和降落时，注意小孩、宠物的位置。

（3）飞行前注意事项

①飞行前进行全面的设备检查：

对飞机的检查：部件的衔接是否牢靠（检查螺旋桨和电机是否安装正确和稳固，并确认正旋和反旋螺旋桨安装位置正确；检测时切勿贴近或接触旋转中的电机或螺旋桨，避免被螺旋桨割伤），布线是否安全；机载设备是否工作正常（遥控器、电池以及所有部件供电量充足）。

对遥控器的检查：检查遥控器操控模式、信号连接情况、电量是否充足、各键位是否复位、天线位置等。

②确保设备电量充足。

③飞行前应从高德地图上对飞行区地形地势进行一个初步的了解，选择一个开阔、周围无高大建筑物的场所作为飞行场地（需注意：大量使用钢筋、彩钢板等金属的建筑物会影响指南针工作，而且会遮挡 GPS 信号，导致飞行器定位效果变差甚至无法定位）。请勿超过安全飞行高度（相对高度 120m）。

④飞机要在 GPS 信号良好的情况下飞行，时刻保持对飞机的控制。

⑤遵守当地法律法规（不要在禁飞区飞行，如机场附近、军事基地周边等）。

（4）无人机的开关机顺序

开机顺序：先开启遥控器，后开启飞机

关机顺序：先关闭飞机，后关闭遥控器

以上顺序非常重要，一定不要搞反了，不然会失去对无人机的控制，导致坠机的发生！

（5）飞行时注意事项

飞行时，保持良好心态，通过显示屏随时观察无人机的状况，如遇到问题，切莫惊慌，保证对无人机的绝对控制。

6. 效益分析

1）经济效益

本项目在传统全站仪、GPS-RTK 等测量设备辅助下，需开挖标准参照体积 $11000m^3$，再利用"基于无人机倾斜摄影建立 BIM 模型测量土石方量的应用"复测土方体积 $11053m^3$，测量精度保持在 0.3m 左右，测量误差仅为 0.48%，从人工投入来看无人机测量费用仅为 GPS 测量的 13.3%（附表 A.52），取得了良好效果，体现了该方法能提高生产效率和测量精度、促进工程进度的特点，对以后类似工程起到了良好的指导和借鉴作业，具有广泛的应用推广价值。

附表 A.52　某办公大楼项目开挖土方算量成本对比分析表

名称	项目	
	GPS 测算土方量	无人机＋BIM 测算土方量
时间（天）	5	1
次数	2	2
人数	3	2
费用（计日工）	260	260
合计	7800	1040
结论：无人机测量费用仅为人工测量的 13.3%		

2）社会效益

采用无人机＋BIM 的方法计算土方量，减少劳动力，施工效率高，方面快捷、测量精度高、质量稳定。符合目前施工要求，实现了科学化、精细化管理，加快施工进度，节约施工成本。

（四）结语与展望

1. 结语

研究了采用无人机航测技术进行土石方量计算的流程以及数据处理法，结果表明，将无人机航测技术运用于工程土石方量计算有如下优势：

1）相对于传统土石方测量方法，无人机航测技术更加机动、灵活，不受地形限制，在平缓、陡峭地区均适用；

2）数据采集更加快速，传统方法数据采集通常需要数周，该方法一般仅需 1 天就能完成，特别是当测量面积较大时其优势更加明显；

3）在测得地形高程数据同时，该方法获取了影像数据，可更加精确界定土石方的计算范围，使计算结果更加精准；

4）所得的 DEM 为数字形式，可直接导入商业软件中进行计算分析，提高了计算效率；

5）减少了人员投入，减轻了外业工作量，节约了生产成本。

2. 无人机＋BIM 后续应用展望

1）土方工程施工仿真模拟

在演算好土方模型后，同时建立土方机械 BIM 模型（挖掘机、运土车），动态模拟土石方开挖与回填，不断对土石方开挖方案进行设计优化与计划优化，让人直观、有效地开展土石方的挖运分析与运算，能做到土石方平衡计算的精确化与精细化，并且大大节约争议的时间，对项目成本管控发挥了重要作用。

2）制作土方施工方案

运用 Microsoft Project 结合施工动画制作初始施工进度表，运用 Navisworks 演示（尽可能考虑到现场每一个实际情况），得出现场车辆运行路线、路线碰撞等预知信息，并在此信息上不断优化施工方案。

3）安全、进度巡查

由于大部分项目占地面积、建筑面积大，专业交叉多，为强化安全及进度管控，在常规安全管理措施上，项目会每隔 2～3d 开展一次无人机航拍安全文明及进度巡查，排查安全死角，管控现场进度以便实施更新 BIM-4D 进度模拟，同时也能更加合理地进行 BIM 现场平面规划布置。

4）360°全景

传统 360°全景照相技术可以客观、全面地记录拍摄地点的现场整体情况。实际操作中，选定拍摄点后就可以实现对拍摄点四周的拍摄，最终获得 360°的全景图像。但该项技术对拍摄点的选择只能依托于地面，因此对现场整体地形、地貌进行把握时，尤其是较大范围的现场就不能满足实际需要。而无人机航拍可以大范围地开展现场勘查和图像采集，飞行高度可达几百米，航拍面积可达几十平方千米，在实时指挥、现场重建和分析、电子沙盘等方面具有重要的作用。同时，无人机航拍可以从远离中心现场的地点起飞，无须特定选择拍摄地点，可以有效保障现场勘查人员的安全，这些都是传统 360°全景照相技术所不具有的优势，因此开展基于无人机航拍的 360°全景照相技术研究就显得非常必要。可扫描附图 A.242 查看某道路工程拆除前全景。

附图 A.242　某道路工程全景二维码

四川良友建设咨询有限公司董事长黄旭点评意见

土石方工程量计算在工程预算与结算中常存在各种争议，并且原始数据采集的准确性以及前期的土方平衡方案都会对后期投资产生较大影响，迫切需要一种准确、高效的计算工程土方量，并达到原始数据可追溯的工作方式。本案例介绍了使用无人机进行倾斜摄影，将影像数据逆向建模进而计算土方工程量的全新工作方式。通过对无人机的工作原理、操作流程、质量、安全控制措施以及数据处理等方面的详细阐述，其技术先进、经济效益明显，为此技术应用落地提供了有效的参考，并对下一步的价值挖掘提供了工作思路。

无人机倾斜摄影技术应用范围广泛，形成的数据信息直观、全面，不仅可应用于工程建设前期的勘察、设计、拆迁征地等环节，在本案例的后续展望章节还介绍了可在建设过程中的监管、调度的应用尝试。同时，在建设完成后运营维护等环节也有很大的应用拓展空间。这项技术的应用有着极大的商用价值，并对 BIM 技术在造价咨询企业的落地应用有着重要的指导意义。

但是，主管部门对无人机行业的管理趋于严格，建议加强执照、资质、数据安全等方面工作跟进，进而形成一套成熟可商业化的业务模式，为更多企业用户提供服务。

十一、以投资控制为核心的苏州某医院项目二期工程 BIM 技术应用探索

中诚工程建设管理（苏州）股份有限公司

（一）项目基本概况

1）项目概况

苏州某医院项目二期工程，总占地面积约 11 万 m^2，总建筑面积约为 33 万 m^2，其中地下室 2 层，建筑面积约 11 万 m^2；地上分别为 5 层、16～19 层，建筑面积约 22 万 m^2，由医疗综合楼、住院楼、科研楼、急诊楼、感染楼等组成；室外道路景观绿化部分面积约 4.5 万 m^2；本项目二期工程投资估算为 28 亿元，其中建安成本约 16 亿元。项目效果图如附图 A.243 所示。

附图 A.243　项目效果图

该项目包含土方工程、基坑围护（含降水）工程、桩基工程、土建工程、内外装饰工程、安装工程、智能化工程及室外工程等。利用一期项目东西两侧现有空地进行扩建。

2）项目特点

作为苏州市政府 2019 年重点民生工程，本项目受到了社会各界的广泛关注。该大型综合三甲医院，不同的使用场景较多，医疗使用需求很大程度上也对空间要求较高。因属于二期项目，分为东西两个片区，已建成并投入使用的一期正处于二期东西片区中间，项目周边均为市政主要道路，附近还有临近的地铁线，实际施工时需考虑到目前周边交通和已建建筑的影响和维护。因此本项目具有专业复杂、体量巨大、参建方多、成本控制难等特点。

按照《关于推进市级政府投资项目 BIM 投资评审试点工作的通知》的要求，我公司及另两家咨询单位共同受苏州市财政投资评审中心委托，开展该项目的概算评审、预算评审、全过程造价控制、BIM 咨询等多项工程咨询服务。

（二）投资控制角度下的 BIM 探索应用目标

有 BIM 和无 BIM 的全过程造价咨询，是两种完全不同的体验。伴随着 BIM 技术的出现日益成熟，到底会给投资控制带来怎样一种全新的改变和突破；BIM 模型是否可以成为更完善的数据载体；在成本管理的过程中，是否能更有效地将各个环节的信息加以整合和梳理；这些想法萦绕在我们的心头，为此我们尝试着做出了基于投资控制角度下的初期探索目标：

1）依托设计方案进行模型的搭建和各类模拟，对设计的经济合理性进行分析和比选；

2）利用 BIM 模型校验造价工程量，辅助项目的各项投资控制工作。

（三）BIM 应用中已取得的探索成效

本工程目前已经完成了概算阶段以及预算阶段的 BIM 协审工作，在该两阶段工作中，我们充分运用了 BIM 技术来协助概算及预算评审。以下为我们将 BIM 技术在造价等方面的一些探索运用及取得的部分成效：

1）传统造价与 BIM 相结合，建立可视化模型，提高设计深度和质量

因项目本身涉及多种业态且包含各式医疗用房，项目设计难度大，设计时间较短，为更好更有效地控制项目成本，确保设计质量，我们通过先进的 BIM 技术，立足于工程造价的需求，对项目整体做了模型构建，对关键部位和区域做了深化细致的模拟，通过模型的预演、预安装、管线综合碰撞检测等多种手段，结合造价维度进行了多方案的比选，综合考虑建造施工、运营维护等多种需求，积极提出相关的优化建议方案，尽可能地提升了机电管线净高，反向推动施工图设计成果文件的深度和质量提高，防止因图纸设计深度不够造成成本的损失浪费及控制风险。改善了设计图纸的质量，极大地提高了造价成果的准确性。可视化模型示例如附图 A.244 所示。

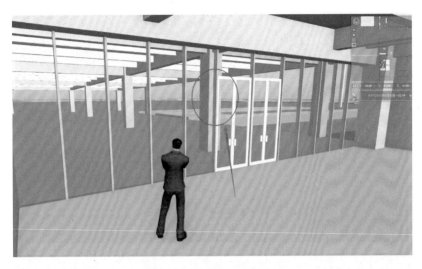

附图 A.244　可视化模型示例

2）传统造价与 BIM 相结合，能更直观地展示不同设计方案，优化设计

运用 BIM 技术辅助造价控制，能够更好地展示设计方案，对方案进行分析、评估，并提出合理优化建议。本项目东西区基坑支护，原设计方案设置两道钢筋混凝土支撑梁，在此过程中，利用模型及周边情况分析，建议上部放坡深度加大（减少边坡荷载），可减少一道支撑，此方案得到设计方确认回复，并出具优化后图纸。东区按照中心岛方案，第一道支撑系统采用钢管斜撑结合局部混凝土角撑的布置形式，第二道支撑系统西北局部区域采用钢管斜撑结合局部混凝土上角撑的布置形式，西区按照浅层卸土设一道钢筋混凝土水平支撑。此方案调整节省造价 800 万～1000 万元。项目示意图如附图 A.245 所示。

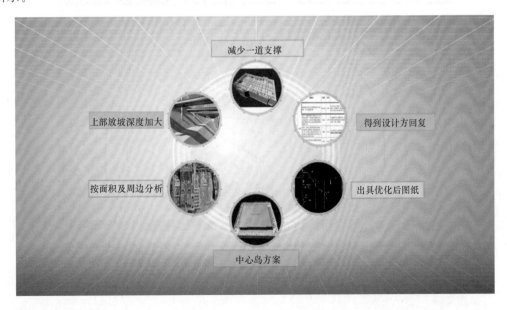

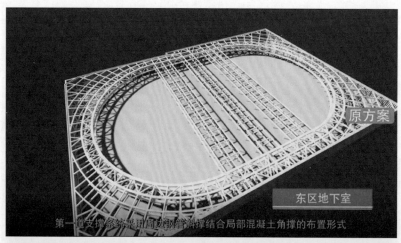

第一道支撑系统采用周边钢管斜撑结合局部混凝土角撑的布置形式

第一道支撑系统采用周边钢管斜撑结合局部混凝土角撑的布置形式

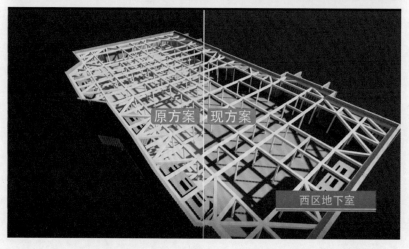

附图 A.245 项目示意图

3）传统造价与 BIM 相结合，互相校验工程量，提升造价控制准确性

传统的造价控制离不开计量的准确性，在历经手算到机算的演化后，计算速度和准确

性已得到显著的提高，那么利用更为先进的 BIM 模型是否可以一次性地减少造价工作计量的重复投入，更好、更优质、更高效地借用 BIM 的模型量进而组价来实现呢？基于这样的出发点，我们通过对比分析造价清单工程量与 BIM 模型清单量差异，探索了 BIM 技术与传统造价算量技术的区别，希望实现 BIM 技术与造价工作之间的有机结合，实现 BIM 技术与造价方向的全面对接，进而达到辅助提高概预算编制准确性的目的。

依据设计图纸，BIM 团队建立 BIM 三维模型，造价团队根据 BIM 团队建模后提供的 BIM 工程量清单，提取相应的清单工程量进行比较分析，从校验总造价占比、分部分项偏差率着手，结合细部构件偏差率重点分析 BIM 技术在现阶段能够辅助造价完成的工作范围及 BIM 软件现阶段存在的不可避免的技术弱项。双方在对比分析后，总结造价编制工程量的准确性以及 BIM 模型的完整性和正确性，为下阶段 BIM 技术辅助造价协审做好前期验证工作。

以下是我们所做的系列数据分析：

（1）BIM 辅助造价校验金额总占比、偏差率

相关参数见附表 A.53。

附表 A.53　相关参数

序号	单位工程名称	分部分项造价金额（万元）	校验部分造价金额（万元）	校验部分BIM金额（万元）	偏差金额（万元）	校验总占比	总偏差率
1	土建	9878.60	6182.27	6156.60	−25.68		
2	安装	6530.75	3375.74	3348.06	−27.68	58.25%	−0.56%
3	合计	16409.34	9558.02	9504.66	−53.36		

注：偏差金额＝校验部分 BIM 金额−校验部分造价金额

校验占比＝校验部分造价金额/分部分项造价金额

偏差率＝偏差金额/校验部分造价金额

土建分部分项造价金额不含钢筋工程造价

（2）土建工程量对比分析

选取部分建筑物进行建筑结构对比分析（附表 A.54）。其对比的主要工作内容包括：梁、板、柱、墙、基础、门窗、幕墙、屋面、钢结构、桩基、楼地面等。

附表 A.54　某医院二期土建工程量对比以及占比分析

序号	清单名称	单位	工程量对比			校验部分金额对比（万元）			
			BIM工程量（D）	清单工程量（E）	工程量对比（E−D）	BIM组价金额（G）	清单组价金额（H）	对比偏差 I＝（H−G）	偏差率（I/H）
	门诊医技楼								
1	砖墙、二次结构工程	m³	3913.86	3937.7	−23.84	191.54	192.71	−1.17	−0.61%
2	混凝土工程	m³	11933.18	12208.2	−275.02	774.99	921.75	−17.86	−2.25%
3	门窗工程	m²	500.71	500.71	0	42.38	42.38	0.00	0.00%

续表

序号	清单名称	单位	工程量对比			校验部分金额对比（万元）			
			BIM 工程量（D）	清单工程量（E）	工程量对比（E−D）	BIM 组价金额（G）	清单组价金额（H）	对比偏差 I＝（H−G）	偏差率（I/H）
4	地面做法工程	m²	2445.65	2461.66	−16	32.99	33.21	−0.22	−0.65%
5	屋面防水工程	m²	7591.72	7459.5	132.22	314.79	309.31	5.48	1.77%
6	预制叠合板	m³	289.62	292.02	−2.4	109.54	110.45	−0.91	−0.82%
地下室									
7	桩基工程	m	264160.2	264160.2	0	5565.73	5565.73	0.00	0
8	基坑支护	m	216849.3	216849.3	0	4231.51	4231.51	0.00	0
9	管井	座	321	321	0	103.99	103.99	0.00	0
10	土方	m³	570993.96	562993.92	−8000.04	493.43	485.23	−8.20	−1.69%
地下室基坑支护（桩基部分）									
11	灌注桩（直径 900）	根	378	378	0	631.72	631.72	0.00	0
12	灌注桩（直径 1000）	根	39	39	0	87.12	87.12	0.00	0
13	立柱灌注桩 LZ1（直径 800）	根	106	106	0	170.82	170.82	0.00	0
14	深层搅拌桩（设计桩长 23.8m）	m	9282	9282	0	252.10	252.10	0.00	0
15	深层搅拌桩（设计桩长 8.6m）	m	3577.6	3577.6	0	123.28	123.28	0.00	0
16	高压喷射旋喷桩（直径 800）	m	2373.6	2373.6	0	105.29	105.29	0.00	0
17	高压喷射旋喷桩（直径 850）	m	154.8	154.8	0	7.63	7.63	0.00	0
地下室基坑支护（钢筋混凝土内支撑）									
18	冠梁、支撑梁	m³	3930.72	3887.55	−43.17	232.91	230.35	−2.56	−1.11%
19	钢格构立柱支撑	根	106	106	0	239.14	239.14	0.00	0
地下室大型土石方工程									
20	土方	m³	115101.39	117876.62	2775.23	719.15	736.49	17.34	2.35%

（3）安装工程量对比分析

选取部分建筑物进行安装工程对比分析。对比机电管线内容：管道、桥架、风管、阀门附件、设备、风口、火警设备等。

某医院二期安装工程量对比以及占比分析见附表 A.55。

附表 A.55　某医院二期安装工程量对比以及占比分析

序号	清单名称	单位	工程量对比			校验部分金额对比（万元）			
			BIM 工程量	清单工程量	工程量对比偏差	BIM 组价金额	清单组价金额	对比偏差	偏差率
			（D）	（F）	（F－D）	（J）	（K）	（K－J）	（K－J）/K
门诊医技楼									
1	机电管道	m	43056.03	45226.92	2170.89	453.20	476.05	22.85	4.80%
2	电气桥架	m	13836	16418	2582	100.40	111.11	17.47	15.70%
3	暖通设备	台	1180	1180	0	1763.23	1763.23	0.00	0.00%
4	配电箱	个	575	575	0	761.25	761.25	0.00	0.00%
5	消火栓箱	个	257	257	0	29.70	29.70	0.00	0.00%
6	喷头	个	5392	5392	0	48.51	48.51	0.00	0.00%
地下室									
1	机电管道	m	39452.54	40192.32	739.78	538.05	567.43	29.38	5.18%
2	桥架	m	2316.86	2428.63	111.77	30.97	34.98	4.02	11.48%
3	矩形风管	m²	45022.22	45329.7	307.48	626.78	630.55	3.77	1%
4	圆形风管	m²	283.84	281.6	−2.24	4.17	4.13	−0.04	−1%
5	风机设备	台	698	698	0	763.77	763.77	0.00	0
6	给排水设备	台	311	311	0	582.46	582.46	0.00	0.00%
7	电气设备	台	3688	3688	0	5573.45	5573.45	0.00	0.00%
8	风管末端	个	2671	2671	0	325.12	325.12	0.00	0.00%
9	管道附件	个	10224	10224	0	146.06	146.06	0.00	0.00%
10	消火栓箱	套	365	365	0	48.38	48.38	0.00	0.00%

（四）经验与总结

1）数据积累提炼

在方案阶段，我们总会为各类指标烦恼。方案的每一次调整，都要重新计算指标，这么烦琐的工作大家都深有体会，不愿多次调整方案。BIM 的模型和表格是关联的，各类构件布置完成，相当于各类信息已输入完成。而我们需要的"指标表"，只是用"明细表"功能将自己所需要的信息提取出来而已。这样就做到了无论方案怎么调整，都无须手动计算。诸如门窗明细表、材料做法表、各类构件统计表等也是如此。

2）不同维度的多模型对比

相信工程师们都遇到过各种图纸对不上的问题。CAD 绘图方式是纯二维方式表达三维信息，且数据源头不唯一，造成很多"对不上"问题，比如平面图与立面图对不上，建筑与结构对不上，土建与幕墙对不上，安装各专业对不上等问题。这就造成了很多对图的工作量，而且由于设计修改频繁及工期紧张，对图不可能做到"面面俱到"，这就难免造成错漏碰缺，在后续施工过程中，多次施工图会审，设计师要出很多变更，导致施工进度慢，工程费用增加。Revit 强大的三维关联设计，一处修改，处处更新，所有数据源头唯一。让设计师最头疼的设计修改变得简单，不但大大减少了专业内及专业间对图的时间，也尽量避免了因专业间不一致而造成的变更。做到了"设计一体化"，使得图纸初步设计阶段就可以修正不少施工过程中才能发现的图纸问题。

3）数据的多方校验

造价管理中的多算对比对于及时发现问题和纠偏、降低工程费用至关重要，但快速、精准的多维度多算对比在传统咨询模式下是几乎无法实现的，但在概算或标书编前阶段，BIM 团队可以与造价团队同步推进，起到校验复核工作。Revit 软件土建方面基本可以实现主体核心混凝土、幕墙部分校验造价清单工程量。安装方面桥架及水管修正后可以校验造价清单工程量，设备、阀门等实物工程量 Revit 软件能正确快速提取工程量。在基于同版招标图的前提下，如能在清单编制初期就同步推进，可较大程度规避清单编制过程中漏项、少量的情况发生，以提高预算工程量的准确性，避免了施工过程中此项签证变更费用的增加。

（1）BIM 模型和造价模型工程量对比差异原因总结

通过模型提取的实物工程量进行对比分析，BIM 模型主要实物工程量和造价主要工程量对比误差在可控范围内。造价算量和 BIM 模型导出量产生误差的原因主要为软件之间计算规则不同及建模精度造成。

本项目根据造价工程师的工程量清单（仅限图纸中明确的实体构件工程量）进行 BIM 模型工程量提取，协助了造价工程师对造价工程量的复核工作，并验算各项指标数据满足设计要求。

BIM 算量和传统算量对比分析差异化原因见附表 A.56。

附表 A.56　BIM 算量和传统算量对比分析差异化原因

归类	原因	备注
A 类	计算规则	首先，传统算量模型会按照国内清单规范计算规则自动扣减，而 BIM 清单明细表采用的是内置工程量统计方法，得到的量是净量，按单个构件统计，并且 BIM 软件本身只包含一个剪切功能（构件 A 和构件 B 的相互剪切关系，可随时切换），与国内的计算规则不同。 其次 BIM 模型中管线工程量仅计算净长，管线中涉及的三通、弯头、阀门等管道附件均予以扣除，此计算规则与现行清单计价规范不一致，故清单工程量＝管线净长＋管道附件长度
B 类	建模精度/构建分类不同	BIM 模型的精度在设计阶段一般只做到 LOD300，但在工程量比对的过程中发现要满足造价上工程量的计算在大部分专业上需要做到 LOD400 的模型，为此我方对模型也进行了大量的补充调整以满足工程量的比对。这块偏差目前难以量化分析
C 类	人员专业素质	算量的准确与否与软件本身有关，同时还与算量人员的专业水平密不可分，建模人员的专业知识、识图能力、软件应用熟练程度，对算量影响很大

（2）土建工程量对比差异原因分析

此次分析针对偏差率大于等于 3% 的分项工程进行归类分析，针对差异进行详细说明。差异归类具体分析见附表 A.57。

附表 A. 57 差异归类分析

归类	数量	清单工程	涉及单体	偏差率	备注
A 类（计算规则）	4	结构柱	地下室	−17.99%	此处偏差较大，主要为计算规则，造价和 BIM 已纠偏，总量一致
			地库	−84.90%	
		桩承台基础	地库	−3.66%	
		直行墙	地库	7.24%	
B 类（建模精度/构件分类不同）	4	砌体墙	地库	−11.10%	
			感染楼	−3.01%	
			垃圾房	6.08%	
		满堂基础	地下室	−3.38%	
C 类（人员专业素质）	2	窗数量	地下室	1	此两处 BIM 和造价互检，表格数据已纠正
		屋面	感染楼	11%	

针对差异进行说明：

A 类：计算规则不同

地下混凝土结构：地下室构件对比，地下结构柱及墙工程量相差较大。

分析：对地下结构柱和结构墙提量时候，发现以下问题：BIM 模型中结构柱是 660.75m³，而传统算量模型提量只有 357.36m³，经过具体分析，发现结构柱与结构墙相连的情况下，传统算量软件会把该部分柱并入直行墙，而在 BIM 模型中，柱和墙按不同的构件分别提量。所以在两个软件中分别把结构墙、柱体积相加，BIM 中墙柱总体积是 4298.72m³，传统算量中是 4289.14m³，总量相差无几。由此可见，不同软件对构件的分类也会影响数据准确。

B 类：建模精度/构件分类不同

砌体墙对比：在对比过程采用不同的建模精度，感染楼、垃圾房相差在 3% 以内；地库相差超过 10%。

在传统算量软件中，砌体墙会按照国内的计算规则自动对结构墙、柱、梁等扣减，得出比较精准的数据。

在 BIM 建模时，分别对感染楼、地库单体按照不同规则建模（建筑、结构模型分开建模）；感染楼砌体墙画到梁下、柱边等，尽量避免梁、板与砌体墙重叠，提量与传统算量模型差异在 3% 以内；地库砌体墙，建模时候不考虑重叠问题，直接将墙画到楼层标高，最后提量与传统算量模型差异在 10% 左右；垃圾房体量太小，不详细讨论。

结论：砌体墙的准确率在于建模精细度的把控，建模时候考虑其计算规则，可以有效规避重复计算问题。

C 类：人员专业素质

a. 感染楼上人屋面防水层面积的偏差很大，在 11% 左右。经过传统算量模型与 BIM 模型的对比，发现是建模人员的人为原因造成的。

BIM 中上人屋面防水层范围与图纸保持一致，传统造价模型屋面漏画一块，如此，经过修正后，与 BIM 量出入控制在 0.3% 以内，达到了对比核查的目的。

b. 地下室核查门窗时，BIM 模型比传统算量模型少了一扇窗，经审查传统算量软件存在门窗自查功能，而 BIM 软件不能反查，最终在地下二层找到一扇在图纸上不太明显的窗，故相互自检，达成一致。

（3）安装工程量差异原因分析

安装工程量差异见附表 A.58。

附表 A.58　安装工程量差异

清单工程	偏差区间	涉及单体	数量	归类	备注
机电管道	3.37%～16.3%	1号、2号、3号、4号、5号、6号、8号、9号	8	A类/ B类 （计算规则） （建模精度）	主要为计算规则差异，详见下方说明
桥架	3%～15.7%	1号、2号、3号、4号、6号、8号、9号	7		
矩形风管	9.85%	8 号	2		
	12.85%	9 号			

针对差异进行说明：

a. 管道对比：工程量偏差 3.37%～16.3%。

差异原因分析：

由于 BIM 与传统算量计算规则不同，BIM 为实物工程量，实际管道造价工程量计算中不扣减管件、管道附件（阀门等）的长度，所以会造成误差，同一管道系统内，如果所包含管件、阀门等越多，则误差越大。

举例：假设一段 10m 长 DN150 管道，其中包含两个阀门（共 0.5m），传统算量算出管道为 10m，而 BIM 会扣除阀门的长度（实物量：管道是管道，阀门是阀门），则 BIM 算出管道长度为 9.5m，误差 0.5m，误差率 5%，如有四个阀门，则误差 1m，误差率 10%。[当管道尺寸较小时，管件、阀门相应也较小，如 10m 长 DN50 管道，同样含有两个阀门（共 0.2m），则误差率为 2%]。

机电专业与土建专业不同，土建专业墙体、楼板等为明确的物体，有明确的边界、尺寸，工程量唯一（排除人为误差）。而机电专业管线高度，管线连接绘图时走向等可人为控制，可变空间较大，所以会造成误差（本工程工程量对比已尽量避免此问题造成的误差，造价工程师与 BIM 工程师管线高度、连接走向等设置一致）。

举例：比如消火栓管道连接消火栓箱时，造价工程师根据图纸上管线的走向直接进行算量（不考虑空间碰撞关系，如管件是否放得下，消火栓箱旁边有柱，连接时是否与柱碰撞），BIM 工程师进行建模时必须考虑空间关系，当空间不够时管件无法画出。所以工程量会产生误差。

b. 桥架对比：本次桥架工程量对比，总体在 3%～15.7%。

差异原因分析：同水管。

举例：假设两段共 10m 长 200×100 桥架，其中包含一个弯头（换算长度为 0.5m），传统算量算出桥架为 10m，而 BIM 会扣除弯头的长度（实物量：桥架是桥架，弯头是弯头），则 BIM 算出桥架长度为 9.5m，误差 0.5m，误差率 5%，如有两个弯头，则误差 1m，误差率 10%。

（桥架尺寸不同，相应配件大小也不同，则误差率也不同）。

c. 风管对比：

本次风管工程量对比，误差较大，分别为 9.85%、12.85%。

差异原因分析：同水管（和水管不同的是，水管出量时影响因素有管件和阀门等附件；BIM 模型算量、传统算量清单算量过程中风阀等附件所占空间，在计算风管面积时同样都会扣除，风管出量时影响因素只有风管管件）。

举例：假设两段共 10m 长，300×200 风管，面积为 10m²，其中包含一个弯头（面积为 0.6m²），传统算量算出风管面积为 10m²，而 BIM 会扣除弯头的面积（实物量：风管是风管，弯头是弯头），则 BIM 算出风管面积为 9.4m²，误差 0.6m²，误差率 6%，如有两个弯头，则误差 1.2m²，误差率 12%。

（风管尺寸不同，相应管件大小也不同，则误差率也不同）。

（4）设备、风口、阀门附件等点个数工程量对比

本次工程点个数的工程量对比没有误差。

差异原因分析：点个数的工程量对比，BIM 算量与传统算量本质没有区别，有一个是一个，所以此项工程量对比没有误差。

综上所述，可以看到土建专业利用 BIM 软件基本可以实现校验项目主要构件清单工程量。安装方面，能正确快速实现提取实物工程量，校验桥架、水管、风管、设备、阀门等清单工程量。通过双方的比对工作，可以提高概预算工程量的准确性，增强了概预算编制的全面性，同时验证了 BIM 模型的完整性和正确性。

以上为我公司在某医院项目造价咨询过程中，在以投资控制为核心的基础上运用 BIM 技术的一些探索成果。我们将在今后的工作实践中进一步挖掘 BIM 技术在投资控制方面的潜能，在今后的工作实践中，能够通过 BIM 这种先进的技术工具，逐步实现项目信息标准化、管理精细化、造价精准化；起到控制造价、提高工作效率、辅助项目管理的作用。

十二、基于 BIM 技术的某磁浮文化旅游项目全过程造价咨询服务

友谊国际工程咨询有限公司

（一）项目基本情况

1）项目概况

某磁浮文化旅游项目线路正线全长 11.405km，共设置车站 7 座；均为高架侧式站台；最大站间距 4.060km，最小站间距 0.840km，平均站间距 1.869km。正线桥梁长度 8.579km，占线路正线长度的 75.22%；正线隧道共设 4 座，总长度 1.43km，占线路正线长度的 12.54%，其中，最长隧道长度 571m。

该工程所处位置地形复杂，东部及东南角的河谷丘陵地带为第一级台阶，以低山、

高丘为主，兼有岗地及部分河谷平地，地表切割破碎，谷狭坡陡。

线路沿国道和当地道路路侧行进，线路走向与道路走向一致，其中国道道路红线宽度约为9m，为双向两车道；该段线路西侧为国家风景名胜保护区，线路东侧现状为少量居民楼与山林；磁浮线路走向与道路一致，同时下穿高速，后沿当地道路行进，此后两侧经过居民小区、林地与农田，以隧道形式穿越山体，终点站附近两侧构筑物相对较多。

2）项目特点

磁浮文化旅游项目在国内市场还处于空白，尤其是磁浮与文化旅游相结合的方式在国内市场上还未有成功案例。本项目的建设可将交通方式转变为游览消费，一方面使特色交通工具成为旅游吸引力因素，另一方面便利的进入方式还能使其成为旅游目的地最为主要的收益方式。

磁浮具有运量大、快速、安全、公交化运营等特点，旅游观光磁浮的建设，可以从根本上改变景区交通难题，有效地缓解"上山难"的问题，缓解道路压力，大大降低公路交通事故率，减少交通事故损失，提高交通服务水平和运输质量。磁浮具有占地省、能耗低、污染少、全天候、适应性强的技术经济比较优势。完成单位运输周转量所占的土地，公路是磁浮的10倍；消费的能源公路是磁浮的20倍，因此，磁浮是公认的绿色交通系统。

（1）交旅融合。

将交通方式转变为游览消费，一方面使磁浮交通工具成为独一无二的旅游吸引物，另一方面便利的磁浮交通还是项目所在区域旅游产业最为主要的收益方式。旅游业的发展既扩大了磁浮的知名度，也为磁浮带来源源不断、日益增长的客源。

（2）"点轴式"聚合观光、动态度假。

点轴式中的点就是景点中心区域和围绕景点打造的休闲度假区，即度假基地，而轴则是它们之间的连接通道，如磁浮、公路、铁路、水路等。在景区内和休闲度假区发展的同时，带动交通沿线次一级的城镇和度假区逐步发展。其核心是有多个度假基地，多个1日游景点聚合在度假基地周边，在轴上形成多个度假观光组团，形成度假资源多点利用，观光资源共享利用的格局。

（3）全域旅游。

全景——全域旅游化，通过生态修复、国土整治、水体管理等手段实现触目可见的美丽，让磁浮工具成为在自然美景和古城风情的点睛之笔。

全业——全产业链旅游化，发挥"旅游＋"功能，使旅游与交通、农业、林业、工业、商贸、金融、文化、体育、医药等产业深度融合，并贯穿在"吃住行游购"要素之中，构建以旅游业为引领，具有现代服务业特征的新型产业体系。

全时空——依托磁浮不受季节限制的优势，打造全年、全天候的旅游产品和旅游服务；围绕"两下（地下、林下）""五上（水上、山上、坡上、原上、城上）"打造立体旅游产品和服务。

全民——当地居民成为参与者和受益者，推动旅游基础设施、旅游公共服务共建共享、主客共享，共同分享旅游发展红利，共享旅游业发展带来的美好生活。

全程——从客源地到目的地全过程，从途中到售后，为各层级游客提供满意服务。

某磁浮文化旅游项目如附图 A.246 所示。

附图 A.246　某磁浮文化旅游项目

3）发展及定位

（1）发展定位

交通＋旅游深度融合新平台，中国山地休闲度假旅游新标杆、全域旅游发展新模式、山区经济社会跨越发展的新典范。

（2）功能定位

以磁浮观光体验为核心吸引，打造集现代科技、地方民族文化、显著生态特征等功能于一体的复合型旅游目的地。

（二）服务范围及组织模式

1）工作目标

工程项目造价咨询是建设工程的重要组成部分，直接关系到利润和施工企业的经济命脉，随着市场竞争的加剧，工程项目造价咨询从粗放型转向精细化已经是建筑业发展的必然需求。

传统工程造价咨询有成熟的应用模式、较高认可度的市场环境以及较高程度的运行基础和法律保障，但同时工程算量的时间长，项目建设全过程造价咨询能力薄弱，信息化程度低，造价数据积累困难，导致未能体现真正的咨询价值，重算量而非优化。基于 BIM 技术的工程造价咨询较传统造价咨询模式具有以下优点：

（1）极大地减少了工程算量的工作时间，提高工程算量的准确度和效率，实现对整个工程造价实时、动态、精准的管理工作；

（2）贯穿项目全生命周期，有利于实现项目的全过程造价咨询；

（3）信息化应用程度高，以 BIM 技术为基础加强了项目建设各参与方的协同合作，提升管理效率；

（4）满足大体量、特殊异型的建设项目工程量计量计价要求；

（5）实现项目过程的造价数据积累，为实现造价大数据奠定基础。

然而 BIM 技术的应用与工程建设领域现行分段式管理有冲突，推行难度较大，综合性强，对参与人员专业素质要求高，软硬件配置要求高，前期应用投入较大。本案例结合某磁悬浮文化旅游工程，将传统造价咨询模式和 BIM 技术结合，充分发挥 BIM 技术的专业优势，优化现行咨询过程和咨询模式，实现项目造价精细化管理，确保项目利润，实现以下应用目标：

（1）以投资控制为主线：实施项目全过程造价咨询服务，重点做好设计阶段的成本控制，运用 BIM 技术解决设计图纸的错漏碰缺及施工方案的优化，确定合理的招采价格，严密管控过程变更行为，确保建设总投资控制在成本目标之内。

（2）以 BIM 技术进行设计优化：提高工作效率，为发挥 BIM 技术在全过程造价控制中的作用，本次项目我们让 BIM 技术在设计阶段就介入咨询工作，直观展现业主方表达的设计意图，在设计成果中详细地体现业主方对有关限额设计指标的要求，减少后期项目建造过程中的变更、修改和成本变化。

（3）以 BIM 协同管理平台进行施工过程管理：在施工阶段使用设计阶段完成优化后的 BIM 模型一直到竣工出图存档，运用 BIM 模型进行施工阶段的施工交底、方案优化等工作，并实现通过 BIM 协同平台给现场造价执业人员进行进度核算、变更合算等，最终实现以 BIM 模型为基础的实时结算，有效解决传统造价模式还需要算量软件、计价软件同步配合使用才能完成变更、支付、结算等问题。

（4）衔接公司造价大数据平台的信息内容，结合项目实际情况，对建设项目的组织、经济、合同等发展方向进行预测，合理统筹项目资源，规避风险，实现全过程造价咨询的价值目标。

2）服务的业务范围

本案例是全过程造价咨询服务，业务涉及前期规划阶段、设计阶段、招标阶段、施工阶段和竣工阶段，具体内容如下：

（1）初步设计概算审核

审查设计概算是否按照经过批准的计划任务书规定的建设规模和内容编制；编制概算所采用的概算定额、概算指标、材料价格、通用设备价格、非标准设备制作价格以及费用项目和取费标准是否符合现行规定；有没有具体规定的费用，是否有合理的测算或参照依据。

（2）施工图设计预算审核

工程开工前，根据已批准的施工图纸，在施工方案或施工组织设计已确定的前提下，按照国家或省市颁发的现行预算定额、费用标准、材料预算价格等有关规定，逐项计算工程量、套用相应定额、进行工料分析、计算直接费、并计取间接费、计划利润、税金等费用，确定单位工程造价的技术经济文件，施工图预算与工程概算审查的方式方法大同小异，依据本项目的具体情况制订本服务方案，其他相关规定和工作方法可参考本服务方案关于审核的相关说明。

（3）招标工程量清单及招标控制价编制

①确定工程量清单编制及计价依据；

②了解招标要求和项目周边环境；

③整理工程量清单编制基础资料，主要材料及设备询价，确定工料机价格；

④分析工程设计，确定施工方案；

⑤列项，确定项目编码、计量单位、描述特征；

⑥计价依据有缺项的，补充缺项的计量规则；

⑦进行工程计量、清单项目计价；

⑧依据常规施工方案，列出措施项目；

⑨编写编制说明，出具工程量清单；出具计价成果文件，招标时进行招标答疑；

⑩计算并分析主要工程量指标；

⑪分析工程量、工程设计等变化风险，提出有效控制工程造价的建议。

（4）施工阶段驻场造价咨询服务

①建设项目工程造价相关合同履行过程的管理；

②参与施工现场工程例会、图纸会审及与现场工程实物计量及与投资控制有关的专题会等；

③工程计量支付的建议，审核工程款支付申请，提出资金使用计划建议；

④审核所有涉及造价的工程技术文件并分析造价影响；

⑤审核工程变更工程量及价款、签证工程量及价款、工程联系单工程量及价款；

⑥搜集季度材价信息并编制成册，编制/审核季度工程量及材差价款；

⑦对项目实施过程中的设计变更进行变更前估算、变更后准确计量等工作；

⑧对施工过程的工程变更、工程签证和工程索赔提出合理化建议；

⑨协助建设单位进行投资分析，提出风险防控方案；

⑩收存结算等施工的全过程投资控制资料，按月、季、年提交投资控制报告。

（5）项目相关的其他造价咨询服务

①通过对本工程项目的了解，为详细制订各阶段造价咨询计划及实施好造价咨询工作，应获取必要的造价资料。

②与建设单位、设计单位、承建单位及监理单位多方协作配合。

（6）结算审核

①审核结算编制依据的有效性和适用性；

②审核工程结算依据的完备性；

③分析施工合同，审核结算方法的适用性；

④对照竣工图，审核工程量清单项目完整性；

⑤进行工程计量，审核工程量的准确性；

⑥进行工程计价，审核工程计价的合理性；

⑦审核新增项目综合单价分析的合理性；

⑧审核签证、索赔、变更等造价的合理性；

⑨审核发现的异议，与编制单位进行技术核对，确定正确数据，并调整核对后工程量及造价；

⑩出具审核报告书；

⑪审查及分析主要工程经济指标；

⑫对工程造价管理提出建议。

其中，BIM 技术的主要应用价值如下：

a. 协助设计方案、施工方案的必选和优化；

b. 协助所有的工程量计算和审核工作；

c. 跟踪施工过程，提供必要的过程服务；

d. 收集、整理、分析造价动态信息资料，配合合同管理工作；

e. 建立本项目业务管理平台和 BIM 综合管理平台，规范工作流程，把控工作质量，协调各参与方，提供信息交流平台。

本书侧重于 BIM 技术在本案例全过程造价咨询服务的应用，接下来重点介绍与之相关内容，其余部分不做说明。

3）服务的组织模式

（1）人员组织保障措施

成立领导组、咨询项目组、造价咨询组、BIM 应用组、审核组，各司其职，确保服务工作有序进行。领导组由公司总经理及主管领导组成；咨询项目组由项目负责人，各组项目负责人组成；造价咨询组由资深注册造价工程师、资深造价员组成；BIM 应用组由专业 BIM 项目经理、BIM 机电工程师、BIM 土建工程师、BIM 视频制作人员、BIM 平台管理人员等组成；审核组由公司技术负责人和资深专家组成。

（2）咨询服务执业人员专业技术能力保障

①主要人员具有类似项目经验，熟悉国家和地方有关政策及法规，熟悉国家建设项目的建设程序；熟练掌握建设项目的经济评价方法，熟练运用估算指标、预算定额、费用定额等定额文件及具备其他相关业务知识，具有多年专业技术工作经历，具有大型项目全过程造价咨询工作经验；

②项目负责人综合能力强，专业知识扎实，工作经验丰富，沟通协调能力强。在我公司经过多岗位培训，既具备丰富的造价知识经验还非常熟悉招投标法律法规及相关程序，为顺利实施本项目提供了有力保证。项目组其他专业人员都具有相关专业大专以上学历，受过多次专业培训，能独立解决造价咨询过程中的专业问题；

③组织制度保证

实行项目负责人制度，公司和项目部两级管理，对咨询成果文件实行三级审核制度。通过对项目部工作计划完成情况、咨询服务质量情况、档案资料归档情况、廉洁自律情况、考勤情况等进行检查和考评，及时采取相应措施以保证完成全过程造价控制咨询服务工作。

4）服务工作职责

（1）技术负责人

①负责项目组的专业技术指导；

②参与工作过程中专业问题的讨论并提供解决问题的方法；

③负责处理编制人员、二审人员、三审人员之间的技术分歧意见；

④审查重大项目，对审定的咨询成果质量负责。

（2）项目负责人

①负责制订项目工作计划及方案；

②负责本项目公司内部关系的沟通与协调及与本项目有关的各种外部关系的沟通与

协调，如委托方、施工方、监理方、行政监管部门等；

③负责团队成员的业务指导与培训；

④负责各阶段工作任务在项目团队的分配，并督促指导项目执行；

⑤负责成果文件的全面把控，协助配合二审及三审工作；

⑥负责参加各种相关会议；

⑦项目完成后及时总结，整理资料、信息归档。

（3）专业造价工程师（各专业部分负责人）

①负责本专业的咨询业务实施和质量管理工作，指导和协调本专业组组员的工作；

②在项目负责人的领导下，组织本专业组组员拟订咨询实施方案，核查资料使用、咨询原则、计价依据、计算公式、软件使用等是否正确；

③动态掌握本专业咨询业务实施状况，协调并研究解决存在的问题；

④组织编制本专业的咨询成果文件，编写本专业的咨询说明和目录，检查咨询成果是否符合规定，负责审核和签发本专业的成果文件。

（4）专业组人员

①依据咨询业务要求，执行作业计划，遵守有关业务的标准与原则，对所承担的咨询业务质量和进度负责；

②根据咨询实施方案要求，展开本职咨询工作，选用正确的咨询数据、计算方法、计算公式、计算程序，做到内容完整、计算准确、结果真实可靠；

③对实施的各项工作进行认真自校，做好咨询质量的自主控制。咨询成果经校审后，负责按校审意见修改；

④完成的咨询成果符合规定要求，内容表述清晰规范。

（5）复核人员

①熟悉咨询业务的基础资料和咨询原则，对咨询成果进行全面校核，对所校核的咨询内容的质量负责；

②复核咨询使用的各种资料和咨询依据是否正确合理，引用的技术经济参数及计价方式是否正确；

③复核咨询业务中的数据引用、计算公式、计算数量、软件使用是否符合规定的咨询原则和有关规定，计算数字是否正确无误，咨询成果文件的内容与深度是否符合规定，能否满足使用要求，各分项内容是否一致、是否完整、有无漏项；

④复核人员在复核记录单上罗列校核出的问题，交咨询成果原编制人员修改，修改后进行复核，复核后方能签署并提交审核。

（6）驻现场工程师

①负责常驻现场办公，负责项目现场与项目组及公司的沟通与联系，及时反馈甲方工作需求，保证各阶段各项任务的衔接及时高效；

②参加甲方及施工方工作例会，及时处理、解决有关事项，收集项目建设过程中有关资料，对施工过程中发生的有关签证、技术核定、设计变更提出审核建议报专业工程师审核；

③负责及时处理甲方建设工程中的各项造价咨询工作。

（三）服务的运作过程

1）搭建业务管理平台

在业务管理平台搭建本项目管理平台，如附图 A.247 所示。根据项目组织结构，确定项目组人员，进行职位划分和任务分工，并对各项任务的工作流程进行标准化设定，设定审核流程和复核人员，规范执业行为，把控执业质量。主要包括的功能板块如下：

（1）基本信息：项目信息、业务信息、项目结构、造价信息、资金计划、执业流程等；

（2）资料接收：图纸、标准、需求等相关说明文件；

（3）策划分工：团队组建、任务分工、审批流程；

（4）任务办理：工作执行情况、成果文件资料；

（5）三级审核：审核分工、审核流程及审核标准；

（6）项目交底：检查项目完成所需的资料文件是否齐全、任务安排是否合理、人员职责是否明确；

（7）过程管理：项目结构管理、合同管理、简报管理等；

（8）档案管理：人员、项目服务成果及相关资料整理归档；

（9）项目后评：服务质量总结与评价、客户满意度回访、改进方式，项目整理。

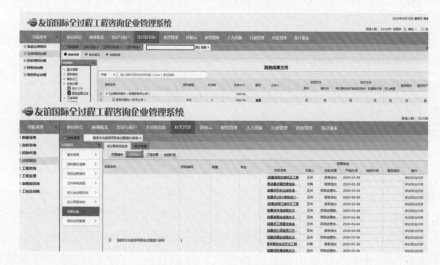

附图 A.247　业务管理平台

2）搭建 BIM 综合管理平台

平台功能模块如下：

（1）总体概览：项目信息、项目效果图、模型浏览、模型剖切管理；

（2）预算导入：锁定预算导入模块及合同费用、变更费用、结算费用；

（3）进度管理：进度计划、实际进度、进度曲线、流水段、形象进度照片及进度报表等；

（4）成本管理：合同成本、预算成本、实际成本、成本报表、资源曲线等；

（5）材料管理：材料采购计划、材料采购管理、用量审核管理、材料用量登记等；

（6）变更管理：设计变更图纸、变更单、签证文件、变更量及费用控制等；

（7）合约管理：合同跟踪、分包管理等；

（8）信息资料管理：项目相关资料汇总，包括图纸、模型、工作联系单等资料信息化等。

3）制定标准流程文件

为明确各方职责和义务，保障服务业务的顺利推进，根据项目需求编制了一系列定制化的程序文件、实施标准及办法。具体包括：设计变更管理办法、进度款支付管理办法、BIM 建模标准、BIM 技术实施导则、流程文件、甲供材管理办法、工程竣工结算管理办法等，部分体系文件如附图 A.248 所示。通过上述制度、标准及办法，明确各参与者的工作职责和内容，规范执业行为，为咨询服务工作的顺利开展提供制度保障。如设计变更管理办法，要求设计变更过程必须通过 BIM 模型进行展示，使用协同管理平台进行方案分析，所有图纸及合同外涉及增加费用的内容必须按此办法实施，否则结算不予增加费用，只有变更立项申请、BIM 技术方案分析及变更立项完成三张表都签署完毕的内容才能进入最终结算。从源头把控，确保了变更内容的真实性、合理性及可控性。

附图 A.248   部分体系文件

4）咨询服务的运作过程

（1）前期规划阶段

①投资控制（利用造价大数据，估算项目投资额）

前期投资预测对总投资的影响高达 80%～90%，因此投资估算的有效控制对整个项目的投资产生重要的影响。企业自主研发的造价大数据平台包含所经历项目的工程量、材料价格、设备机械价格、人工费用等所有成本信息，同时不断更新市场价格，针对不同时期的各类型建设项目形成一定的经济性指标。在项目建设初期，根据项目建设类型和特点，选择类似项目的指标数据进行投资预测，如附图 A.249 所示，同时根据现有市场价格进行一定调整，形成估算表格（附图 A.250），提高前期估算的准确性，有利于协助业主进行投资控制。

附图 A.249   大数据平台提取指标，价格等信息

建设名称		××磁浮旅游文化项目		编制范围		全线		编号		23578		万元/正线千米
工程总量		11.41	公里	概算总额	268906	万元		技术经济指标				
						估算价值（万元）						
章号		工程或费用名称		Ⅰ	Ⅱ	Ⅲ	Ⅳ			技术经济指标（万元/正线千米）		费用比重（%）
				建筑工程费	安装工程费	设备购置费	其他费用		合计			
	第一部分	工程费用		132571	19792	46156		198519		17406		73.82%
一		车站		6993				6993		613		2.60%
二		区间		78295	68	213		78576		6890		29.22%
三		景观及绿化工程		900				900		79		0.33%
四		轨道		25685				25685		2252		9.55%
五		通道		912	2737	5474		9124		800		3.39%
六		信号		943	870	6057		7870		690		2.93%
七		供电		644	12789	19328		32761		2873		12.18%
八		综合监控			684	1597		2281		200		0.85%
九		防灾报警、环境与设备监控			787	1836		2623		230		0.98%
十		安防及门禁			376	878		1255		110		0.47%
十一		通风、空调与采暖			226	527		753		66		0.28%
十二		给排水与消防			287	671		958		84		0.36%
十三		自动售检票			564	1317		1881		165		0.70%
十四		车站辅助设备			403	1258		1661		146		0.62%
十五		车辆段及综合基地		18199		7000		25199		2209		9.37%
十六	第二部分	工程建设其他费用					34800	34800		3051		12.94%
（一）		前期工程费					8163	8163		716		3.04%
（二）		其他费用					26637	26637		2336		9.91%
	以上各章总计			132571	19792	46156	34800	233320		20458		86.77%
	第三部分	预备费					11666	11666		1023		4.34%
十七		预备费					11666	11666		1023		4.34%
	第四部分	专项费用					23921	23921		2097		8.90%
十八		专项费用					23921	23921		2097		8.90%
（一）		车辆购置费					15000	15000		1315		5.58%
（二）		建设期贷款利息					8771	8771		769		3.26%
（三）		铺底流动资金					150	150		13		0.06%
	估算总额			132571	19792	46156	70387	268906		23578		100.00%

附图 A.250　总估算表

②方案比选

多种设计方案进行比选时，通过 BIM 模型直观感受各方案建成效果，同时提取工程量，进行经济性分析，提供数据供决策者参考。强化方案设计，为投资控制提供科学依据。运用 BIM 技术创建方案中的挡墙模型，查看了现场土体情况和勘查结果，将项目南侧之前的桩板挡墙更换为格宾挡墙，与设计院协商沟通后同意实施，节约造价约 264 万元。

（2）设计阶段

①设计审查

a. 创建模型

三维模型是 BIM 技术相关工作开展的基础，模型精度和准确性严重影响 BIM 技术后期应用效果。利用建模软件，根据设计图纸，由 BIM 工作小组准确、高效地搭建机电、土建等各专业三维模型，包括项目设计的所有几何信息、属性信息，正确反映设计意图，使施工、监理、建设单位在内的各参建方直观感受设计效果，理解设计图纸，方便后期制定施工方案和计算主材工程量统计等后续工作。附图 A.251 是隧道局部三维模型。

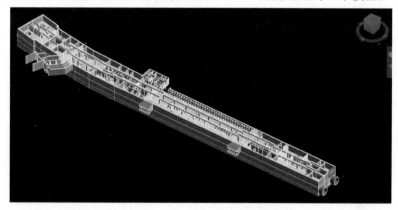

附图 A.251　隧道局部三维模型

b. 设计问题审查

在创建模型过程中，对设计存在问题的部分进行汇总整理，形成文件，如附图 A.252所示。将图纸问题报告反馈给设计方，根据各方讨论意见，由设计方进行确认调整，BIM组根据调整意见修改模型，形成设计模型。本项目通过 BIM 技术协助图纸会审，发现图纸中的较大问题共 20 处，设计院根据提出的问题进行图纸修改，形成最终版图纸。

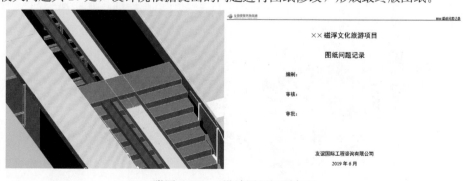

附图 A.252　设计图纸问题审查

②设计优化

a. 综合优化

在项目作出投资决策后，控制造价的关键在于设计，这也是工程造价控制的重点。据有关资料分析，设计费一般占建设工程全寿命费用的 1% 左右，但对工程造价的影响度占 75% 以上。在功能不受影响的前提下，设计较为保守，而往往造成投资浪费的情况。建立三维模型既可减少设计工作量，又可避免被追究责任。

运用 BIM 技术结合施工可行性对设计图纸进行深化工作，在开展优化之前约定优化原则，对管线定位、空间净高提前规定，保证优化的整体性。对于不能按照优化原则实行的部位，根据各方意见，协商处理，确定优化方案，形成优化版 BIM 模型，再输出各专业优化图纸和综合图纸，如附图 A.253 所示。在建设单位、设计单位、施工单位等各参建方确定后，对施工人员进行现场可视化交底，保证施工人员清楚理解施工方案，提升工程品质。

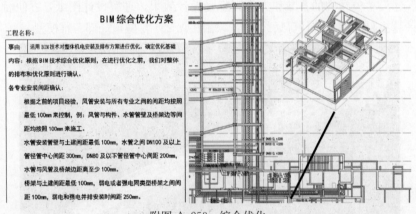

附图 A.253　综合优化

根据优化的 BIM 模型，对于需要预留洞的部位，标注详细的留洞信息，输出预留洞图纸，辅助施工。本项目共计留洞 55 处，根据优化图纸预制构件，提前预留洞口，避免后期开洞，节约造价约 103 万元。

b. 空间优化（机房设备间优化）

由于磁浮项目所需设备众多，机房的设备布置空间较为紧张，合理优化设备安装位置，既有利于安装施工，又便于后期维护管理。根据设计图纸创建设备机房 BIM 模型，对设备管线的安装位置进行综合调整，如附图 A.254 所示，提前优化，避免后期因安装空间问题导致的返工、扯皮现象。

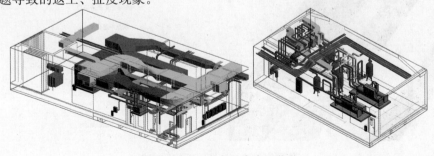

附图 A.254　设备机房布置优化

c. 装修方案优化

本工程是文化旅游项目，整体的美观性和文化传递也是项目建设的重点，在 BIM 优化模型的基础上，添加装饰装修设计模型，形成装修 BIM 模型。根据不同的外装饰面展示，查看整体效果，选择视觉感受最佳、经济型最合理的装修方案。

d. 概预算审核

在 BIM 模型中，根据项目需求直接提取所需标段或某一专业的工程量表，如附图 A.255 所示，与设计提交的概算结果进行比较分析。从经济角度出发对可优化部分进行优化，重新提取工程量信息，形成预算工程量表，为后期招标做好准备。

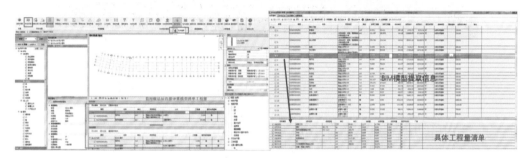

附图 A.255　工程量提取

e. 工程量清单编制

根据预算工程量表，使用组价软件进行套价，编制项目工程量清单，附图 A.556 是某一标段部分工程量清单，编制各标段招标控制价。同时利用 BIM 模型对各标段、各专业的投标方的工程量进行审核，精准控量，避免浪费，做好招标阶段的造价控制，从合约初期控制投资成本。

表甲　　　第 1 页共 1 页

建设名称		××磁浮文化旅游项目（一期工程）			编制范围			概算编号		
工程总里		0.000 正线公里			概算总额	1372919864.06 元		经济指标		
章别	节号	工程及费用名称	单位	数量	概算价值（元）					指标（元）
					Ⅰ建筑工程费	Ⅱ安装工程费	Ⅲ设备购置费	Ⅳ工程建设其他费用	合计	其中外汇（美元）	
		第一部分　工程费用	正线公里		249550385.93	208225412.03	296752627.10	754528422.06			
一		车站	m2		140214110.71				140214110.71		
	2	高架车站	m2		140214110.71				140214110.71		
		磁浮高铁站	m2	5791.400	47023638.90				47023638.90		8119.56
		一、下部建筑	m3	2715.200	6811115.95				6811115.95		2508.51
		1. 土方	m3	19530.000	707181.30				707181.30		36.21
		3. 填方	m3	1448.000	66984.48				66984.48		46.26
		4. 钻孔桩	m3	1195.800	2891731.39				2891731.39		2418.24
		5. 墩台及盖梁	m3	1519.400	3145218.78				3145218.78		2070.04
		三、车站结构	m2	5791.400	26206383.37				26206383.37		4525.4
		（一）钢筋混凝土结构	m3	7020.880	26208383.37				26208383.37		3732.92
		四、钢结构、层面	m2	5500.000	6600000.00				6600000.00		1200
		五、导向系统	站	1.000	500000.00				500000.00		500000
		1. 导向系统	站	1.000	500000.00				500000.00		500000
		六、施工检测	元		350339.58				350339.58		
		1. 施工检测	元		350339.58				350339.58		
		七、车站装修	m2	5791.400	6053800.00				6053800.00		

附图 A.256　工程量清单编制

（3）施工阶段

①三维可视化交底

技术交底过程中，单纯的文字和图纸往往描述不够透彻，因个人理解能力的差异导致交底效果并不理想。本项目设计、施工交底中尽可能采用二维和三维结合的方式，如附图 A.257 所示，直观演示设计意图或施工方案，交底清晰，容易理解，沟通顺畅，提高交底的效率和准确性。

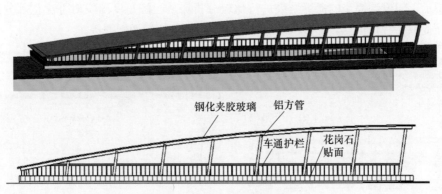

附图 A.257 可视化交底

②施工方案模拟分析

对复杂部位的施工方案进行模拟演示，如附图 A.258 所示，优化施工工序，使施工人员明白施工重难点和基础工序，保证施工质量。此外对大型机械进出场路线或行车路线进行演示分析，避免碰撞，保证行车和安装空间，提高工作效率。

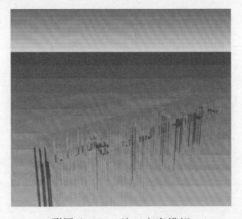

附图 A.258 施工方案模拟

③土方算量

无人机加倾斜摄影技术计算土方量，提高土方量计算效率和准确性，相互关系如附图 A.259 所示。利用虚拟建模软件将无人机采集的不同视点图像信息进行筛选整理，上传至软件平台，根据 POS 约束关系自动选择可能具有重叠关系的像对，利用 SFM 三维重建方法结合相机的 GPS 和像控点的位置坐标重建地形模型。无人机技术结合虚拟建模软件计算土方量的操作如下：

a. 利用无人机航拍对测绘的场地地形进行全方位拍摄，获取原始地貌并提取初始数据。拍摄的过程中注意保持相机位置向一个方向平移，保证相邻两张照片之间有重叠区域；

b. 虚拟建模软件对上传的照片进行照片自动对齐、建立密集云、生成网格、生成纹理等操作，形成带有材质覆面的点线面三维模型，可导出为带有标高的 CAD 模型；

c. 将 CAD 模型导入 Revit 软件形成初始地貌模型，通过"建筑地坪"命令或"平整区域"命令计算土方量。

①造价信息动态采集

随着工程建设的持续进行，建设成本也在不断变化，若只是单纯的阶段性汇总分析成本信息，不能达到及时了解成本状况的目的，可能导致本可以避免的问题发生。因此造价信息的动态管理也很重要。在综合管理平台上及时上传造价信息资料，如当日或某一时段的工程进度、人、材、机、管理费等所有项目相关造价信息，为工程中期支付和竣工结算提供充足的数据和资料等证明文件，避免扯皮。

②变更签证审核与管理

在 BIM 综合管理平台上实现设计变更和工程索赔的在线化管理。首先根据变更文件

附图 A.259　无人机＋倾斜摄影技术

和现场需求及时更改 BIM 模型，若有多个变更方案，从经济角度可直接提取工程量进行费用计算，选择合适变更方案。同时将变更文件和 BIM 模型挂接，变更部位直接链接变更文件。项目全过程的变更资料可追溯，提高后期结算的清晰化和准确性。

③工程量审核

传统的报量审核工作方式下，需要同时打开两个窗口手动对比，工作效率低，出错率高。在 BIM 5D 协同方式下，如附图 A.260 所示，报量审核工作可将报审预算书直接导入平台，其数据与平台模型工程量自动匹配，生成对比分析表，使审核工作简单、准确、高效、直观。

④阶段性成本分析

周、月、季、年度报表自动生成，可以直接打印，反映实际造价信息，为决策提供数据支撑。在综合管理平台定期对已完工程计划成本、已完工程实际成本及计划工程预算成本进行费用偏差和进度偏差分析，对节约措施和进度措施进行分析总结，取长补短，优化资源配置。

⑤三账同步管理

在 BIM 管理平台实现动态、协同成本管控，将项目的合同信息、中期支付情况、结算情况通过数据关联的形式与 BIM 模型挂接，并在统一台账中反映，如附图 A.261 所示，定期查看合同履行情况，及时了解合同动态，提高工作效率的同时，增加查阅和对比的直观性、快速性。

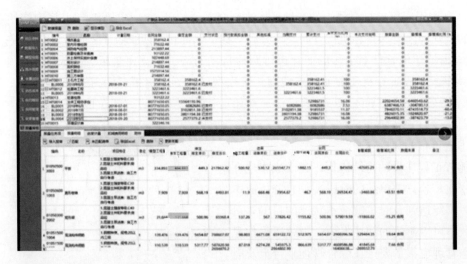

附图 A. 260　BIM 平台报量审核

附图 A. 261　三账同步管理

（4）竣工阶段

①竣工资料整理与归档

建设过程中在综合管理平台及时收集项目物理尺寸、材料类别和价格、机械型号和价格、人工费、措施费、管理费等所有造价信息和资料，如附图 A.262 所示，实现资料信息化，避免数据丢失，保证造价信息的完整性。在项目结束后整理归档，便于结算审核。同时可扩充造价大数据，完善同类型项目库。

附图 A.262　工程资料分类整理

②竣工模型

施工完成后，建筑项目的管理与维护是一个重要问题，及时有效地维护，能够提升建筑项目的使用周期。在竣工阶段，针对实际施工实体对 BIM 模型进行维护完善，核对每一个构件的尺寸和属性信息，对设备规格、尺寸、生产厂商、安装单位等信息整理登记，形成竣工模型，为项目后期的维护管理奠定基础。

（四）服务的实践成效

1）最大化体现全过程造价咨询的价值

BIM 技术提高工程算量技术，造价人员有更多的时间用于咨询优化，同时 BIM 技术提供的管理平台，将各阶段的造价咨询服务串联起来，使得以往零散的全过程造价咨询服务实现整体性、统一性。造价咨询的重点应该在不影响工程质量和工期的前提下，通过经济性优化手段实现节约成本的目的，不仅仅是工程量和价的计算和把控，全过程造价咨询更是侧重于项目实施之前通过技术手段优化方案，达到事前控制成本的目的。BIM 技术的出现，正是提供了这一方式，在目前应用环境下，最大化体现全过程造价咨询的价值。

2）极大提升工作效率，完整保存造价资料信息

通过业务管理系统及 BIM 综合管理平台，全力推行无纸化办公模式，并且制定了标准化操作流程。项目按照标准化流程进行，各类人员通过系统进行业务处理与问题反馈，

汇总了项目前期建设及建设过程中所有相关资料，便于查询和管理，极大地提升了项目组的工作效率。同时造价资料保存于云端的做法，既保证了查询的方便性和资料的保密性，又通过这种方式避免纸质资料丢失带来的影响，便于后续查阅。

（1）创新基于 BIM 技术的造价管理模式

建立了服务于整个项目组成员的造价信息共享平台，提升了合作效率；不仅能满足前期招投标、预算和结算的需求，还能满足按空间维度（按施工区域、按楼层、按构件）分析，实现基于时间维度的分析，满足项目管理的高级需求；通过 BIM 技术加快了算量等任务的完成速度和精度，提升了造价信息的精确度，避免差异过大带来的影响。

3）节约成本，提升品质

BIM 技术在全过程造价管理执业过程中的应用将进度、预算、资源、施工组织、施工工艺等关键信息集成于 BIM 协同管理平台上，并通过 BIM 模型与协同管理平台的运用将设计过程与施工过程进行链接，实现了项目管理人员在施工前对项目建设过程中的关键节点进行合理把控，预测每月、每周项目的资金、材料、劳动力情况，提前发现问题并协调专业力量进行合理优化，避免后期返工等带来的成本增加和工期延长；通过 BIM 技术更加直观地展现优化方案成果，也可模拟方案的效果，为方案比选提供可靠的材料支撑，保证工程品质的有效提升。

4）总结

（1）BIM 技术在全过程咨询中所需的信息资料采集难度大。

基于 BIM 技术的全过程咨询服务实现了资料数据的信息化、无纸化，必然导致相关信息资料必须上传平台。项目参与方多，涉及专业多，BIM 技术的精细化管理所需要的数据资料多，因此在实际管理中信息资料的采集数量较大，需要的人力和时间比较久。建议在项目开始之前将各方负责的信息资料采集内容和要求做统一说明，便于后期管理和数据应用，减少二次整理的时间消耗。

（2）项目实施人员对新技术的应用主动性较低。

BIM 技术的设计在技术层，但真正落实情况取决于项目的实际实施者。紧靠管理层做好管理，技术层提供技术资料是不够的，施工人员的培训尤为重要。目前，市场上很多施工人员，甚至项目参与单位，对新技术存在一定的抵触心理，导致实施过程中，主观能动性不足，大大影响应用效果。因此，实施之前可采取员工培训，指定激励奖惩制度等措施提高施工人员积极性。

（3）数据交互标准化程度不足。

全过程的精细化管理过程采用了多个软件或平台，市场上的产品众多且参差不齐。软件之间或软件与平台之间的相互交互使用并未完全打通，还是存在一定的识别问题，导致二次调整或部分数据丢失，严重影响工作效率。加快数据交互标准的制定，规范各产品的开发环境，有利于 BIM 技术在全过程咨询中的顺利使用。

附录 B BIM 工程量计算流程（示例）

一、自有 BIM 算量软件平台的工程量计算

自有 BIM 算量软件平台大多来源于原有二维图纸模式下的算量软件，如常见的广联达、鲁班软件，因此都需要依据设计交付成功进行二次建模及构件属性描述，然后进行工程量计算。

这种方式主要的步骤：建立 BIM 算量模型、设置工程量计算规则、工程量计算及输出。

（一）建立 BIM 算量模型

1. 算量模型建立方式。

当前实际应用中，BIM 算量模型的建立主要有以下三种方式：

（1）直接按照施工图纸在算量软件中绘制 BIM 算量模型。

（2）用 BIM 算量软件提供的识图转图功能，将 DWG 二维图转成 BIM 模型。

（3）从基于 BIM 技术的设计软件中导出国际通用数据格式（如 IFC）的 BIM 设计模型，将其导入 BIM 算量软件中进行复用，或者直接提取 Revit 设计模型信息，转换为算量软件可识别的构件和模型映射的方式直接计算工程量。

目前主流的基于 BIM 技术的设计软件，包括 Revit、MagiCAD、TekLa、ArchiCAD 等都支持将设计模型导出为 IFC 格式，基于 BIM 技术的设计软件能够将专业 BIM 设计模型，包括建筑、结构、钢结构、幕墙、装饰等 BIM 设计模型，以 IFC 格式导出到基于 BIM 技术的算量软件，建立初步的 BIM 算量模型。该种方法从整个 BIM 流程来看最合理，可以避免重复建立模型带来的大量工作和错误。

2. BIM 算量模型复用 BIM 设计模型存在的问题。

（1）设计和预算工作的割裂，设计模型缺少足够的预算信息。一般来说，设计人员只关注设计信息，不会考虑预算需要；预算人员也不会参与设计，对预算结果负完全责任。二者工作的割裂导致信息的断裂。因此，预算人员必须在设计早期介入，参与构件信息组成的定义。否则，预算人员需要花费大量时间对 BIM 设计模型进行校验和修改。

（2）设计信息和预算信息不匹配，无法直接复用。设计模型一般仅仅包括几何尺寸、材质等信息，而工程预算不仅仅由工程量和价格决定，还与施工方法、施工工序、施工条件等约束条件有关。因此，如果复用设计模型，就需要综合考虑算量模型的需求，统一设计建模规范和标准。

3. BIM 算量模型复用设计 BIM 模型原理和方法简介。

针对目前 BIM 算量模型复用 BIM 设计模型存在的问题，国内已经有多家软件公司在进行 BIM 设计模型与 BIM 算量模型数据复用的开发，并制定了相应的建筑标准和规

范，已经在实际工程进行了验证和使用。以下以参与本次课题研究的广联达公司算量软件的功能模块为例，来介绍目前 BIM 设计模型与 BIM 算量模型的复用情况。

广联达公司的 BIM 算量软件，支持 IFC 格式，同时基于 Revit 开发了 GFC（Glodon Foundation Class）插件，保证导入 BIM 算量软件的 BIM 设计模型完整和准确、实现土建、结构和机电等多专业 BIM 设计模型的成功复用。

创建 BIM 土建算量模型时，在 Revit 软件中设计模型及构件信息的设置，如楼层、材质等信息，通过将 IFC 格式或者 GFC 格式的数据文件完整导入算量软件（附图 B.1），实现 Revit 土建模型和 BIM 算量模型无缝对接。

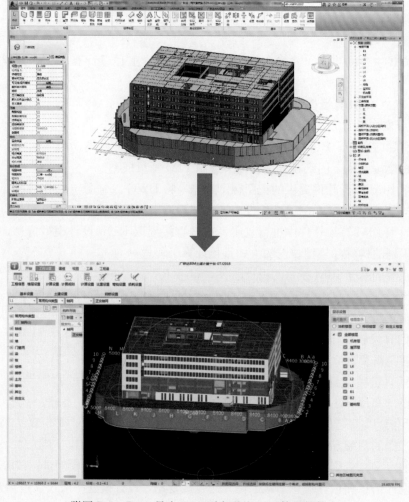

附图 B.1　Revit 导出 GFC 到广联达 BIM 算量软件中

（二）设置工程量计算规则

BIM 模型建立后就可以进行工程量的计算。基于 BIM 技术的算量软件内置计算规则，包括构件计算规则、扣减规则、平法规则、清单及定额等支撑工程量计算的基础性规则。通过内置规则，系统自动计算构件的实体工程量。

工程量计算比传统手工计算更准确，主要有以下原因：

①内置计算规则和算法。基于 BIM 技术的工程量计算软件内置各种算法、规则和各地定额价格信息库。

②大大减少预算的漏项和缺项。由于基于 BIM 技术的工程预算利用了三维模型，可视化操作大大减少了漏项缺项现象。

③关联构件扣减更准确。BIM 算量模型记录了关联和相交构件位置信息，基于 BIM 技术的算量软件可以得到各构件关联和相交的完整数据，根据构件关联或相交部分的尺寸和空间关系数据智能匹配计算规则，准确计算扣减工程量。

④采用基于 BIM 技术的算量软件，对于异型构件的算量更准确。BIM 算量模型详细记录了异型构件的几何尺寸和空间信息，通过内置的数学算法。例如布尔计算和微积分，能够将模型切割分块趋于最小化，计算结果非常精确。

如附图 B.2 所示，复杂基础相交，以传统手工计算扣减是非常困难和扣减不准确的。

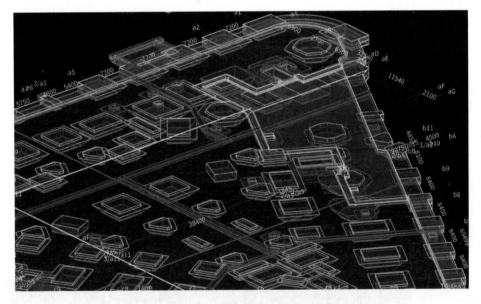

附图 B.2　复杂基础相交示意图

（三）工程量计算及输出

工程量的计算与统计在以往传统的手工算量时代是一项比较烦琐的工作，一般占据整个预算工作的 70%～80%，并且错误率较高。而在 BIM 算量时代，只要模型建立准确，工程量的计算就会非常精准。基于 BIM 模型可以将构件自动归类，工程量统计效率大大提高。BIM 模型是参数化的，各类构件被赋予了尺寸、型号、材料等约束参数，模型中的每一个构件都与现实中的实际物体相对应，其所包含的信息是可以直接用来计算的，因此，基于 BIM 技术的算量软件能在 BIM 模型中根据构件本身的属性进行快速识别分类，工程量统计的准确率和速度都得到很大的提高。以墙的计算为例，计算机自动识别墙体的属性，根据模型中有关该墙体的类型和分组信息统计出该段墙体的量，并对相同的构件进行自动归类。

另外随着技术的不断发展，云技术为算量平台产品提供了更多的可能。以广联达云计算为例，利用更多的计算资源来帮助软件提高汇总计算的效率。把以往在 PC 端的计算过程，放到了云端服务器上，在计算数据的存储和运用上提供了更多的便捷性。

二、基于 Revit 平台开发的算量软件工程量计算

通过参与本次课题研究的另一家软件公司——斯维尔公司 BIM 算量为代表，实现了基于 Revit 平台的土建、机电、钢筋全专业工程量计算。

（一）工程量计算的原理

斯维尔 BIM 算量软件，将国标清单和全国各地定额计量规范全部内置到 Revit 平台，利用 Revit 模型直接计算土建、机电、钢筋全专业工程量。通过这种方式计算的工程量，满足了国标清单和定额的扣减关系，真正做到 Revit 模型能建就能算，为实现基于 BIM 模型的动态成本控制创造了条件。

基于 Revit 的 BIM 算量软件（附图 B.3），设计模型和算量模型是同一个模型，不存在模型丢失的问题，同时在工程量计算过程中，也不会修改设计模型，因此设计模型变更时，可以直接替换对应的模型文件，重新进行工程量计算就可以了。因为采用设计模型作为工程量计算的依据，设计人员对图纸与工程的理解也是最高的，因此能够有效地避免在通过翻模计算工程量过程中的图纸理解错误问题，模型的准确性比传统算量模型精度更高。

（注：当前国内极少有正向设计 BIM 模型，多数 Revit 模型是从二维图纸翻模而来，实践中也极少有用 Revit 建立钢筋模型的做法；此外，BIM 模型要实现精确算量，建模或者模型处理人员必须熟悉工程量清单列项、工程量计算相关规则，并且需要对 BIM 模型按照一定的规则进行规范命名、人工校核修正等处理。——编者注）

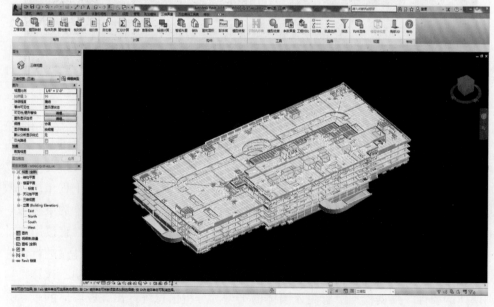

附图 B.3 基于 Revit 的斯维尔 BIM 算量软件

（二）工程量计算规则

斯维尔 BIM 算量软件内置全国 31 个省（市/自治区）的 300 多套国标清单与地方土建 & 安装定额，在这些国标清单与地方定额中，包含了构件之间的工程量扣减规则、扣减过程中的参数规则（如小于 0.3m² 的洞口不扣除）、工程量计算需要输出的工程量、工程量对应的换算信息等。不同的定额或清单，对应的计算规则默认设置不同，软件中默认了几千条工程量计算规则设置项，其中对部分的计算规则，还可以让用户之间手动修改。如附图 B.4 所示的工程量计算，砌体墙扣除构造柱体积，如果需要得到不扣构造柱的砌体体积，去除计算规则就可以了。

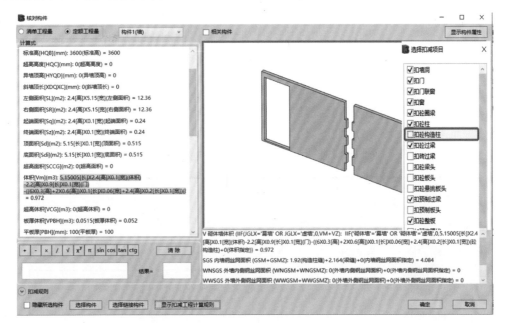

附图 B.4　砌体墙扣除构造柱体积示意图

（三）Revit 平台土建及机电专业工程量计算

基于 Revit 的 BIM 模型，只需通过工程设置、模型映射、套用做法（可选）、分析计算等步骤，就可以计算出符合工程造价要求的工程量，省去了工作量最大的算量建模工作。

通过构件库管理工具或平台，还可进一步建立 BIM 模型与成本的关联关系，做到 Revit 中的模型构件自动匹配算量构件、自动关联做法，从而实现基于 Revit 模型的"一键算量"。

相关计算步骤（附图 B.5）如下：

- 工程设置：选择清单定额，依据 Revit 标高自动生产楼层信息。
- 模型映射：将 Revit 模型构件转换为工程量计算构件类型。
- 套用做法：为构件手动挂接做法或通过构件库自动挂接做法。
- 分析计算：依据清单、定额计算规则，计算汇总工程量。
- 报表输出：输出多种标准格式的报表。

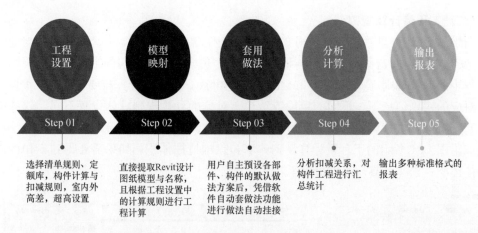

附图 B.5　Revit 模型的"一键算量"计算步骤

模型映射工作是保证工程量计算的关键步骤之一。将 Revit 构件转换成算量软件可识别的构件，软件缺省根据工程设置中的映射规则（可批量导入、导出）按名称与关键字对应关系进行自动转换，也可根据实际需要进行手动映射或修改（如 Revit 用"梁构件"绘制压顶，则需将此构件映射为压顶）。模型映射示意图如附图 B.6 所示。

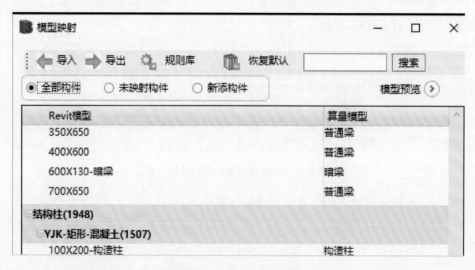

附图 B.6　模型映射示意图

（四）Revit 平台钢筋工程量计算

基于 Revit 平台的钢筋工程量计算，根据设计模型中自带的钢筋设计信息，通过钢筋转换为可以计算的钢筋工程量的信息，结合钢筋平法规范，直接在 Revit 平台上完成钢筋工程量的计算汇总，输出钢筋工程量，并提供实时查看构件的钢筋计算结果与对应的钢筋三维模型功能。（必须指出，实践中较少有用 Revit 建立钢筋模型的做法——主编注）

钢筋计算结果与钢筋三维模型对比如附图 B.7 所示。

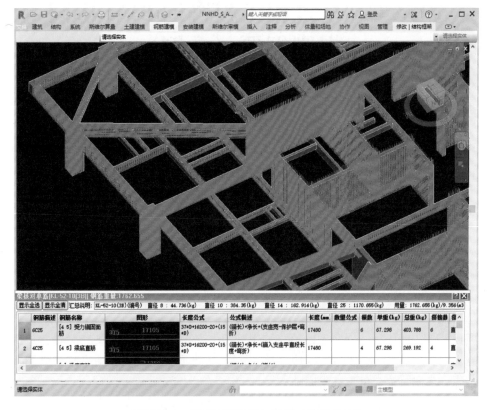

附图 B.7　钢筋计算结果与钢筋三维模型对比

（五）BIM 工程量计算实际应用案例

1. 万达——BIM 总发包项目

2015 年，为支持万达"BIM 总发包模式"落地，斯维尔与万达合作了基于 BIM 模型的"一键算量"。为验证"一键算量"的准确性与可行性，2016 年，万达委托其三审公司上海三凯公司与斯维尔对量，最终，建筑、结构、装饰、采光顶、幕墙、园林、景观、水、暖、电、钢筋等所有 12 个专业工程量误差全部控制在千分位。

2. 碧桂园——BIM 算量项目

2017 年，斯维尔与碧桂园合作了"六位一体 BIM 算量系统"研发。经对量验证，土建、机电、钢筋全专业工程量误差全部在 2% 以内。

3. 华润——BIM 正向设计项目

2018 年，斯维尔与华润置地就"产品信息化（BIM）项目"展开了合作，斯维尔对设计总包的正向设计成果（BIM 模型）进行了建筑、结构、精装、水专业、暖通、电气等专业的算量和对量，所有工程量误差全部在 2% 以内。

附录 C 全过程工程咨询 BIM 协同规则纲要（示例）

1 总则

1.1 项目 BIM 协同目标

通过 BIM 技术协同应用，为项目建设单位、施工承包人、全过程工程咨询（各专业团队）和其他服务方提供精细化、三维可视化、信息化技术工具和管理方法，为项目建设品质、工期和投资目标的实现提供保障，为管理效率提升提供可靠手段，并最终实现建成设施的数字仿真交付。

1.2 项目 BIM 协同原则

项目 BIM 应用按照技术应用和管理应用两条线路，既相互关联又相对独立地进行全参与方协同。项目 BIM 协同要以图模一致建模、多维度信息集成、信息高效复用、全参与方协同、模实一致交付为基本原则。

图模一致建模，要求设计施工图模型、施工深化设计模型均准确、细致反映相应的具有效力的二维图纸成果。正向建模时，应利用模型正确输出二维图纸。

多维度信息集成和信息高效复用，要求利用 BIM 模型、模型识读软件和 BIM 协同平台，在设计信息之外采集并存储其他信息，包括但不限于施工进度、施工作业记录、监理作业记录等信息。通过信息—构件关联设置，实现多维度信息的准确、高效复用。

全参与方协同，要求项目建设单位、施工承包人、全过程工程咨询（各专业团队）和其他服务方在统一的建设项目管理策划下，以 BIM 技术为支撑，通过合理设计协同方法、流程和规则，利用 BIM 协同平台，实现全参与方之间的高效沟通和信息快捷准确传递，避免沟通不畅和信息传递失真，从而提高管理效率。

模实一致交付，要求竣工数字化交付准确反映实际建成设施的几何信息和需向运营阶段传递的属性信息，确保交付模型是实际建成设施的数字孪生数据集。

1.3 项目 BIM 协同依据

开展项目 BIM 协同，应以下文件作为依据：

（1）建设项目管理策划/全过程工程咨询服务策划；

（2）建设项目 BIM 应用实施规划；

（3）BIM 相关标准、规范；

（4）各专项咨询服务实施规划和实施细则；

（5）经监理团队和总咨询师团队批准的施工组织设计。

1.4　项目 BIM 协同总体要求

BIM 协同规则由全过程工程咨询团队提出，经建设单位审定发布，包括建设单位在内的项目参建各方应依照本规则开展相关工作，利用好 BIM 技术和协同管理平台，共同推进本项目管理和技术进步，确保项目建设目标的实现。

BIM 协同规则应与项目 BIM 应用实施规划相匹配，并与全过程工程咨询各专项咨询团队以及施工承包人的 BIM 应用能力相适应，BIM 协同平台的功能应满足 BIM 协同规则的应用实现。

1.5　BIM 模型数据、非几何属性信息与 BIM 协同平台的关系

BIM 模型既独立于 BIM 协同平台开展技术应用，又作为 BIM 协同平台的核心数据支撑项目建设各参与方 BIM 协同。

BIM 协同平台应支持 BIM 模型三维浏览。

BIM 协同平台应支持 BIM 模型构件（部位、幢号）与非几何属性信息双向关联，即通过特定构件可关联查找该构件相关全部信息，通过特定信息可定位到与该信息关联的全部构件。双向关联的关键技术手段通过构件编码实现。

建设项目各参与方在 BIM 协同平台中提交信息数据时，应按要求正确关联构件与非几何属性信息。

BIM 模型建模标准、BIM 模型交付及应用规范、BIM 非几何属性信息数据标准及采集入库规范见本规则附录。

1.6　全过程工程咨询和专项咨询团队

本规则中，将全过程工程咨询团队分为总咨询师团队、BIM 咨询团队、设计团队、造价咨询团队、招标代理团队和监理团队等职能团队角色。独立于全过程工程咨询团队的专项咨询团队按对应职能等同执行本规则；职能角色合并的团队（例如设计团队承担BIM 设计施工图建模任务），需承担相应的多项职能任务。

2　各参与方 BIM 协同职权和任务

2.1　建设单位

本规则中，建设单位指建设单位项目经理部/指挥部等类似机构。

建设单位在项目 BIM 协同中起主导作用。建设单位组织制定建设项目管理策划，批准项目全过程工程咨询服务策划，批准 BIM 应用实施规划和 BIM 协同规则，指令全过程工程咨询团队和独立于全过程工程咨询团队的设计、监理、造价等专项咨询团队以及施工承包人，按照 BIM 协同规则实现 BIM 技术应用落地。

建设单位组织 BIM 咨询服务交付成果阶段性交付和竣工交付验收，并向建成设施运营方进行竣工数字化交付。

2.2　总咨询师团队

总咨询师团队拟订全过程工程咨询服务策划、审定 BIM 应用实施规划和 BIM 协同规则，报建设单位批准发布后，负责监督执行。

总咨询师团队全面协助建设单位开展本规则规定由建设单位行使的职权和承担的工

作任务。

2.3　BIM 咨询团队

BIM 咨询团队在总咨询师团队领导（协调）下，为项目建设全过程提供 BIM 应用咨询服务。包括：BIM 应用实施规划拟订；全过程 BIM 模型建立和应用管理；BIM 协同规则拟订；BIM 协同平台部署和运行管理；对各参与方的 BIM 应用进行指导，对 BIM 协同进行跟踪；组织向建设单位的竣工数字化交付以及协助建设单位向运营方进行竣工数字化交付。

BIM 咨询团队宜分为 BIM 技术团队和 BIM 协同团队，两个团队应密切协同工作。

2.4　设计团队

设计团队应在项目方案和概念设计、初步设计和施工图设计、施工过程的跟踪服务以及竣工图审查等服务中，按本规则与其他相关方开展 BIM 协同。

本项目要求设计团队就项目方案、概念设计、初步设计和施工图设计成果提交 BIM 模型，设计团队应说明 BIM 建模方式（BIM 正向设计/依据二维设计图翻建 BIM 模型）。设计团队提交的 BIM 模型应经 BIM 咨询团队审校。

本项目不要求设计团队提交 BIM 模型，设计团队应与 BIM 咨询团队配合开展设计成果 BIM 建模、BIM 模型可视化应用、设计施工图 BIM 审校等工作。

2.5　招标代理团队

招标代理团队应在招标采购策划、服务及施工标段划分、专项咨询服务（招标）采购、施工招标、设备（招标）采购等服务中，按本规则与其他相关方开展 BIM 协同。

2.6　工程监理团队

工程监理团队应在施工招投标及施工发承包合同签订、施工过程进度、质量、投资控制和施工安全生产、施工发承包合同、施工信息等管理以及利益相关方协调等监理咨询服务中，按本规则与其他相关方开展 BIM 协同。

2.7　造价咨询团队

造价咨询团队应在建设投资估算和全寿命周期费用分析、限额设计管理、施工发承包交易计价、施工过程计量支付等全过程工程造价咨询服务中，按本规则与其他相关方开展 BIM 协同。

2.8　施工承包人

在本规则中，施工总承包人、施工专业分包人和设备（制造）供应商统称施工承包人。施工承包人是全过程工程咨询业务的主要利益相关方，其履约活动应依据施工发承包合同接受建设单位及其授权的全过程工程咨询团队和独立专项咨询团队的监督管理。

施工承包人开展施工组织设计、施工管理和施工作业工作应按本规则与其他相关方开展 BIM 协同。施工总承包人是 BIM 协同响应的直接责任方，施工专业分包人和设备（制造）供应商的 BIM 协同响应由其协调并由其承担责任。

本项目要求施工承包人就施工深化设计成果提交 BIM 模型，施工承包人提交的施工深化设计 BIM 模型应由 BIM 咨询团队、设计团队和监理团队审校。本项目施工承包人在施工深化设计过程中应与 BIM 咨询团队、设计团队和监理团队密切配合，采用 BIM

技术按照施工深化设计成果建立 BIM 施工深化设计模型，确保施工深化设计的可靠性和可施工性。

3 BIM 模型建立及技术应用

3.1 BIM 模型

BIM 模型分为方案模型和仿真模型。

BIM 建模应执行相应技术标准。本项目 BIM 建模及交付技术标准直接采用（国家/行业/地方/团体/企业）×××标准，或由本项目 BIM 咨询团队拟订，经总咨询师团队审核报建设单位批准发布。

3.2 BIM 方案模型

方案模型主要用于设计辅助，包括场区（线路）规划方案确定，建筑物外形方案确定，建筑物平面功能确定，建筑物内部空间关系确定，结构力学计算，建筑物理性能分析等。有条件时，宜结合测绘地理信息技术（GIS）建立 BIM 地形模型，支持场区（线路）规划方案的分析确定。

BIM 方案模型建立和应用由设计团队主导，BIM 咨询团队辅助，设计招标文件和设计任务书中应提出设计团队和 BIM 咨询团队利用 BIM 方案模型协助建设单位和全过程工程咨询相关团队参与设计过程的要求。

3.3 BIM 仿真模型

BIM 仿真模型主要分为 BIM 设计施工图模型、BIM 施工深化设计模型和 BIM 竣工交付模型三阶段交付模型，各阶段内可能还会形成若干版本的修正模型，BIM 仿真模型从施工深化设计模型建立到竣工交付模型交付，原则上应实现模型信息直接传递和复用，也即"一模到底"。

（1）BIM 设计施工图模型表达施工图设计成果，按照 BIM 应用实施规划和 BIM 咨询服务合同或设计合同的规定，由设计团队或 BIM 咨询团队建立，经总咨询师团队组织验收后，由 BIM 咨询团队负责应用管理。BIM 设计施工图模型应当与二维设计施工图纸一致，并符合设计施工图 BIM 模型制图和交付标准的要求，二维设计施工图纸发生版本变更的，BIM 设计施工图模型应当一一对应变更。BIM 设计施工图模型的技术应用主要是：采用正向设计建模的，BIM 设计方解决设计参与者协同问题，提高设计成果质量；采用二维图纸翻建 BIM 模型的，BIM 翻模过程即设计成果审核校对过程，可提高设计成果质量；二种方式均可形成向施工阶段和运营阶段传递的设计成果数字表达文件（BIM 设计施工图模型）。

（2）BIM 施工深化设计模型表达施工深化设计成果，按照 BIM 应用实施规划和 BIM 咨询服务合同或施工发承包合同的规定，由施工承包人或 BIM 咨询团队建立，经总咨询师团队组织验收后，由 BIM 咨询团队负责应用管理。BIM 施工深化设计模型应当与二维施工深化设计图纸一致，并符合 BIM 施工深化设计图模型和交付标准的要求，二维施工深化设计图纸发生版本变更的，BIM 施工深化设计模型应当一一对应变更，现场施工发生构件尺寸、定位、材质等调整且通过验收的，BIM 施工深化设计模型应当一一对应变更。BIM 施工深化设计模型的主要技术应用包括：采用 BIM 技术极大提高施工深化设计的可靠性和可施工性，BIM 模型宜做到"零碰撞""零现场修正"；确保施工作业完全受控、施工成果如实数字化表达。

（3）在工程竣工时，BIM 竣工交付模型由 BIM 咨询团队通过校核 BIM 施工深化设计模型建立，并由 BIM 咨询团队负责向建设单位及其指定的第三方交付。BIM 竣工交付模型一般包括最终版施工深化设计 BIM 模型和建筑设施仿真 BIM 模型两个版本，前者是建设过程最终实物成果的数字仿真表达，后者以前者为基础经适当调整而成，是建成交付实物的数字仿真表达。BIM 竣工交付模型的主要技术应用包括：最终版施工深化设计 BIM 模型用于数字化如实标定建设成果，与其他交付信息一同形成工程建设数字档案；建筑设施 BIM 仿真模型与建筑设施实物一同交付，用于支撑建筑设施数字化、智慧化运行维护。

3.4 BIM 模型信息传递

同一团队或不同团队各阶段建立 BIM 模型宜直接采用前一阶段 BIM 模型成果信息；同一阶段不同专业团队建立 BIM 模型应采取一定方法实现模型信息及时协同。

考虑到施工图设计之前的方案可能多次、多处调整，BIM 方案模型信息可不直接向 BIM 仿真模型传递；BIM 仿真模型从施工深化设计模型建立到竣工交付模型交付，原则上应实现模型信息直接传递和复用，也即"一模到底"。

4 项目策划 BIM 协同

4.1 项目策划 BIM 协同参与方

项目策划 BIM 协同参与方主要是：建设单位、总咨询师团队、项目策划相关专项咨询团队、设计团队、BIM 咨询团队。

4.2 项目策划 BIM 协同环节

项目策划 BIM 协同环节包括：BIM 应用实施规划编写和发布，BIM 协同规则拟订和发布，BIM 协同平台采购建设，修建性详细规划和方案设计（概念设计）BIM 模型可视化沟通，项目策划各项成果及相应审批、许可文件数字化采集存储。其中，

（1）BIM 应用实施规划编写、BIM 协同规则拟订、BIM 协同平台采购建设由 BIM 咨询团队在总咨询师团队领导下实施，建设单位负责审批和发布。

（2）修建性详细规划和方案设计（概念设计）BIM 模型可视化沟通由（规划/方案）设计团队主导，建设单位、总咨询师团队和 BIM 咨询团队参与，宜利用 BIM 协同平台实现远程、易追溯的沟通交流。

（3）项目策划各项成果及相应审批、许可文件信息数字化采集存储由相关团队利用 BIM 协同平台实施。

5 工程设计 BIM 协同

5.1 工程设计 BIM 协同参与方

工程设计 BIM 协同参与方主要是：设计团队、建设单位、总咨询师团队、BIM 咨询团队。

5.2　工程设计 BIM 协同环节

工程设计各阶段 BIM 建模、模型质量审核执行本规则相关规定。

工程设计 BIM 协同环节包括：BIM 设计应用策划、设计进度报告，设计方案 BIM 模型可视化沟通、设计施工图 BIM 模型正式提交和正式改版、二维施工图（电子版本）正式提交和正式改版、图纸会审意见接收和回复、施工过程设计变更、竣工图和竣工模型审核意见提交。

（1）BIM 设计应用策划由设计团队按照 BIM 应用实施规划的要求在设计策划中拟订，经 BIM 咨询团队审核后报总咨询师团队批准执行。

（2）设计团队应通过 BIM 协同平台报告设计进度。

（3）设计方案 BIM 模型可视化沟通由设计团队主导，BIM 咨询团队、总咨询师团队和建设单位参与，宜利用 BIM 协同平台实现远程交流。

（4）设计施工图 BIM 模型正式提交和正式改版、二维施工图（电子版本）正式提交和正式改版，由设计团队按照设计管理流程，在 BIM 咨询团队监控下，通过 BIM 协同平台实施，模型和二维图纸须一一对应提交。

（5）设计施工图会审后，各参与方正式意见通过 BIM 协同平台传递给设计团队，设计团队通过 BIM 协同平台正式回复。

（6）设计变更 BIM 协同执行本规则第 8 节相关规定。

（7）设计团队参与竣工图和竣工模型审核，应通过 BIM 协同平台提交正式审核意见。

设计团队内不同专业间的设计作业 BIM 协同由设计团队拟订设计作业 BIM 协同细则后执行实施。

6　招标代理 BIM 协同

6.1　招标代理 BIM 协同参与方

招标代理 BIM 协同参与方主要是：招标代理团队、建设单位、总咨询师团队、BIM 咨询团队。

6.2　招标代理 BIM 协同环节

招标代理 BIM 协同环节包括：BIM 招标应用策划，施工承包标段划分，招标文件 BIM 技术应用要求和 BIM 协同响应。

（1）BIM 招标应用策划由招标代理团队按照 BIM 应用实施规划的要求在招标代理策划中拟订，经 BIM 咨询团队审核后报总咨询师团队批准执行。

（2）施工承包标段划分 BIM 协同由招标代理团队在总咨询师团队、设计团队、BIM 咨询团队的配合下，利用 BIM 模型推演，确保施工承包标段划分更加科学合理。

（3）包括专项咨询服务招标、施工招标和设备采购在内的招标代理业务，招标代理团队编写招标文件时，应按照 BIM 应用实施规划，取得 BIM 咨询团队的配合，拟订对投标人 BIM 技术应用要求和 BIM 协同响应要求相关内容。

7　造价咨询 BIM 协同

7.1　造价咨询 BIM 协同参与方

造价咨询 BIM 协同参与方主要是：造价咨询团队、建设单位、总咨询师团队、设计团队、BIM 咨询团队、施工承包人。

7.2　造价咨询 BIM 协同环节

造价咨询 BIM 协同环节包括：BIM 造价应用策划，设计阶段建筑设施全寿命周期费用控制 BIM 协同，工程量清单编制 BIM 模型应用，工程计量支付 BIM 协同。

（1）BIM 造价应用策划由造价咨询团队按照 BIM 应用实施规划的要求在全过程造价管理策划中拟订，经 BIM 咨询团队审核后报总咨询师团队批准执行。

（2）设计阶段建筑设施全寿命周期费用控制 BIM 协同由造价咨询团队主导，按照 BIM 造价应用策划实施。设计团队、BIM 咨询团队、总咨询师团队和建设单位参与协同。主要协同流程包括：概念设计、方案设计和初步设计阶段挖填平衡控制和土石方量估算 BIM 技术应用；施工图预算 BIM 技术应用；运行维护成本分析 BIM 技术应用；前述各项工作的品质—成本—工期平衡分析和决策辅助工作协同。

（3）造价咨询团队应参与 BIM 建模及交付技术标准的拟订，提出采用 BIM 模型提取工程量的需求，与 BIM 咨询团队（和建模团队）商定相关技术路线，尽可能做到 BIM 模型工程量提取应用，以提高工程量清单编制工作效率和成果质量。

（4）工程计量支付 BIM 协同由造价咨询团队主导，按照 BIM 造价应用策划，利用 BIM 协同平台实施；建设单位和施工承包人作为直接利益相关方参与协同；监理团队和总咨询师团队作为其他鉴证人参与协同。主要流程是：施工承包人按照工程计量支付相关规定，就符合计量支付条件的工程内容申请计量支付，所针对工程内容应已在 BIM 协同平台中完成本规则第 8 节规定的工程施工及监理 BIM 协同动作，且经 BIM 咨询团队确认；计量支付申请和核定信息应通过 BIM 协同平台传递；造价咨询团队应在每期计量支付完成后在 BIM 协同平台中闭合相关流程并固定相关信息。

8　工程施工及监理 BIM 协同

8.1　工程施工及监理 BIM 协同参与方

工程监理是全过程工程咨询团队对施工承包人施工管理和施工作业全过程的全面管理，因此工程施工及监理 BIM 协同合并在本节做出规定。

施工管理和施工作业 BIM 协同的主体责任方是施工总承包人、施工专业分包人、设备（制造）供应商，监管方包括建设单位、监理团队、总咨询师团队、设计团队和 BIM 咨询团队。

监理团队除监管施工承包人 BIM 协同外，还应就监理业务开展 BIM 协同。

8.2　工程施工及监理 BIM 协同环节

施工深化设计 BIM 建模、模型质量审核执行本规则第 3 节相关规定。

施工管理和施工作业业务活动繁杂，本规则原则上只对监理指令及施工承包人反馈事项以及需监理见证或签认的施工管理和施工作业事项 BIM 协同做出规定，主要环节包括：施工组织设计 BIM 施工应用策划，监理规划和监理实施细则 BIM 协同响应策划，施工依据发布和接收 BIM 协同，设计变更 BIM 协同，施工作业报告 BIM 协同，监理作业报告 BIM 协同，施工进度控制 BIM 协同，工程质量和施工安全生产管理 BIM 协同，过程检验和中间验收 BIM 协同，工程计量支付 BIM 协同，指定设施设备的信息添加协同，竣工验收 BIM 协同。

（1）BIM 施工应用策划由施工总承包人按照招标文件、BIM 应用实施规划的要求在施工组织设计中拟订，经监理团队、BIM 咨询团队审核后报总咨询师团队批准执行。

（2）BIM 监理协同响应策划由监理团队按照 BIM 应用实施规划的要求在监理规划和监理实施细则中拟订，经 BIM 咨询团队审核报总咨询师团队批准执行。

（3）施工依据（设计施工图文件、施工组织设计、开工令等）发布和接收 BIM 协同，由监理团队、施工总承包人及其他相关方利用 BIM 协同平台实施。

（4）设计变更 BIM 协同按照变更管理流程，在监理团队和 BIM 咨询团队监控下，由相关方利用 BIM 协同平台实施。主要流程是：变更提出方提出变更申请，监理团队协调设计团队（变更设计）、造价咨询团队（变更费用预算）、建设单位等相关方后，做出批准或不批准的指令；设计变更获批准的，变更图纸和变更 BIM 模型按施工依据发布和接收流程进行 BIM 协同（变更图纸和 BIM 模型须一一对应）。

（5）施工作业报告 BIM 协同由施工承包人按照施工组织设计 BIM 施工应用策划，利用 BIM 协同平台实施；监理团队进行监督。主要流程是：施工日志、施工进展周报、月报等的提交和监理复核。

（6）监理作业报告 BIM 协同由监理团队按照监理规划和监理实施细则 BIM 协同响应策划，利用 BIM 协同平台实施。主要流程是：监理日志、周报、月报等的提交。

（7）施工进度控制 BIM 协同由施工承包人按照施工组织设计 BIM 施工应用策划，利用 BIM 协同平台实施；监理团队进行监督；BIM 咨询团队提供技术支持。主要流程是：施工总承包人利用 BIM 协同平台在 BIM 模型构件中添加计划开工、计划完工、实际开工、实际完工等时间数据，经监理团队核实确认后提交；BIM 咨询团队应确保 BIM 协同平台能够利用时间数据三维动态表达施工形象进度以及进度偏差，并宜对进度滞后进行预警和分析。

（8）工程质量和施工安全生产管理 BIM 协同由施工承包人按照施工组织设计 BIM 施工应用策划，利用 BIM 协同平台实施；监理团队和 BIM 咨询团队进行监督。主要流程是：施工承包人及其管理、作业人员资质资格文件上传，工程质量控制活动痕迹资料（质量管理体系运行重要资料和专职质检员作业记录）上传，工程质量保证资料上传，施工安全生产管理痕迹资料（施工安全生产管理体系运行重要资料和专职安全员作业记录）上传；监理团队对施工承包人工程质量和施工安全生产管理 BIM 协同进行跟踪，对不按规定协同的情形进行纠正，上传工程质量和施工安全生产管理定期或不定期监理巡视记录，上传对施工承包人质量管理不到位、安全风险隐患等的监理警示或监理整改指令文件。

（9）过程检验和中间验收 BIM 协同由施工承包人按照施工组织设计 BIM 施工应用策划、监理团队按照监理规划和监理实施细则 BIM 协同响应策划，利用 BIM 协同平台实施。主要流程是：测量放线报验和监理签认资料上传，主要原材料/半成品/构配件/设备报验和监理签认资料上传，重点部位和关键工序施工方案报审和监理审定资料上传，重点部位和关键工序旁站监理记录上传，隐蔽工程验收、检验批/分项工程验收、分部工程验收、单位工程验收报验和监理验收记录上传。

（10）工程计量支付 BIM 协同执行本规则第 7 节相关规定。

（11）指定设施设备的信息添加 BIM 协同由 BIM 咨询团队主导，按照 BIM 应用实施规划和 BIM 竣工交付标准，利用 BIM 协同平台实施，施工承包人、监理团队配合。主要流程是：BIM 咨询团队确定需要添加信息的设施设备清单和需要采集数据的信息项（主要是厂牌型号、采供渠道、保修售后、技术参数、使用说明书等），由施工承包人采集提交，监理团队复核，BIM 咨询团队集成进行 BIM 竣工数字化交付。

（12）竣工验收 BIM 协同由建设单位主导，按照 BIM 应用实施规划，利用 BIM 协同平台实施。

施工总承包人、专业分包人和设备（制造）供应商还可视自身需要和 BIM 技术能力情况在本规则规定环节之外增补更多的 BIM 模型技术应用和施工管理、施工作业 BIM 应用内容。

参考文献

[1] 周建国 . 我国工程造价咨询行业现状及发展探讨〔J〕. 城市建设理论研究，2013（14）：1-5.

[2] 中华人民共和国住房和城乡建设部，国务院办公厅关于促进建筑业持续健康发展的意见〔EB/OL〕. 2017-02-21. http：//www. mohurd. gov. cn/wjfb/201702/t20170227 _ 230750. html.

[3] 中华人民共和国住房和城乡建设部，关于推进全过程工程咨询服务发展的指导意见〔EB/OL〕. 2019-03-15. http：//www. mohurd. gov. cn/xwfb/201903/t20190322 _ 239866. html.

[4] 中华人民共和国住房和城乡建设部 . 2018 年工程造价咨询统计公报〔EB/OL〕. 2019-06-25. http：//www. mohurd. gov. cn/xytj/tjzljsxytjgb/tjxxtjgb/201906/t20190625 _ 240969. html.

[5] 中国建设工程造价管理协会，武汉理工大学 . 中国工程造价咨询行业发展报告（2018 版）〔R〕. 北京：中国建筑工业出版社，2018.

[6] 中华人民共和国中央人民政府 . 中共中央国务院关于深化投融资体制改革的意见〔EB/OL〕. 2016-07-05. http：//www. gov. cn/zhengce/2016-07/18/content _ 5092501. htm.

[7] 中华人民共和国中央人民政府 . 国务院关于深入推进新型城镇化建设的若干意见〔EB/OL〕. 2016-02-06. http：//www. gov. cn/zhengce/content/2016-02/06/content _ 5039947. htm.

[8] 中华人民共和国住房和城乡建设部 . 2016—2020 年建筑业信息化发展纲要〔EB/OL〕. 2016-08-23. http：//www. mohurd. gov. cn/wjfb/201609/t20160918 _ 228929. html.

[9] 中华人民共和国中央人民政府 . 国务院办公厅转发住房城乡建设部关于完善质量保障体系提升建筑工程品质指导意见的通知〔EB/OL〕. 2019-09-15. http：//www. gov. cn/zhengce/content/2019-09/24/content _ 5432686. htm.

[10] Royal Institution of Chartered Surveyor（RICS）. International BIM Implementation Guide，1st edition 〔S/OL〕. 2016-11-04. https：//www. rics. org/zh/upholding-professional-standards/sector-standards/construction/international-bim-implementation-guide/.

[11] 中华人民共和国住房和城乡建设部，住房城乡建设部关于加强和改善工程造价监管的意见〔EB/OL〕. 2017-09-14. http：//www. mohurd. gov. cn/wjfb/201709/t20170920 _ 233358. html.

[12] Autodesk. 什么是 BIM？〔EB/OL〕. https：//www. autodesk. com. cn/solutions/bim.

[13] 中华人民共和国住房和城乡建设部，中华人民共和国国家质量监督检验检疫总局 . 建筑信息模型应用统一标准：GB/T 51212—2016〔S〕. 北京：中国建筑工业出版社，2016.

[14] National Building Specification. NBS International BIM Report 2016〔R/OL〕. 2016-02-25. https：//www. thenbs. com/knowledge/nbs-international-bim-report-2016.

[15] UK. Government Construction Strategy〔EB/OL〕. 2011-05-31. https：//www. gov. uk/government/publications/government-construction-strategy.

[16] National Building Specification（NBS）. National BIM Report 2019〔R/OL〕. 2019-05-17. https：//www. thenbs. com/knowledge/national-bim-report-2019.

[17] Royal Institution of Chartered Surveyor（RICS）. BIM for cost managers：requirements from the BIM model 1st edition〔S/OL〕. https：//www. isurv. com/site/scripts/download _ info. php? downloadID＝1990.

［18］ Australian Institute of Quantity Surveyors（AIQS），New Zealand Institute of Quantity Surveyors（NZIQS）. Australia and New Zealand BIM Best Practice Guidelines［S/OL］.2018-12-13. https：//www. nziqs. co. nz/Resources-Tools/NZIQS-Resources/BIM-Best-Practice-Guidelines.

［19］ 中华人民共和国住房和城乡建设部. 关于印发《2011—2015 年建筑业信息化发展纲要》的通知［EB/OL］.2011-05-10. http：//www. mohurd. gov. cn/wjfb/201105/t20110517 _ 203420. html.

［20］ 中华人民共和国住房和城乡建设部. 住房城乡建设部关于印发推进建筑信息模型应用指导意见的通知［EB/OL］.2011-06-16. http：//www. mohurd. gov. cn/wjfb/201507/t20150701 _ 222741. html.

［21］《中国建筑业企业 BIM 应用分析报告（2019）》编委会. 中国建筑业企业 BIM 应用分析报告（2019）［M］. 北京：中国建筑工业出版社，2019.

［22］ 中华人民共和国交通运输部. 交通运输部办公厅关于推进公路水运工程 BIM 技术应用的指导意见［EB/OL］.（2018-03-05）http：//xxgk. mot. gov. cn/jigou/glj/201805/t20180517 _ 3021807. html.

［23］ 中华人民共和国住房和城乡建设部. 建设工程工程量清单计价规范：GB 550500—2013［S］. 北京：中国计划出版社，2013.

［24］ 马智亮，娄喆. IFC 标准在我国建筑工程成本预算中应用的基本问题探讨［J］. 土木建筑工程信息技术，2009，（02）：7-14.

［25］ 中华人民共和国住房和城乡建设部，中华人民共和国国家质量监督检验检疫总局. 建筑信息模型分类和编码标准：GB/T 51269—2017［S］. 北京：中国建筑工业出版社，2017.

［26］ 钱玉婷. 关于工程造价领域中数字造价管理的深度思考［J］. 山西建筑，2018，44（34）：237-238.

［27］ 张晓，刘兴昊. 全过程工程咨询下的工程造价咨询业务展望［J］. 工程造价管理，2019，（6）：52-56.

［28］ Royal Institution of Chartered Surveyor（RICS）. International BIM Implementation Guide，1st edition［S/OL］.2016-11-04. https：//www. rics. org/zh/upholding-professional-standards/sector-standards/construction/international-bim-implementation-guide/.